"十四五"时期水利类专业重点建设教材（职业教育）
高等职业教育新形态一体化教材

工程力学与结构

主 编 胡玉珊 刘进宝 李 峰
主 审 王卫标

中国水利水电出版社
www.waterpub.com.cn
·北京·

内 容 提 要

工程力学与结构是高职水利工程与管理类专业的必修课程。本书紧扣专业人才培养目标，将工程力学与水工钢筋混凝土结构两门课程进行了有效整合，重构了课程的知识应用体系。按照工程力学导论、工程力学基础理论、轴向拉（压）杆件力学分析、受弯构件力学分析、组合变形、钢筋混凝土结构概论、钢筋混凝土受弯构件承载力计算、钢筋混凝土受压构件承载力计算、钢筋混凝土受拉构件承载力计算、钢筋混凝土构件正常使用极限状态验算 10 个项目进行一体化编排，以适应不同课时教学要求，便于灵活组织模块化教学。

本书可作为高职院校水利工程、水利水电建筑工程、水利水电工程智能管理等专业的工程力学与结构的课程教材使用，也可作为水利工程设计、施工及管理岗位在职人员的技术培训教材和参考用书。

图书在版编目（CIP）数据

工程力学与结构 / 胡玉珊，刘进宝，李峰主编. -- 北京：中国水利水电出版社，2023.6
"十四五"时期水利类专业重点建设教材. 职业教育
高等职业教育新形态一体化教材
ISBN 978-7-5226-1452-6

Ⅰ.①工… Ⅱ.①胡… ②刘… ③李… Ⅲ.①工程力学－高等职业教育－教材②工程结构－高等职业教育－教材 Ⅳ.①TB12②TU3

中国国家版本馆CIP数据核字(2023)第050244号

书　　名	"十四五"时期水利类专业重点建设教材（职业教育） 高等职业教育新形态一体化教材 **工程力学与结构** GONGCHENG LIXUE YU JIEGOU
作　　者	主编　胡玉珊　刘进宝　李　峰 主审　王卫标
出版发行	中国水利水电出版社 （北京市海淀区玉渊潭南路1号D座　100038） 网址：www.waterpub.com.cn E-mail: sales@mwr.gov.cn 电话：（010）68545888（营销中心）
经　　售	北京科水图书销售有限公司 电话：（010）68545874、63202643 全国各地新华书店和相关出版物销售网点
排　　版	中国水利水电出版社微机排版中心
印　　刷	天津嘉恒印务有限公司
规　　格	184mm×260mm　16开本　16.5印张　402千字
版　　次	2023年6月第1版　2023年6月第1次印刷
印　　数	0001—2000册
定　　价	55.00元

凡购买我社图书，如有缺页、倒页、脱页的，本社营销中心负责调换

版权所有·侵权必究

前言

本书是贯彻落实《国务院关于加快发展现代职业教育的决定》《国家职业教育改革实施方案》《职业教育提质培优行动计划（2020—2023年）》《职业院校教材管理办法》等文件精神，按照教育部最新的职业教育水利工程与管理类专业人才培养有关要求编写而成，是中国水利教育协会遴选的"十四五"时期水利类专业重点建设教材。

本书紧扣高职水利工程与管理类专业人才培养目标，注重专业实践能力的培养，理论知识以必需、够用为度，同时尽量避免烦琐的公式推导，突出工程实际应用，将工程力学与水工混凝土结构课程内容进行一体化编排。本书包含工程力学导论、工程力学基础理论、轴向拉（压）杆件力学分析、受弯构件力学分析、组合变形、钢筋混凝土结构概论、钢筋混凝土受弯构件承载力计算、钢筋混凝土受压构件承载力计算、钢筋混凝土受拉构件承载力计算、钢筋混凝土构件正常使用极限状态验算10个项目，适应"互联网＋"时代教育教学要求，采用新形态立体化编写方式，以图形、视频、思维导图等富媒体呈现教学资源，结合课程实际选取思政案例，丰富教材内容。本书有配套的学习指导与训练，便于课后练习和巩固。

本书由浙江同济科技职业学院"工程力学与结构"课程教学团队组织编写，胡玉珊、刘进宝、李峰担任主编，张舒羽、刘海生担任副主编。项目1、项目2由刘进宝编写，项目3、项目4由李峰编写，项目5由张舒羽编写，项目6、项目7由胡玉珊编写，项目8由罗志洁编写，项目9由张超编写，项目10由刘海生编写。胡玉珊负责全书统稿，刘进宝负责配套的学习指导与训练统稿。浙江水利水电学院高健、浙江省第一水电建设集团股份有限公司王萍、浙江江南春建设集团有限公司王利勇、杭州新叁河科技有限公司王港嘉等参与部分内容的编写与校对工作，并提供了相关资源。本书由浙江同济科技职业学院王卫标担任主审。

本书在编写过程中参阅了大量文献、引用了相关规范、技术标准，在此向有关单位和作者表示深深谢意。同时，对中国水利水电出版社相关人员的支持和帮助表示衷心感谢。

由于编者水平有限，书中难免有疏漏和不足之处，敬请读者批评指正，提出宝贵意见和建议。

编者

2023 年 3 月

"行水云课"数字教材使用说明

"行水云课"水利职业教育服务平台是中国水利水电出版社立足水电、整合行业优质资源全力打造的"内容"＋"平台"的一体化数字教学产品。平台包含高等教育、职业教育、职工教育、专题培训、行水讲堂五大版块，旨在提供一套与传统教学紧密衔接、可扩展、智能化的学习教育解决方案。

本套教材是整合传统纸质教材内容和富媒体数字资源的新型教材，它将大量图片、音频、视频、3D动画等教学素材与纸质教材内容相结合，用以辅助教学。读者可通过扫描纸质教材二维码查看与纸质内容相对应的知识点多媒体资源，完整数字教材及其配套数字资源可通过移动终端APP、"行水云课"微信公众号或中国水利水电出版社"行水云课"平台查看。

多媒体资源索引

资源名称	资源类型	页码
项目1 导论	文本	1
项目1 任务1.1 思政案例	文本	1
项目2 导论	文本	4
项目2 任务2.1 思政案例	文本	4
静力学公理（微课）	视频	5
工程中常见的荷载及分类（微课）	视频	9
力对物体的转动效应（思维导图）	文本	10
力矩平衡（微课）	视频	13
约束与约束反力（微课）	视频	14
工程中常见的约束（思维导图）	文本	15
结构的受力分析与受力图（微课）	视频	18
平面力系的合成与平衡（思维导图）	文本	20
平面一般力系的合成与平衡（微课）	视频	22
考虑摩擦时物体的平衡（微课）	视频	26
平面图形的几何性质（思维导图）	文本	31
惯性矩（微课）	视频	33
项目3 导论	文本	36
轴向拉（压）杆件的力学分析（思维导图）	文本	36
项目3 任务3.1 思政案例	文本	36
杆件的四种基本变形（微课）	视频	36
轴力图的绘制（微课）	视频	38
项目4 导论	文本	50
项目4 任务4.1 思政案例	文本	50
单跨静定梁的力学分析（思维导图）	文本	50
梁指定截面的内力计算（微课）	视频	52
多跨静定梁的内力分析（微课）	视频	59
梁横截面上的正应力（微课）	视频	62

续表

资　源　名　称	资源类型	页码
梁横截面上的剪应力（微课）	视频	64
梁横截面上的正应力强度条件（微课）	视频	70
梁横截面上剪应力强度条件（微课）	视频	71
项目5 导论	文本	75
组合变形的力学分析（思维导图）	文本	75
坝体结构的受力分析（微课）	视频	78
项目5 任务5.2 思政案例	文本	78
偏心受压柱的力学分析（微课）	视频	81
项目6 导论	文本	86
钢筋基本知识（微课）	视频	89
项目6 任务6.2 思政案例	文本	89
钢筋的拉伸性能检测（微课）	视频	91
混凝土基本知识（微课）	视频	94
混凝土抗压强度检测（微课）	视频	94
混凝土抗拉强度检测（微课）	视频	94
结构的极限状态（微课）	视频	99
结构设计表达式（微课）	视频	102
项目7 导论	文本	105
梁截面形式与构造要求（微课）	视频	106
梁内钢筋的构造要求（微课）	视频	106
板的构造要求（微课）	视频	110
单筋矩形截面配筋计算流程图（思维导图）	文本	111
项目7 任务7.2 思政案例	文本	111
单筋矩形截面承载力复核流程图（思维导图）	文本	115
双筋矩形截面配筋计算流程图（思维导图）	文本	117
T形截面设计流程图（思维导图）	文本	121
仅配箍筋的斜截面承载力计算流程图（思维导图）	文本	126
斜截面配筋计算（微课）	视频	127
项目8 导论	文本	133

续表

资 源 名 称	资源类型	页码
项目 8 任务 8.1 思政案例	文本	133
轴心受压构件正截面设计流程图（思维导图）	文本	136
大偏心受压构件正截面设计流程图（思维导图）	文本	139
大偏心压构件对称配筋计算流程图（思维导图）	文本	142
大偏心受压柱的对称配筋计算（微课）	文本	144
项目 9 导论	文本	146
项目 9 任务 9.1 思政案例	文本	146
小偏心受拉构件配筋计算流程图（思维导图）	文本	147
小偏心受拉构件的配筋计算（微课）	视频	148
大偏心受拉构件配筋计算流程图（思维导图）	文本	149
项目 10 导论	文本	151
项目 10 任务 10.1 思政案例	文本	152
梁的裂缝宽度验算（微课）	视频	154
梁的挠度验算（微课）	视频	157

目录

前言
"行水云课"数字教材使用说明
多媒体资源索引

上篇 工程力学篇

项目1 工程力学导论 ··· 1
    任务1.1 工程力学的研究对象、内容和任务 ······························· 1
    任务1.2 刚体、理想变形固体及其基本假定 ······························· 3

项目2 工程力学基础理论 ··· 4
    任务2.1 工程力学的静力学基础 ··· 4
    任务2.2 抗倾稳定计算 ·· 10
    任务2.3 受力分析与受力图绘制 ·· 14
    任务2.4 平面力系的合成与平衡 ·· 20
    任务2.5 工程结构的平衡 ··· 26
    任务2.6 截面的几何性质 ··· 31

项目3 轴向拉（压）杆件力学分析 ······································· 36
    任务3.1 轴向拉（压）杆件的内力计算 ······································· 36
    任务3.2 轴向拉（压）杆件的应力与强度计算 ···························· 40
    任务3.3 轴向拉（压）杆件的变形计算 ······································· 46

项目4 受弯构件力学分析 ··· 50
    任务4.1 单跨静定梁的内力计算与内力图的绘制 ························· 50
    任务4.2 多跨静定梁的内力计算与内力图的绘制 ························· 59
    任务4.3 梁横截面上的应力计算 ·· 62
    任务4.4 梁的强度计算 ·· 70

项目5 组合变形 ··· 75
    任务5.1 斜弯曲 ·· 75
    任务5.2 拉伸（压缩）与弯曲组合 ··· 78
    任务5.3 偏心压缩 ·· 81

下篇 钢筋混凝土结构篇

项目 6　钢筋混凝土结构概论 ·· 86
　　任务 6.1　基础知识 ·· 86
　　任务 6.2　钢筋混凝土结构的材料 ··· 89
　　任务 6.3　钢筋混凝土结构设计计算规则 ··· 99

项目 7　钢筋混凝土受弯构件承载力计算 ··· 105
　　任务 7.1　受弯构件的一般构造要求 ·· 106
　　任务 7.2　单筋矩形截面受弯构件正截面承载力计算 ······································· 111
　　任务 7.3　双筋矩形截面受弯构件正截面承载力计算 ······································· 117
　　任务 7.4　T 形截面受弯构件正截面承载力计算 ··· 121
　　任务 7.5　受弯构件斜截面承载力计算 ··· 126

项目 8　钢筋混凝土受压构件承载力计算 ··· 133
　　任务 8.1　受压构件的分类与构造要求 ··· 133
　　任务 8.2　轴心受压构件正截面承载力计算 ·· 136
　　任务 8.3　偏心受压构件的承载力计算 ··· 139

项目 9　钢筋混凝土受拉构件承载力计算 ··· 146
　　任务 9.1　轴心受拉构件正截面承载力计算 ·· 146
　　任务 9.2　偏心受拉构件承载力计算 ·· 147

项目 10　钢筋混凝土构件正常使用极限状态验算 ·· 151
　　任务 10.1　抗裂验算 ·· 152
　　任务 10.2　裂缝宽度验算 ··· 154
　　任务 10.3　变形验算 ·· 157

附录 ··· 160
　　附录 1　材料强度的标准值、设计值及材料弹性模量 ······································· 160
　　附录 2　钢筋的计算截面面积及公称质量表 ·· 163
　　附录 3　一般常用基本规定 ··· 165
　　附录 4　型钢规格表 ·· 167

参考文献 ··· 177

上篇 工程力学篇

项目1 工程力学导论

【知识目标】
1. 了解工程力学的研究对象、内容和任务。
2. 理解刚体、理想变形固体的概念以及基本假定。

【技能目标】
1. 能根据工程实际将块体结构和薄壁结构简化为杆系结构。
2. 能根据工程实际正确选择力学计算模型。

任务1.1 工程力学的研究对象、内容和任务

【任务目标】
1. 了解工程力学的研究对象、内容和任务。
2. 理解强度、刚度及稳定性的概念。
3. 能根据工程实际将块体结构和薄壁结构简化为杆系结构。

1.1.1 工程力学的研究对象

任何建筑物在施工过程中或正常使用中都要受到各种力的作用，如大坝受到水的推力作用，渡槽受到水和自重的作用，立柱受到梁传来的压力作用。建筑物受到的力还有雪压力、风压力、地震力等，所有这些力都称为荷载。建筑物中承受和传递荷载并起骨架作用的部分称为结构，组成结构的各个部件称为构件，如厂房建筑中，结构由屋架、梁、板、柱等组成，如图1.1所示。

结构按其几何特征可分为以下三种类型：

（1）杆系结构，由杆件组成的结构。杆件的几何特征是其长度远远大于横截面的宽度和高度。如教室里的梁和柱就是典型的杆件。

（2）薄壁结构，由薄板或薄壳构成的结构。板或壳的几何特征是其厚度远远小于另外两个方向的尺寸。如教室里的楼板就是典型的薄壁构件。

（3）块体结构，由块体构成的结构。块体的几何特征是三个方向的尺寸相近，基

图 1.1

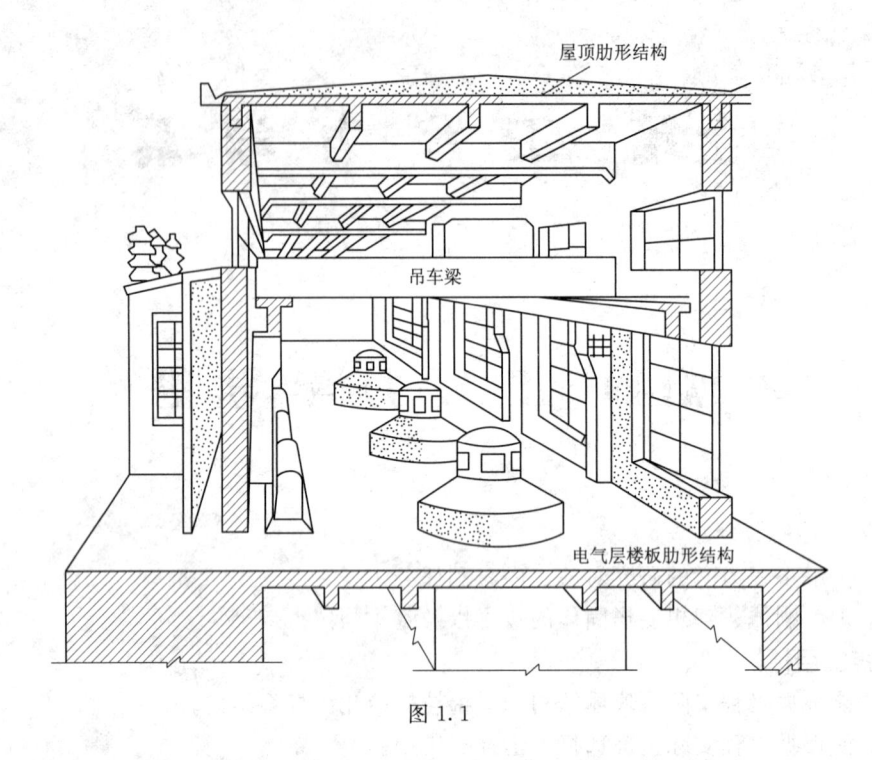

本为同一数量级。如水利工程的重力坝和挡土墙就是典型的块体结构。

工程力学的主要研究对象是杆系结构。分析钢筋混凝土楼板时可以取 1m 宽度作为计算单元转化为杆件进行分析，分析重力坝和挡土墙时可以取 1m 长度作为计算单元转化为杆件进行分析。

1.1.2 工程力学的研究内容和任务

工程力学的任务就是研究作用在结构（或构件）上的力和平衡的关系，构件的承载能力，材料的力学性质，结构的几何组成。即通过研究在荷载作用下结构（或构件）的强度、刚度和稳定计算，使其结构经济合理、安全可靠。

结构正常工作必须满足强度、刚度和稳定性的要求，即进行其承载能力计算。

强度是指结构和构件抵抗破坏的能力。满足强度要求，即要使结构或构件正常工作时不发生破坏。

刚度是指结构和构件抵抗变形的能力。满足刚度要求，即要使结构或构件正常工作时产生的变形不超过允许范围。

稳定性是指结构或构件保持原有平衡状态的能力。满足稳定性要求，即要使结构或构件在正常工作时不突然改变原有平衡状态，以致因变形过大而破坏。

结构在安全正常工作的同时还应考虑经济条件，应充分发挥材料的性能，不至于产生过大的浪费，即设计结构的合理形式。

按高职教学必须、够用的原则，本教材工程力学的内容主要包含以下几个部分：

（1）工程力学基础是工程力学中重要的基础理论，其中包括物体的受力分析、力系的简化与平衡等刚体静力学基础理论。

（2）杆件的承载能力计算是结构承载能力计算的实质，其中包括静定结构的内力计算和杆件的强度、刚度、稳定性计算。

任务1.2 刚体、理想变形固体及其基本假定

【任务目标】
1. 理解刚体、理想变形固体的概念以及基本假定。
2. 能根据工程实际正确选择力学计算模型。

1.2.1 工程力学的基本模型

自然界中的物体及工程中的结构和构件，其性质是复杂多样的。不同学科只是从不同角度去研究物体性质的某一个或几个侧面。为使所研究的问题简化，常略去对所研究问题影响不大的次要因素，只考虑相关的主要因素，将复杂问题抽象化为只具有某些主要性质的理想模型。工程力学中将物体抽象化为两种计算模型：刚体和理想变形固体。

刚体是在外力作用下形状和大小都不改变的物体。实际上，任何物体受力作用后都会发生一定的变形，但在进行结构和构件的受力分析及体系几何组成分析时，变形这一因素不影响所研究问题的性质，这时可将物体视为刚体。

理想变形固体是对实际变形固体的材料做出一定假设，将其理想化。在进行结构的内力分析和杆件的承载能力计算时，其变形是不可忽略的主要因素，这时应将其视为理想变形固体。

1.2.2 理想变形固体材料的基本假定

（1）连续均匀假设。连续是指材料内部没有空隙，均匀是指材料的性质各处相同。连续均匀假设即认为物体的材料无空隙地连续分布，且各处性质均相同。

（2）各向同性假设。材料沿不同方向的力学性质均相同。具有这种性质的材料称为各向同性材料，而各方向力学性质不同的材料称为各向异性材料。

（3）小变形假设。变形固体受力作用产生变形。撤去荷载可完全消失的变形称为弹性变形。撤去荷载不能恢复的变形称为塑性变形或残余变形。在多数工程问题中，要求构件只发生弹性变形。工程中大多数构件在荷载作用下产生的变形量若与其原始尺寸相比很微小，称为小变形。小变形构件的计算，可采取变形前的原始尺寸并略去某些高阶微量，以达到简化计算的目的。

符合上述假设的变形固体称为理想变形固体。工程力学在研究构件承载力时把所研究的构件视为理想变形固体，并在弹性范围内和小变形情况下进行分析。由于采用以上力学模型，大大方便了理论的研究和计算方法的推导。尽管所得结果只具有近似的准确性，但其精确程度可满足一般的工程要求。应该指出，任何假设都不是主观臆断的，在假设基础上得出的理论结果，也必须经过实践的验证。因此，工程力学的研究方法，除理论方法外，试验也是很重要的一种方法。

项目2 工程力学基础理论

【知识目标】

1. 理解力、力系和平衡的概念。
2. 理解静力学公理及适用条件。
3. 掌握力矩、力偶的计算公式以及正负号规定。
4. 掌握合力矩定理、力的平移定理及其应用。
5. 掌握工程中常见的几种约束类型及其约束反力。
6. 掌握平面力系的合成及平衡条件。
7. 掌握组合法求解组合图形形心的公式。
8. 理解面积矩、惯性矩、惯性积、惯性半径以及平行移轴公式。

【技能目标】

1. 能对挡土墙进行抗倾验算。
2. 能正确绘制物体以及物体系统的受力图。
3. 能根据平衡条件求解单个物体及物体系统的平衡。
4. 能求解组合图形的形心、面积矩和惯性矩。

任务2.1 工程力学的静力学基础

【任务目标】

1. 理解力、力系和平衡的概念。
2. 理解静力学公理及适用条件。

2.1.1 力

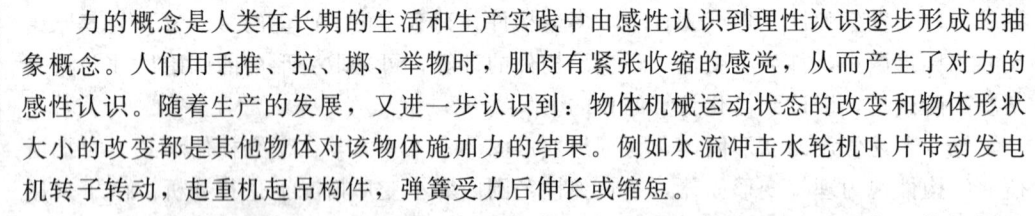

力的概念是人类在长期的生活和生产实践中由感性认识到理性认识逐步形成的抽象概念。人们用手推、拉、掷、举物时，肌肉有紧张收缩的感觉，从而产生了对力的感性认识。随着生产的发展，又进一步认识到：物体机械运动状态的改变和物体形状大小的改变都是其他物体对该物体施加力的结果。例如水流冲击水轮机叶片带动发电机转子转动，起重机起吊构件，弹簧受力后伸长或缩短。

牛顿定律给出了力的科学定义：力是物体间相互的机械作用。这种作用使物体的运动状态发生改变（外效应），或者使物体的形状发生改变（内效应）。

物体间相互机械作用的形式多种多样，大致可以分为两类：一类是直接接触作用，如水对水坝的压力、机车牵引车厢的拉力等；另一类是间接作用，即通过"场"对物体作用，如地球引力场对物体的引力、电场对电荷的引力或斥力等。由力的定义可知：力不可能脱离物体而单独存在，一个物体受到了力的作用，一定有另一个物体对它施加了这种作用。静力学研究的对象是刚体，只研究力的运动效应。

实践表明，力对物体的作用效应完全取决于力的三要素：①力的大小；②力的方向；③力的作用点。

力的大小是指物体间相互机械作用的强弱程度。国际单位制中，衡量力的大小的单位为牛顿（N）或千牛（kN）。既有大小又有方向的量称为矢量。由力的三要素可知，力是矢量，可用一个有向线段来表示。如图 2.1 所示，线段的起点 A（或终点 B）表示力的作用点；线段的方位和箭头的指向表示力的方向；线段的长度（按一定比例）表示力的大小。通过力的作用点沿力的方向的直线，称为力的作用线。

具有确定作用点的矢量称为定位矢量，不涉及作用点的矢量称为自由矢量。可见力是定位矢量。有时需要从任一点做一个自由矢量来表示力的大小和方向，这种只表示力的大小和方向的矢量称为力矢。本书采用黑体字表示力矢量，如 $\boldsymbol{F}$，而用普通字母表示力的大小，如 F。

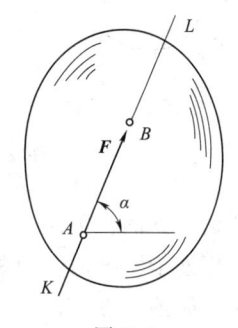

图 2.1

2.1.2 力系

所谓力系，是指作用于物体上的一群力。根据力系中各力作用线的分布情况，可将力系分为平面力系和空间力系两大类。各力作用线位于同一平面内的力系称为平面力系，各力作用线不在同一平面内的力系称为空间力系。

若两个力系分别作用于同一物体上，其效应完全相同，则称这两个力系为等效力系。在特殊情况下，如果一个力与一个力系等效，则称此力为该力系的合力，而力系中的各力称为此合力的分力。用一个简单的等效力系（或一个力）代替一个复杂力系的过程称为力系的简化。力系的简化是刚体静力学的基本问题之一。

2.1.3 平衡

平衡是指物体相对于惯性参考系保持静止或做匀速直线运动。平衡是物体机械运动的一种特殊形式。在一般的工程技术问题中，常取地球作为惯性参考系。例如，静止在地面上的房屋、桥梁、水坝等建筑物，在直线轨道上做等速运动的火车，它们都在各种力系作用下处于平衡状态。使物体处于平衡状态的力系称为平衡力系。研究物体平衡时，作用在物体上的力系应满足的条件是静力学的又一基本问题。

力系简化的目的之一是导出力系的平衡条件，而力系的平衡条件是设计结构、构件和机械零件时静力计算的基础。

2.1.4 静力学公理

静力学公理是人们对力的基本性质的概括。力的基本性质是人们在长期的生活和生产实践中积累的关于物体间相互机械作用性质的经验总结，又经过实践的反复检验，证明是符合机械运动本质的最普遍、最一般的客观规律。它是研究力系简化和力系平衡条件的依据。

1. 二力平衡公理

作用于同一刚体上的两个力，使刚体保持平衡的必要与充分条件是：两个力大小

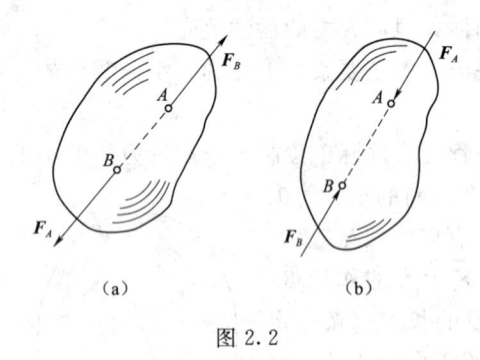

相等、方向相反、作用在同一条直线上，如图 2.2 所示。

二力平衡公理表明了作用于刚体上的最简单力系平衡时所必须满足的条件。必须指出，这个条件对于刚体是必要而充分，但对于变形体并不充分。例如，绳索在两端受到等值、反向、共线的拉力作用时可以平衡；反之，当受到压力作用时，则不能平衡。工程结构中的构件受两个力作用处于平衡的情形是常见的。如图 2.3 (a) 所示的支架，若不计杆件 AB、AC 的重量，当支架悬挂重物处于平衡时，每根杆在两端所受的力必等值、反向、共线，且沿杆两端连线方向，如图 2.3 (b)、(c) 所示。

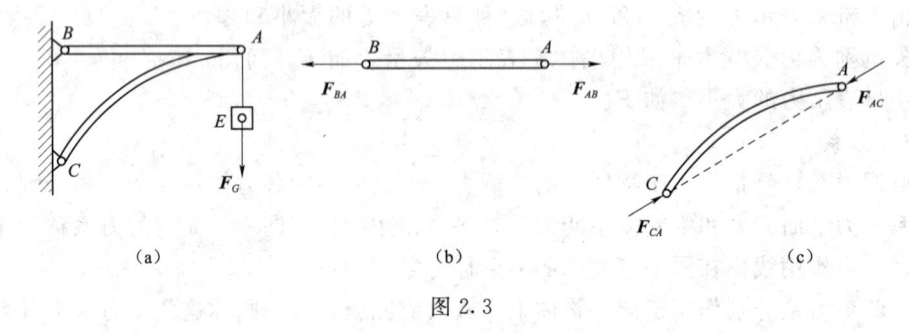

图 2.2

图 2.3

仅在两个力作用下处于平衡的构件称为二力构件或二力杆件，简称二力杆。二力杆与其本身形状无关，它可以是直杆、曲杆或折杆。

2. 加减平衡力系公理

在作用于刚体的任意力系上，加上或减去任意平衡力系，并不改变原力系对刚体的作用效应。

该公理的正确性显而易见。因为平衡力系中的各力对于刚体的运动效应抵消，从而使刚体保持平衡。所以，在一个已知力系上，加上或减去平衡力系不会改变原力系对刚体的作用效应。

该公理表明，如果两个力系只相差一个或几个平衡力系，则它们对刚体的作用效应是相同的，因此可以等效替换。不难看出，加减平衡力系公理也只适用于刚体，而不能用于变形体。

3. 力的平行四边形法则

作用于物体上的同一点的两个力，可以合成为作用于该点的一个合力。合力的大小和方向，由这两个力为邻边所构成的平行四边形的对角线表示。

如图 2.4 (a) 所示，F_1、F_2 是作用于物体上 A 点的两个力，以力 F_1 和 F_2 为邻边作平行四边形 $ABCD$，其对角线 AC 表示两共点力 F_1 与 F_2 的合力 F_R。合力矢与分力矢的关系用矢量式表示为

任务 2.1 工程力学的静力学基础

图 2.4

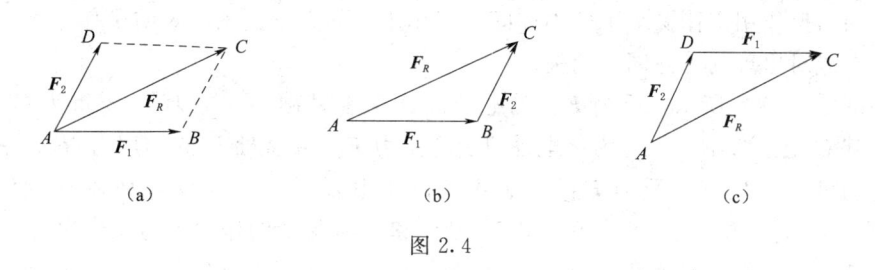

$$F_R = F_1 + F_2 \tag{2.1}$$

即合力矢等于这两个分力矢的矢量和。

力的平行四边形法则可以简化为力三角形法则，如图 2.4（b）、（c）所示。力三角形的两边由两分力矢首尾相连组成，第三边则为合力矢 F_R，它由第一个力的起点指向最后一个力的终点，而合力的作用点仍在二力交点。将力的平行四边形法则加以推广，可以得到求平面汇交力系合力矢量的力多边形法则。

平面汇交力系：各力作用线的延长线相交于一点的平面力系。设刚体受平面汇交力系作用如图 2.5（a）所示，根据力的平行四边形法则将这些力两两合成，最后求得一个通过力系汇交点 O 的合力 F_R。若连续应用力三角形法则将各分力两两合成求合力 F_R 的大小和方向，则更为简便。如图 2.5（b）所示，分力矢与合力矢构成的多边形 abcde 称为力多边形。由图可知，作图时不必画出中间矢量 F_{R1}、F_{R2}，只需按比例将各分力矢首尾相接组成一开口的力多边形，而合力矢则沿相反方向连接此缺口，构成力多边形的封闭。合力的作用线通过力系的汇交点，指向最后一个力的终点。由于矢量加法符合交换率，故可以任意变换各分力的作图次序，所得的结果是完全相同的，如图 2.5（c）所示。综上所述，可得出如下结论：平面汇交力系合成的结果是一个通过汇交点的合力，合力的大小和方向由力多边形的封闭边确定，即合力矢等于各分力矢的矢量和。用矢量式可表示为

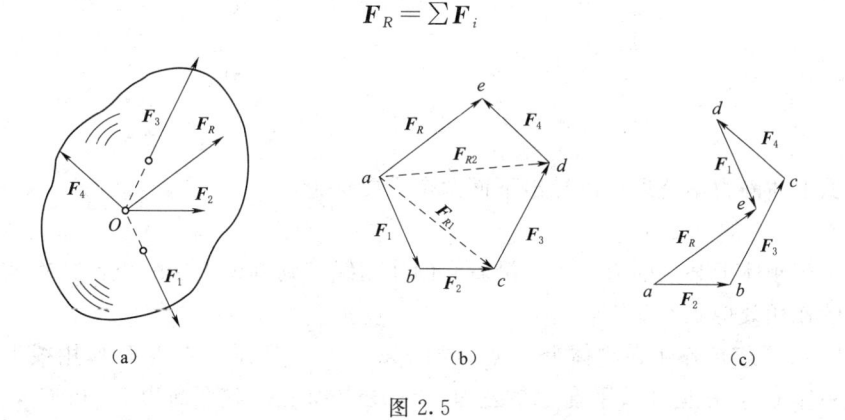

$$F_R = \sum F_i \tag{2.2}$$

图 2.5

4. 作用与反作用定律

两个物体间相互作用的力总是同时存在的，两个力大小相等、方向相反，沿同一直线，分别作用在两个物体上。

作用与反作用定律揭示了两物体间相互作用力的定量关系。表明了作用力与反作用力总是成对出现的，并同时消失。

如图 2.6（a）所示，重为 F_{G1} 的电动机 A 装在基础 B 上，基础 B 重为 F_{G2}，搁置在地基 C 上。各物体受力为：电动机受有重力 F_{G1} 和基础 B 的作用力 N_1；基础 B 受有电动机的压力 N_1'、重力 F_{G2} 和地基 C 的作用力 N_2；地基受有基础 B 的作用力 N_2'。其中，N_1、N_1' 是分别作用在电动机 A 和基础 B 上的作用力与反作用力，$N_1 = -N_1'$；N_2、N_2' 是分别作用在基础 B 和地基 C 上的作用力与反作用力，$N_2 = -N_2'$；重力 F_{G1}、F_{G2} 的反作用力则作用在地球上。在后续的绘图中，作用力与反作用力用同一字母表示，但其中之一，在字母的右上方加 ' 表示。

应当注意的是，必须把两个平衡力和作用力与反作用力严格区别开来。它们虽然都满足等值、反向、共线的条件，但前者作用在同一刚体上，而后者是分别作用在两个物体上。

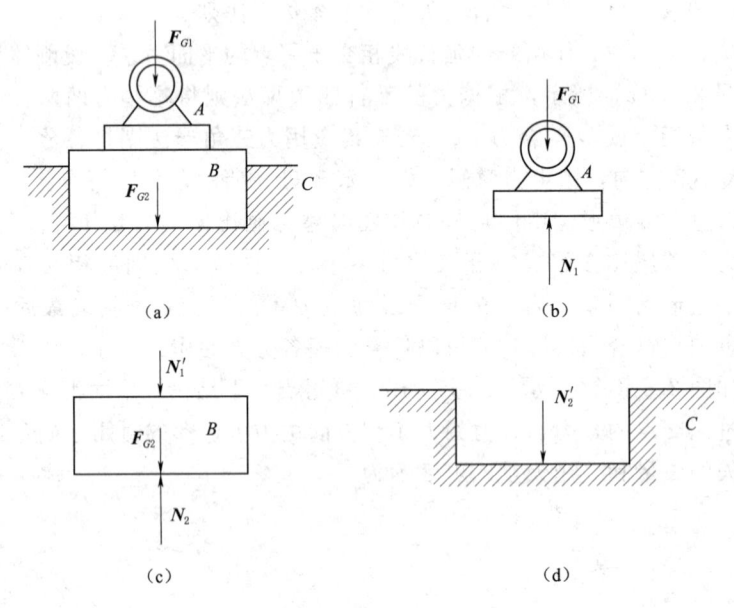

图 2.6

根据上述静力学公理可以导出下面两个重要推论：

推论 1　力的可传性。

作用于刚体上某点的力，可以沿着它的作用线移到刚体上任一点，并不改变该力对刚体的作用效应。

证明：设力 F 作用在刚体上 A 点，如图 2.7（a）所示。在力 F 作用线上任取一点 B（刚体上），根据加减平衡力系公理，在 B 点加上一对平衡力 F_1 和 F_2，且使力矢 $F_1 = -F_2 = F$，如图 2.7（b）所示。由于 F 和 F_2 构成平衡力系，故可以去掉，只剩下一个力 F_1，如图 2.7（c）所示。于是原来作用于 A 点的力 F 与力系（F，F_1，F_2）等效，也与作用在 B 点的力 F_1 等效。这样，就等于把原来作用在 A 点的力 F 沿其作用线移到了 B 点。

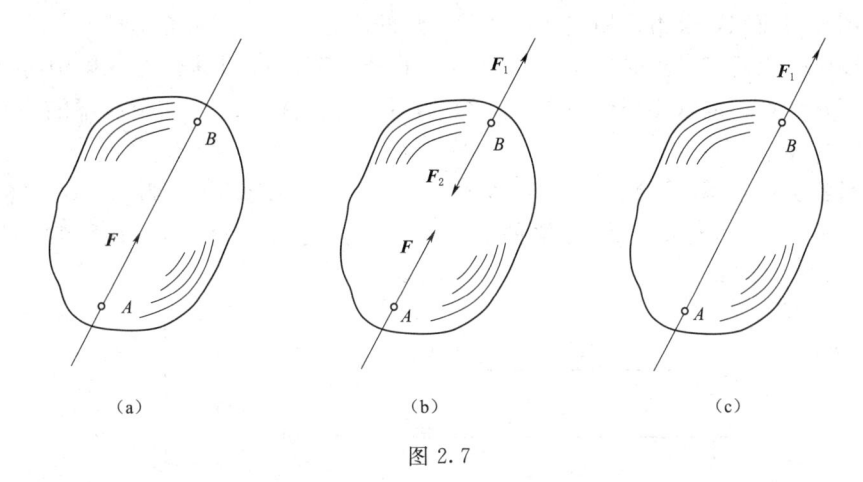

图 2.7

力的可传性易为实践所验证。如若保持力的大小、方向和作用线不变，用手推车和拉车的运动效果是完全一样的。由此可见，对于刚体而言，力的作用点已不是决定其效应的要素，它已为力的作用线所代替。因此，作用于刚体上力的三要素：力的大小、方向和作用线。需要指出的是力的可传性只适用于刚体，对于变形体并不成立。

推论 2 三力平衡汇交定理。

刚体在三个力作用下处于平衡时，若其中两个力的作用线汇交于一点，则第三个力的作用线必通过该点，且三力共面（证明见图 2.8）。

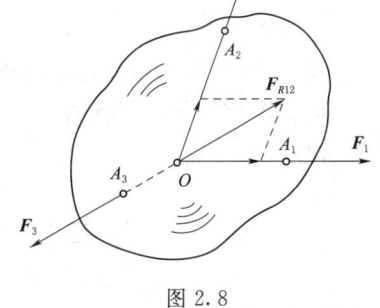

三力平衡汇交定理对于三力平衡是必要条件，并不充分。它常用来确定刚体在不平行三力作用下平衡时，其中某未知力的作用线。

2.1.5 荷载

使结构或构件产生内力和变形的外力及其他因素称为荷载。荷载可分为不同类型。

图 2.8

（1）按作用的性质不同可分为静荷载和动荷载。缓慢地加到结构上的荷载称为静荷载。静荷载作用下结构不产生明显的加速度。大小、方向随时间而变的荷载称为动荷载。地震力、冲击力、惯性力等都为动荷载。在动荷载作用下，结构上各点产生明显的加速度，结构的内力和变形都随时间而发生变化。

（2）按作用时间的长短可分为恒荷载和活荷载。永久作用在结构上且大小、方向不变的荷载称为恒荷载。固定设备、结构的自重等都为恒荷载。暂时作用在结构上的荷载称为活荷载。风荷载、雪荷载等都为活荷载。

（3）按作用的范围可分为集中荷载和分布荷载。若荷载作用的范围与构件的尺寸相比很小，可认为荷载集中作用于一点，称为集中荷载。车轮对地面的压力、柱子对面积较大的基础的压力等都可简化为集中荷载。分布作用在体积、面积和线段上的荷载称为分布荷载。结构自重、风荷载、雪荷载等都为分布荷载。分布荷载的合力大小为荷载图形的面积,合力作用点通过荷载图形的形心,方向同分布荷载。

当以刚体为研究对象时,作用在结构上的分布荷载可用其合力(集中荷载)代替,以简化计算;但以变形体为研究对象时,作用在结构上的分布荷载不能用其合力代替。

项目实例:某钢筋混凝土简支梁(图 2.9),$b \times h = 200\text{mm} \times 500\text{mm}$,已知钢筋混凝土容重 $r = 25\text{kN/m}^3$,计算梁的自重大小,并将自重荷载 q 及合力 G 绘制在图上。

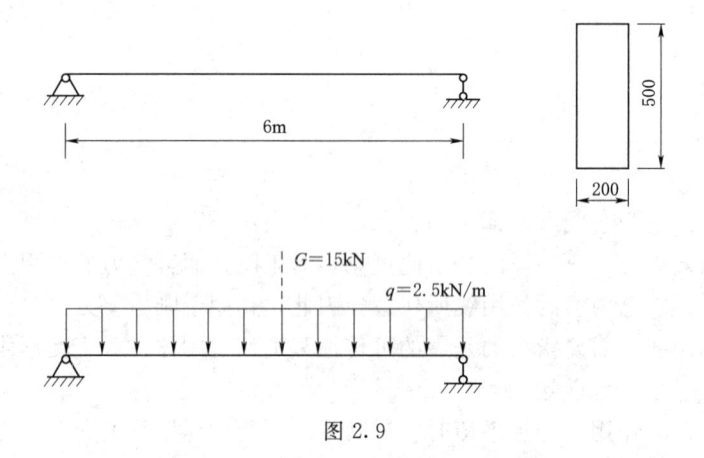

图 2.9

解:(1) $q = 25 \times 0.2 \times 0.5 = 2.5(\text{kN/m})$

(2) $G = ql = 2.5 \times 6 = 15(\text{kN})$,作用在梁的中间位置。

(3) 将均布荷载和合力绘制在图 2.9 上。

【**重点提示**】分布荷载的合力大小等于荷载图形的面积,合力作用点通过荷载图形的形心。

任务 2.2 抗倾稳定计算

【**任务目标**】
1. 掌握力矩的计算公式以及正负号规定。
2. 掌握合力矩定理。
3. 掌握力偶的计算公式以及正负号规定。
4. 理解力偶的三个性质。
5. 掌握力的平移定理以及定理的推导和应用。
6. 能对挡土墙进行抗倾验算。

2.2.1 力对点之矩

从实践中知道,力对物体的作用效果除了能使物体移动外,还能使物体转动,力矩就是度量力使物体转动效果的物理量。

力使物体产生转动效应与哪些因素有关呢?现以扳手拧螺母为例,如图 2.10 所示。手加在扳手上的力 F，使扳手带动螺母绕中心 O 转动。力 F 越大，转动越快；力的作用线离转动中心越远，转动也越快；如果力的作用线与力的作用点到转动中心 O 点的连线不垂直，则转动的效果就差；当力的作用线通过转动中心 O 时，无论力 F 多大也不能扳动螺母，只有当力的作用线垂直于转动中心与力的作用点的连线时，转动效果最好。另外，当力的大小和作用线不变而指向相反时，将使物体向相反的方向转动。

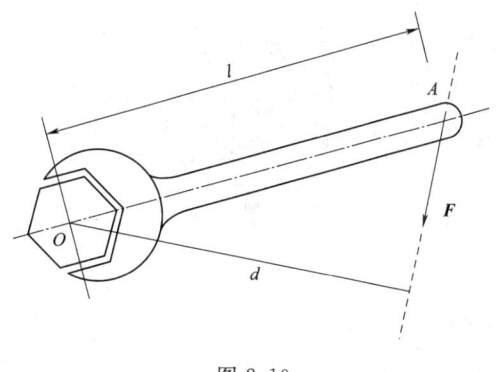

图 2.10

通过大量的实践总结出以下规律：力使物体绕某点转动的效果，与力的大小成正比，与转动中心到力的作用线的垂直距离 d 也成正比。这个垂直距离称为力臂，转动中心称为力矩中心（简称矩心）。力的大小与力臂的乘积称为力 F 对点 O 之矩（简称力矩），记作 $m_O(F)$。计算公式可写为

$$m_O(F) = \pm Fd \tag{2.3}$$

式中的正负号表示力矩的转向。在平面内规定：力使物体绕矩心做逆时针方向转动时，力矩为正；力使物体做顺时针方向转动时，力矩为负，因此，力矩是个代数量。力矩的单位是 N·m 或 kN·m。

1. 力矩的性质

（1）力 F 对点 O 的矩，不仅决定于力的大小，同时与矩心的位置有关。矩心的位置不同，力矩随之不同。

（2）当力的大小为零或力臂为零时，则力矩为零。

（3）力沿其作用线移动时，因为力的大小、方向和力臂均没有改变，所以力矩不变。

（4）相互平衡的两个力对同一点的矩的代数和等于零。

2. 合力矩定理

平面力系的合力对平面内任一点之矩，等于力系中各分力对同一点力矩的代数和，称为合力矩定理。即

$$m_O(F_R) = m_O(F_1) + m_O(F_2) + \cdots + m_O(F_n) = \sum m_O(F_i) \tag{2.4}$$

2.2.2 力偶和力偶矩

1. 力偶

由大小相等、方向相反、作用线平行的二力组成的力系称为力偶，在实践中，汽车司机用双手转动转向盘，钳工用丝锥加工螺纹孔（图 2.11），以及日常生活中人们用手拧水龙头开关，用手指旋转钥匙，都是施加力偶的实例。作用于其上的力均是成对出现，它们大小相等、方向相反、作用线平行，构成一个力偶。

力偶与力一样，也是力学中的一种基本物理量。力偶用符号 (F, F') 表示。力偶所在的平面称为力偶作用面，力偶的二力间的垂直距离称为力偶臂。由力偶的概念

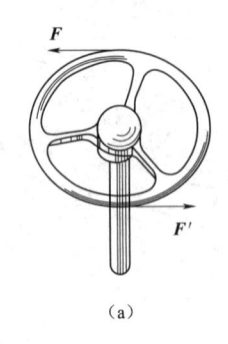

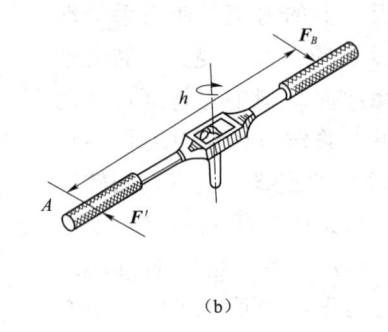

图 2.11

可知,力偶不能和一力等效,即不能合成为一个合力,或者说力偶无合力,那么一个力偶不能与一个力相平衡,力偶只能与力偶相平衡。力偶不能再简化成比力更简单的形式,所以力偶与力一样被看成是组成力系的基本元素。

2. 力偶矩

力偶中力的大小和力偶臂的乘积并冠以适当正负号(表示转向)来度量力偶对物体的转动效应,称为力偶矩,用 m 表示。即

$$m = \pm Fd \tag{2.5}$$

正负号规定:使物体逆时针方向转动时,力偶矩为正;反之为负。力偶矩的单位与力矩的单位相同,常用牛顿·米(N·m)。

大量实践证明,度量力偶对物体转动效应的三要素是:力偶矩的大小、力偶的转向、力偶的作用面。不同的力偶只要它们的三要素相同,对物体的转动效应就是一样的。

3. 力偶的基本性质

性质 1 力偶没有合力,所以力偶不能用一个力来代替,也不能与一个力来平衡。

性质 2 力偶对其作用面内任一点之矩恒等于力偶矩,且与矩心位置无关。

性质 3 在同一平面内的两个力偶,如果它们的力偶矩大小相等、转向相同,则这两个力偶等效,称为力偶的等效条件。

从以上性质可以得到两个推论。

推论 1 力偶可在其作用面内任意转移,而不改变它对物体的转动效应,即力偶对物体的转动效应与它在作用面内的位置无关。

例如图 2.12 (a) 作用在转向盘上的两上力偶 (P_1,P_1') 与 (P_2,P_2'),只要它们的力偶矩大小相等、转向相同,作用位置虽不同,转动效应是相同的。

推论 2 在力偶矩大小不变的条件下,可以改变力偶中的力的大小和力偶臂的长短,而不改变它对物体的转动效应。

如图 2.12 (b) 所示,工人在利用丝锥攻螺纹时,作用在螺纹杠上的 (F_1,F_1') 或 (F_2,F_2'),虽然 d_1 和 d_2 不相等,但只要调整力的大小,使力偶矩 $F_1d_1 = F_2d_2$,则两力偶的作用效果是相同的。

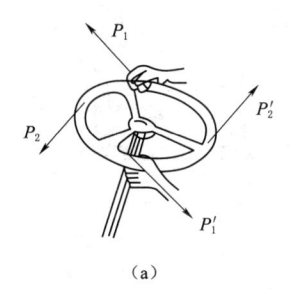

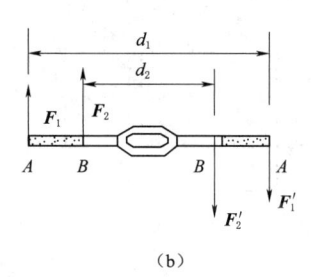

图 2.12

从以上两个推论可知,在研究与力偶有关的问题时,不必考虑力偶在平面内的作用位置,也不必考虑力偶中力的大小和力偶臂的长短,只需考虑力偶的大小和转向。所以常用带箭头的弧线表示力偶,箭头方向表示力偶的转向,弧线旁的字母 m 或者数值表示力偶矩的大小,如图 2.13 所示。

4. 力的平移定理

作用在刚体上的一个力 F 可以平移到同一刚体上的任一点 B,但必须同时附加一个力偶,其力偶矩等于原力 F 对新作用点 B 的矩,称为力的平行移动定理,简称力的平移定理,证明如图 2.14 所示。

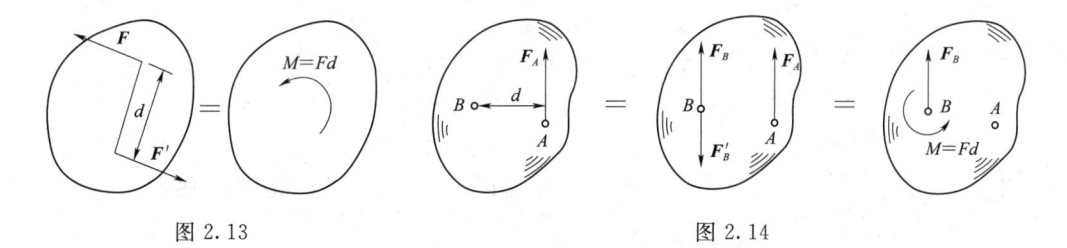

图 2.13　　　　　图 2.14

力的平移定理指出,一个力可以等效为一个力和一个力偶的联合作用,或者说一个力可以分解为作用在同一平面内的一个力和一个力偶。反之,其逆定理也成立,即同一平面内的一个力和一个力偶可以合成一个合力。可以根据力的平移定理得到证明,这里不再赘述。

应当注意的是,力的平移定理只适用于刚体,而不适用于变形体,并且力只能在同一刚体上平行移动。

2.2.3　工程实例分析

项目实例 1:试计算图 2.15 (a) 中力 F 对 A 点之矩。

解:本例中有两种解法。

(1) 由力矩定义计算力 F 对 A 点之矩。由图 2.15 (b) 中几何关系有

$$d = AD\sin\alpha = (AB-DB)\sin\alpha = (AB-BC\cot\alpha)\sin\alpha = (a-b\cot\alpha)\sin\alpha = a\sin\alpha - b\cos\alpha$$

所以
$$m_A(F) = Fd = F(a\sin\alpha - b\cos\alpha)$$

(2) 根据合力矩定理计算 F 对 A 点之矩。

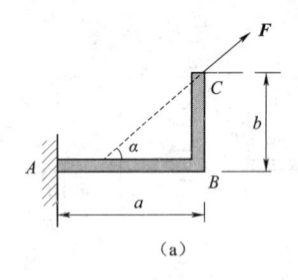

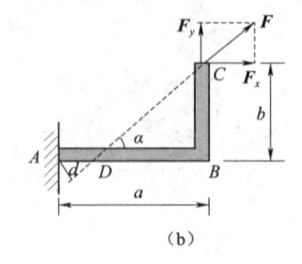

图 2.15

$$m_A(\boldsymbol{F}) = m_A(F_x) + m_A(F_y) = -F_x b + F_y a$$
$$= -Fb\cos\alpha + Fa\sin\alpha$$
$$= F(a\sin\alpha - b\cos\alpha)$$

提示：当力臂 d 不易求解时，利用合力矩定理可以简化计算。

项目实例 2： 如图 2.16 所示，已知挡土墙重 $F_G = 75\text{kN}$，铅垂土压力 $F_N = 120\text{kN}$，水平土压力 $F_H = 90\text{kN}$，试分析挡土墙是否会绕 A 点倾倒。

图 2.16

解： 挡土墙如果发生倾倒，将会绕着 A 点逆时针方向倾倒。倾覆力矩为逆时针方向，抗倾覆力矩为顺时针方向。

(1) $m_倾 = m_A(F_H) = 90 \times 1.6 = 144(\text{kN} \cdot \text{m})$

(2) $m_抗 = m_A(F_G) + m_A(F_N)$
$= -75 \times 1.1 - 120 \times (3-1)$
$= -322.5(\text{kN} \cdot \text{m})$

(3) $|m_抗| > |m_倾|$，故挡土墙不会倾倒。

任务 2.3　受力分析与受力图绘制

【任务目标】
1. 了解自由体、非自由体、约束及约束反力的概念。
2. 掌握工程中常见的几种约束类型及其约束反力。
3. 能根据约束性质正确绘制和命名约束反力。
4. 能正确绘制物体的受力图。
5. 能正确绘制物体系的受力图。

2.3.1　约束与约束反力

1. 约束与约束反力的概念

可在空间自由运动而不受任何限制的物体称为自由体，例如，抛出去的物体。在空间某些方向的运动受到一定限制的物体称为非自由体。在建筑工程中所研究的物体，一般都要受到其他物体的限制、阻碍而不能自由运动。例如，基础受到地基的限制，梁受到柱子或者墙的限制等，均属于非自由体。

于是将限制阻碍非自由体运动的物体称为约束物体，简称约束。例如地基是基础的约束，墙或柱子是梁的约束。而非自由体称为被约束物体。由于约束限制了被约束物体的运动，在被约束物体沿着约束所限制的方向有运动或运动趋势时，约束必然对被约束物体有力的作用，以阻碍被约束物体的运动或运动趋势。这种力称为约束反力，简称反力。因此，约束反力的方向必与该约束所能阻碍物体的运动方向相反。运用这个准则，可确定约束反力的方向和作用点的位置，约束反力作用在约束与被约束物体的接触处，方向总是与其所能限制物体的运动方向相反。

一般情况下，物体总是同时受到主动力和约束反力的作用。主动力常常是已知的，约束反力是未知的。这需要利用平衡条件来确定未知反力。

2. 工程中常见的几种约束类型及其约束反力

（1）柔性约束。用柔软的皮带、绳索、链条阻碍物体运动而构成的约束称为柔性约束。这种约束只能限制物体沿着柔性体中心线使柔性体张紧方向的移动，且柔性体约束只能受拉力，不能受压力，所以约束反力一定通过接触点，沿着柔性体中心线背离被约束物体的方向，且恒为拉力，如图 2.17 中的力 F_T。

（2）光滑接触面约束。当两物体在接触处的摩擦力很小而略去不计时，就是光滑接触面约束。这种约束不论接触面的形状如何，都不能限制物体沿光滑接触面的公切线方向的运动或离开光滑面，只能限制物体沿着接触面的公法线向光滑面内的运动，所以光滑接触面约束反力是通过接触点，沿着接触面的公法线指向被约束的物体，只能是压力，如图 2.18 中的力 F_N。

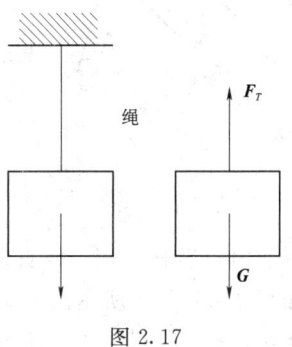

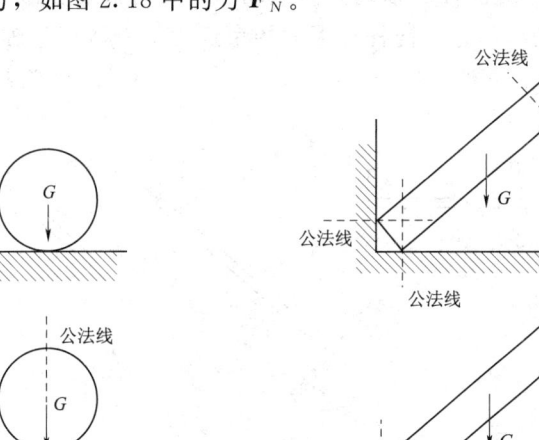

图 2.17

图 2.18

(3) 圆柱铰链约束。圆柱铰链简称铰链。常见的门窗的合页就是这种约束。理想的圆柱铰链是由一个圆柱形销钉插入两个物体的圆孔中构成的,且认为销钉与圆孔的表面很光滑。销钉不能限制物体绕销钉转动,只能限制物体在垂直于销钉轴线的平面内的沿任意方向的移动,如图 2.19(a)所示,图 2.19(b)为其简化图形。圆柱铰链的约束反力作用于接触点,垂直于销钉轴线,通过销钉中心,而方向未定。所以,在实际分析时,通常用两个相互垂直且通过铰链中心的分力 F_{Ax} 和 F_{Ay} 来代替,两个分力的指向可任意假定,可由计算结果确定真实方向。

圆柱铰链的约束反力可用图 2.19(c)所示的简图来表示。

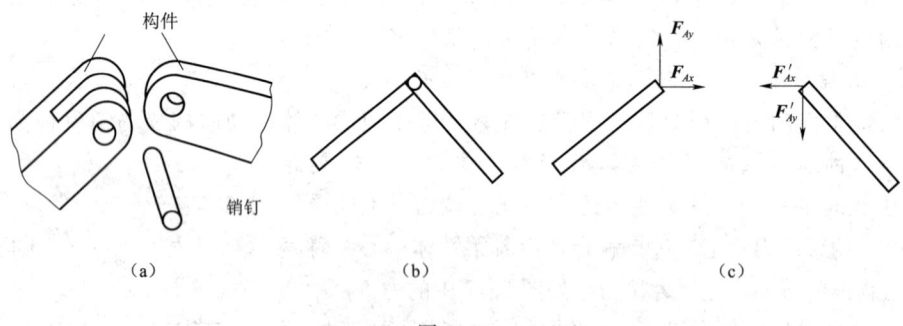

图 2.19

(4) 链杆约束。链杆就是两端用光滑销钉与物体相连而中间不受力的刚性直杆。如图 2.20(a)所示的支架,横杆 AB 在 A 端用铰链与墙连接,在 B 处与 BC 杆铰链连接,斜木 BC 在 C 端用铰链与墙连接,在 B 处与 AB 杆铰链连接,BC 杆是两端用光滑铰链连接而中间不受力的刚性直杆。BC 杆就可以看成是 AB 杆的链杆约束。这种约束只能限制 A 物体沿链杆的轴线方向运动。链杆可以受拉或受压,但不能限制物体沿其他方向的运动,所以,链杆约束的约束反力沿着链杆的轴线,其指向不定。如图 2.20(b)中的 F_B 和 F_C 力。

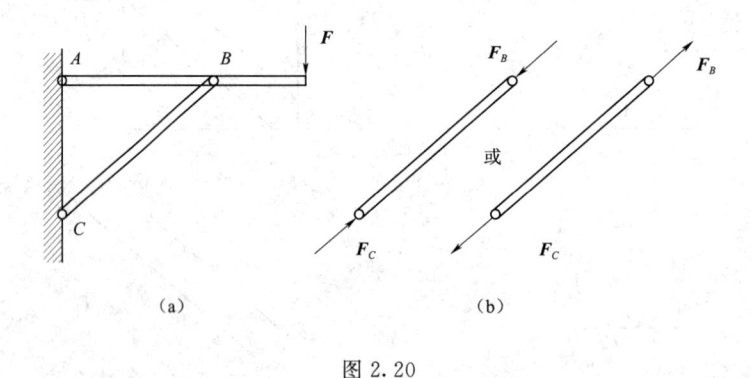

图 2.20

(5) 支座的简化和支座反力。工程上将结构或构件连接在支承物上的装置,称为支座。在工程上常常通过支座将构件支承在基础或另一静止的构件上。支座对构件就是一种约束。支座对它所支承的构件的约束反力也称支座反力。支座的构造种类繁多，具体情况也比较复杂，只有加以简化，归纳成几个类型，方便分析计算。建筑结构的支座通常分为固定铰支座、可动铰支座和固定端支座三类。

1）固定铰支座。如图 2.21（a）所示，构件与支座用光滑的圆柱铰链连接，构件不能产生沿任何方向的移动，但可以绕销钉转动，可见固定铰支座的约束反力与圆柱铰链相同，即约束反力一定作用于接触点，垂直于销钉轴线，并通过销钉中心，而方向未定。固定铰支座的简图如图 2.21（b）所示，约束反力如图 2.21（c）所示，可以用一个水平力 F_{Ax} 和垂直力 F_{Ay} 表示。

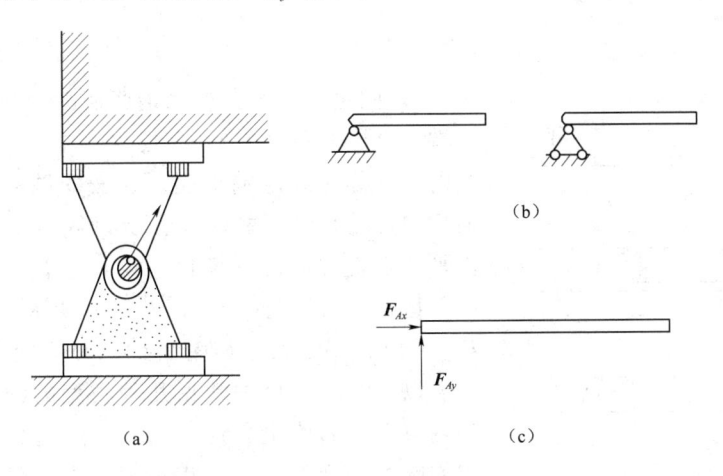

图 2.21

建筑结构中这种理想的支座是不多见的，通常把不能产生移动，只可能产生微小转动的支座视为固定铰支座。如图 2.22 所示屋架，用预埋在混凝土垫块内的螺栓和支座连在一起，垫块则砌在支座（墙）内，这时，支座阻止了结构的垂直移动和水平移动，但是它不能阻止结构微小转动。这种支座可视为固定铰支座。

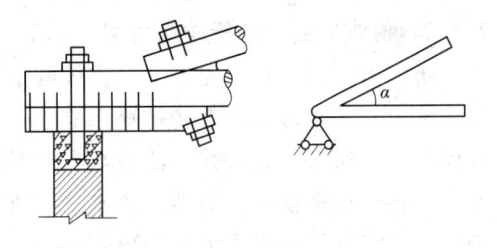

图 2.22

2）可动铰支座。图 2.23（a）是可动铰支座的示意图。构件与支座用销钉连接，而支座可沿支承面移动，这种约束只能约束构件沿垂直于支承面方向的移动，而不能阻止构件绕销钉的转动和沿支承面方向的移动。所以，它的约束反力的作用点就是约束与被约束物体的接触点、约束反力通过销钉的中心，垂直于支承面，方向可能指向构件，也可能背离构件，要视主动力情况而定。这种支座的简图如图 2.23（c）所示，约束反力 F_A 如图 2.23（d）所示。

例如，图 2.23（b）是一个搁置在砖墙上的梁，砖墙就是梁的支座，如略去梁与砖墙之间的摩擦力，则砖墙只能限制梁向下运动，而不能限制梁的转动与水平方向的移动。这样，就可以将砖墙简化为可动铰支座，如图 2.23（c）所示。

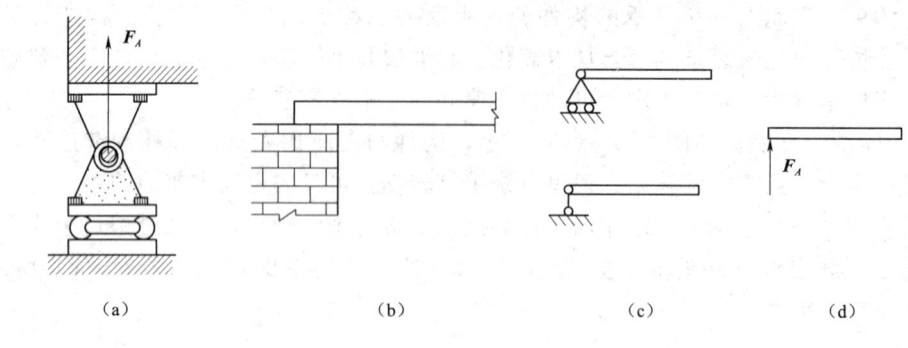

图 2.23

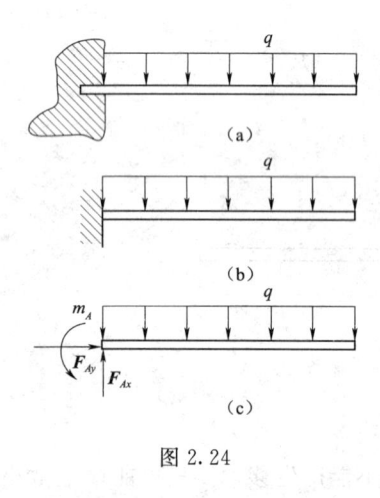

3) 固定端支座。整浇钢筋混凝土的雨篷，它的一端完全嵌固在墙中，一端悬空 [图 2.24（a）]，这样的支座称为固定端支座。在嵌固端，既不能沿任何方向移动，也不能转动，所以固定端支座除产生水平和竖直方向的约束反力外，还有一外约束反力偶。这种支座简图如图 2.24（b）所示，其支座反力 F_{Ax}、F_{Ay}、m_A 表示如图 2.24（c）所示。

以介绍了工程中常见几种类型的约束以及它们的约束反力的确定方法。当然，这远远不能包括工程实际中遇到的所有约束情况，在实际分析时应注意分清主次，略去次要因素，可把约束归结为以上基本类型。

图 2.24

2.3.2 物体的受力分析与受力图

研究力学问题，首先要了解物体的全部受力情况，即对物体进行受力分析。在工程实际中，常常遇到几个物体联系在一起的情况，因此，在对物体进行受力分析时，首先要明确研究对象，并设法从与它相联系的周围物体中分离出来，单独画出受力情况。这种从周围物体中单独分离出来的研究对象，称为分离体。取出分离体后，将周围物体对它的作用用力矢量的形式表示出来，这样得到的图形即为物体的受力图。选取合适的研究对象与正确画出物体受力图是解决力学问题的前提和依据，必须熟练掌握。

画受力图的方法与步骤如下：

第一，确定研究对象，画分离体图。研究对象可以是一个物体，可以是几个物体的组合，也可以是整个物体系统，这要根据已知条件及题意要求来选取。

第二，画分离体所受的主动力。主动力主要是指荷载，包括集中荷载、分布荷载以及集中力偶。

第三，画约束反力。根据约束的类型和性质画出相应的约束反力并正确命名。

画受力图时还应该注意以下几点：

（1）只画研究对象所受的力，不画研究对象施加给其他物体的力。

(2) 只画外力不画内力。

(3) 画作用力与反作用力时，两者必须画成作用线方位相同、指向相反。

(4) 同一个约束反力同时出现在物体系统的整体受力图和物体的部分受力图时，它的指向必须一致。

2.3.3 工程实例分析

项目实例 1：重量为 G 的小球，按图 2.25（a）所示放置，试画出小球的受力图。

解：(1) 根据题意取小球为研究对象。

(2) 画出主动力：受到的主动力为小球所受重力 G，作用于球心竖直向下。

(3) 画出约束反力：受到的约束反力为绳子的约束反力 $\boldsymbol{F}_{TA}$，作用于接触点 A，沿绳子的方向，背离小球；以及光滑面的约束反力 $\boldsymbol{F}_{NB}$，作用于球面和支点的接触点 B，沿着接触点的公法线（沿半径，过球心），指向小球。

把 G、$\boldsymbol{F}_{TA}$、$\boldsymbol{F}_{NB}$ 全部画在小球上，就得到小球的受力图，如图 2.25（b）所示。

项目实例 2：试画出如图 2.26（a）所示搁置在墙上的梁的受力图。

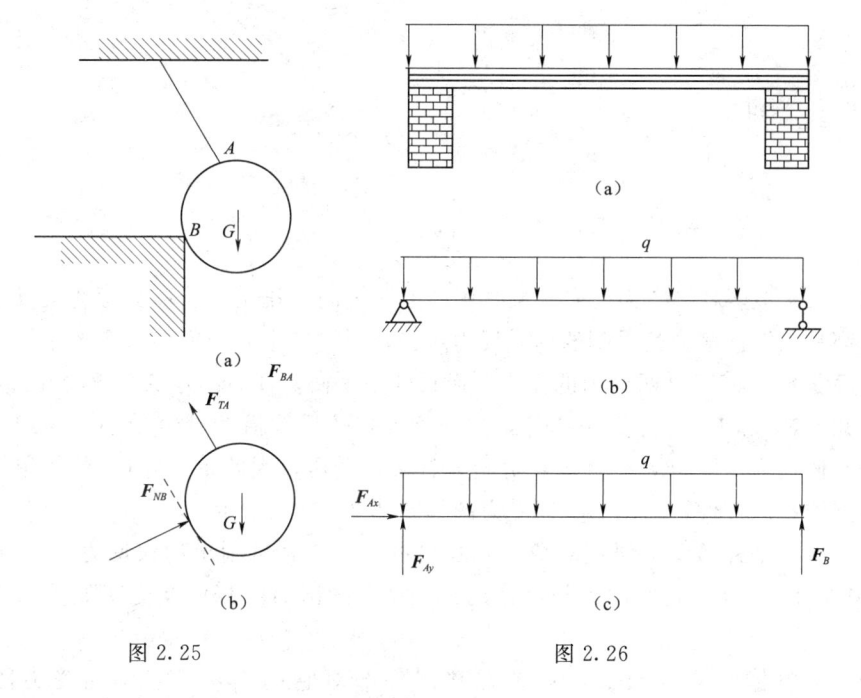

图 2.25

图 2.26

解：在实际工程结构中，要求梁在支承端处不得有竖向和水平方向的运动，为了反映墙对梁端部的约束性能，可按梁的一端为固定铰支座、另一端为可动铰支座来分析，其简图如图 2.26（b）所示。在工程上称这种梁为简支梁。

(1) 按题意取梁为研究对象。

(2) 画出主动力：受到的主动力为均布荷载 q。

(3) 画出约束反力：受到的约束反力，在 B 点为可动铰支座，其约束反力 $\boldsymbol{F}_B$ 与支承面垂直，方向假设为向上；在 A 点固定铰支座，其约束反力过铰中心点，但方向未定，通常用互相垂直的两个分力 $\boldsymbol{F}_{Ax}$ 与 $\boldsymbol{F}_{Ay}$ 表示，假设指向为坐标轴正向。

把 q、F_{Ax}、F_{Ay}、F_B 都画在梁上，就得到梁的受力图，如图 2.26（c）所示。

项目实例 3：图 2.27（a）所示三角形托架中，节点 A、B 处为固定铰支座，C 处为铰链连接。不计各杆的自重以及各处的摩擦。试画出杆件 AD 和 BC 及整体的受力图。

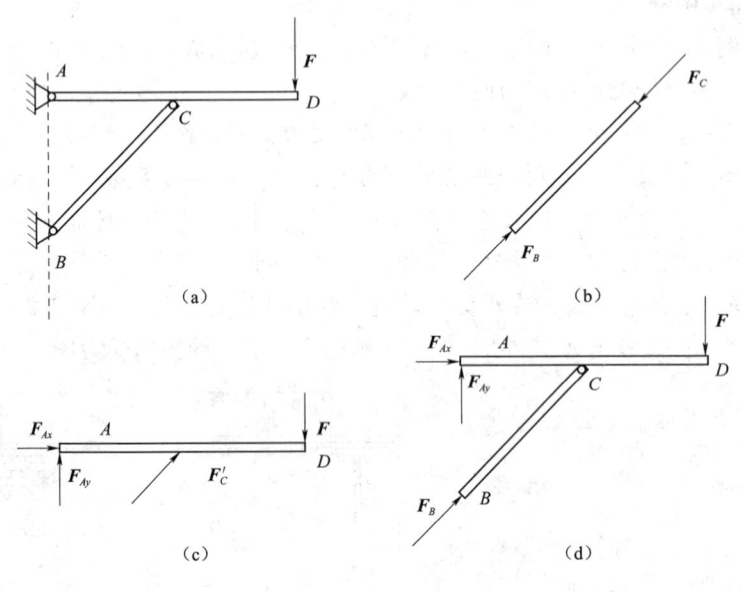

图 2.27

解：(1) 取斜杆 BC 为研究对象。该杆上无主动力作用，所以只画约束反力。杆的两端都是铰链连接，其受到的约束反力应当是通过铰中心，方向未定的未知力。但杆 BC 只受 F_B 与 F_C 这两个力的作用，而且处于平衡，杆 BC 为二力杆，由二力平衡条件可知，F_B 和 F_C 必定大小相等，方向相反，作用线沿两铰链中心的连线，方向可先任意假定。本题中从主动力 F 分析，杆 BC 受压，因此 F_B 与 F_C 的作用线沿两铰中心连线指向杆件，画出 BC 杆受力图如图 2.27（b）所示。

(2) 取水平杆 AD 为研究对象。先画出主动力 F，再画出约束反力 F_C、F_{Ax} 和 F_{Ay}，其中 F_C 与 F'_C 是作用力与反作用力关系，画出 AD 杆的受力图如图 2.27（c）所示。

(3) 取整体为研究对象，只考虑整体外部对它的作用力，画出受力图如图 2.27（d）所示。

任务 2.4　平面力系的合成与平衡

【任务目标】
1. 掌握力在平面直角坐标轴上的投影公式。
2. 理解合力投影定理。
3. 掌握平面汇交力系的合成及平衡条件。

4. 掌握平面力偶系的合成及平衡条件。
5. 掌握平面一般力系的合成及平衡条件。

2.4.1 力在平面直角坐标轴上的投影

设在刚体上 A 点作用一力 $\boldsymbol{F}$，通过力 $\boldsymbol{F}$ 的两端 A 和 B 分别向 x 轴作垂线，垂足为 a 和 b，如图 2.28（a）所示。线段 ab 的长度冠以适当的正负号就表示这个力在 x 轴上的投影，记为 F_x。同理，可求力 $\boldsymbol{F}$ 在 y 轴上的投影 F_y，如图 2.28（b）所示。

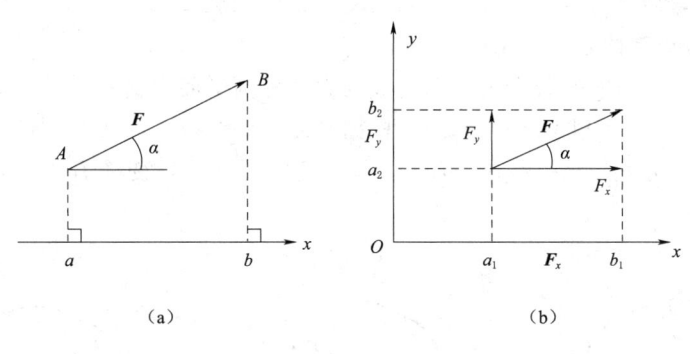

图 2.28

若，力 $\boldsymbol{F}$ 与 x 轴之间的所夹锐角为 α，则力 $\boldsymbol{F}$ 在直角坐标轴上的投影为

$$F_x = \pm F\cos\alpha, F_y = \pm F\sin\alpha \tag{2.6}$$

正负号规定：从力的起点投影（a_1 或 a_2）到终点投影（b_1 或 b_2）的方向与坐标轴的正向一致时取正值；反之，取负值。

力在坐标轴上投影的计算要点：
(1) 力在坐标轴上平行移动后投影不变。
(2) 力垂直于某轴，力在该轴上投影为零。
(3) 力平行于某轴，力在该轴上投影的绝对值为力的大小。

合力投影定理：若作用于一点的 n 个力 $\boldsymbol{F}_1$，$\boldsymbol{F}_2$，$\cdots$，$\boldsymbol{F}_n$ 的合力为 $\boldsymbol{F}_R$，则合力在某轴上的投影，等于各分力在同一轴上投影的代数和，这就是合力投影定理。即

$$\left. \begin{array}{l} F_{Rx} = F_{1x} + F_{2x} + \cdots + F_{nx} = \sum F_{ix} \\ F_{Ry} = F_{1y} + F_{2y} + \cdots + F_{ny} = \sum F_{iy} \end{array} \right\} \tag{2.7}$$

2.4.2 平面汇交力系的合成与平衡

1. 平面汇交力系的合成

平面力系中各力作用线汇交于同一点时，该力系称为平面汇交力系。平面汇交力系的合成可采用几何法和解析法。因几何法的作图误差大，多采用解析法。根据几何法的结论，平面汇交力系的合力通过汇交点指向最后一个力的终点，如图 2.29 所示，得出 F_R 计算公式如下。

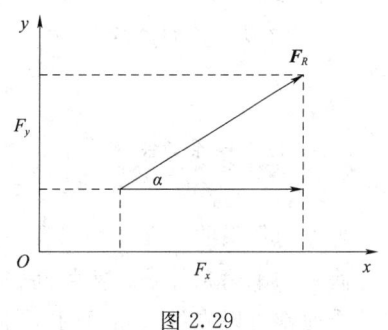

图 2.29

$$F_R=\sqrt{F_{Rx}^2+F_{Ry}^2}, \quad \alpha=\arctan\left|\frac{F_{Ry}}{F_{Rx}}\right| \tag{2.8}$$

2. 平面汇交力系的平衡方程

$$\sum F_x=0, \sum F_y=0 \tag{2.9}$$

利用该平衡方程求解未知力时，若可以确定力的作用线方向而力的指向未定时，可以预先假设力的指向为正（与坐标轴正向一致），通过平衡方程求出未知力后，根据计算结果的正、负号确定未知力的指向。若计算结果为正，说明假设的指向与实际指向相同；计算结果为负，假设的指向与实际指向相反。

2.4.3 平面力偶系的合成与平衡

作用在同一平面内的若干个力偶组成的力系称为平面力偶系。设在同一平面内作用两个力偶 m_1 和 m_2 ［图 2.30 (a)］，根据平面力偶等效的性质及推论，将上述力偶进行等效变换。为此任选一线段 $AB=d$ 作为公共力偶臂，变换后的等效力偶中各力的大小分别为

$$F_1=F_1'=m_1/d \quad F_2=F_2'=m_2/d$$

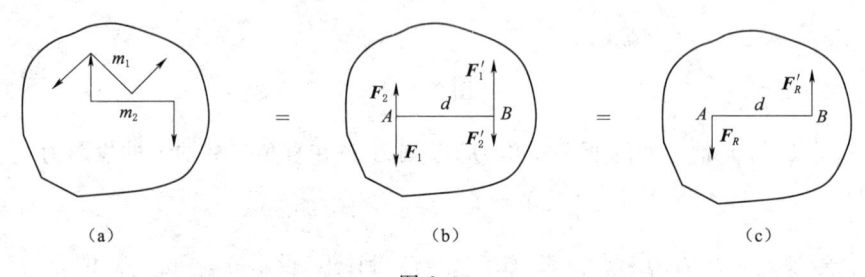

图 2.30

将图 2.30 (b) 中作用在 A 点和 B 点的力合成（假设 $F_1>F_2$）得

$$F_R=F_1-F_2$$

$$F_R'=F_1'-F_2'$$

由于 F_R 与 F_R' 等值、反向且不共线，故组成一新力偶（F_R，F_R'），如图 2.30 (c) 所示。此力偶与原力偶等效，称为原力偶系的合力偶，其力偶矩为

$$m=F_R d=(F_1-F_2)d=m_1+m_2$$

将上述关系推广到 n 个力偶即可得到平面力偶系的合成公式。

1. 平面力偶系的合成公式

$$m_R=m_1+m_2+\cdots+m_n=\sum m_i \tag{2.10}$$

2. 平面力偶系的平衡方程

$$\sum m_i=0 \tag{2.11}$$

平面力偶系的平衡方程只有一个独立的方程，因此只能求解一个未知力。利用平面力偶系的平衡条件求解实际问题时，要注意力偶只能与力偶平衡这一性质。利用这个性质通常可以先将未知力的方向确定，再利用平衡方程求出未知力大小。

2.4.4 平面一般力系的合成与平衡

1. 平面一般力系向平面内一点的简化

设在刚体上作用有平面一般力系 F_1, F_2, …, F_n，如图 2.31（a）所示。为将这力系简化，首先在该力系的作用面内任选一点 O 作为简化中心，根据力的平移定理，将力系中各力全部平移到 O 点后，如图 2.31（b）所示，则原力系就被平面汇交力系 F'_1, F'_2, …, F'_n 和力偶矩为 m_1, m_2, …, m_n 的附加平面力偶系所代替。因此平面一般力系的简化就转化为此平面内的平面汇交力系和平面力偶系的合成。然后将平面汇交力系和平面力偶系合成，就得到作用于 O 点的力 F' 和力偶矩为 M_O 的一个力偶，如图 2.31（c）所示。

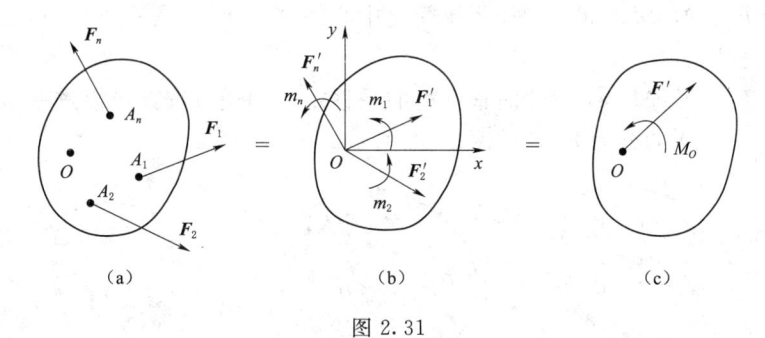

图 2.31

对于平面汇交力系的情况，其合力可以按两个共点力的合成方法，逐次使用力三角形法则求得

$$F' = F'_1 + F'_2 + \cdots + F'_n = \sum F'_i \tag{2.12}$$

F' 为该力系的主矢。显然，主矢 F' 的大小与方向均与简化中心的位置无关。主矢 F' 的大小和方向为

$$F' = \sqrt{(F'_x)^2 + (F'_y)^2} = \sqrt{(\sum F_{xi})^2 + (\sum F_{yi})^2} \tag{2.13}$$

$$\alpha = \arctan \left| \frac{\sum F_y}{\sum F_x} \right| \tag{2.14}$$

α 为 F' 与 x 轴所夹的锐角，F' 的指向由 $\sum F_{xi}$ 和 $\sum F_{yi}$ 的正负号确定。

另外，平面力偶系可以合成为一个合力偶，其合力偶矩等于各分力偶矩的代数和，即

$$M_O = m_1 + m_2 + \cdots + m_n = \sum m_i \tag{2.15}$$

综上所述，平面一般力系向作用面内任一点简化的结果，是一个力和一个力偶。这个力作用在简化中心，它的矢量称为原力系的主矢，并等于这个力系中各力的矢量和；这个力偶的力偶矩称为原力系对简化中心的主矩，并等于原力系中各力对简化中心的力矩的代数和。

由于主矢等于原力系各力的矢量和，因此主矢 F' 的大小和方向与简化中心的位置无关。而主矩等于原力系中各力对简化中心的力矩的代数和，取不同的点作为简化中心，各力的力臂都要发生变化，则各力对简化中心的力矩也会改变，因而，主矩一般随着简化中心的位置不同而改变。

2. 平面一般力系简化结果的讨论

平面一般力系向一点简化，一般可得到一个力和一个力偶，但这并不是最后简化结果。根据主矢与主矩是否存在，可能出现下列几种情况：

(1) 若 $F'=0$，$M_O \neq 0$，说明原力系与一个力偶等效，而这个力偶的力偶矩就是主矩。

由于主矢 $\boldsymbol{F}'$ 与简化中心的位置无关，当力系向某点 O 简化时，其 $F'=0$，则该力系向作用面内任一点简化时，其主矢也必然为零。在这种情况下，简化结果与简化中心的位置无关。也就是说，无论向哪一点简化，都是一个力偶，而且力偶矩保持不变。即原力系与一个力偶等效，这个力偶称为原力系的合力偶 M。

(2) 若 $F' \neq 0$，$M_O = 0$，则作用于简化中心的主矢 $\boldsymbol{F}'$ 就是原力系的合力 $\boldsymbol{F}_R$，作用线通过简化中心。

(3) 若 $F' \neq 0$，$M_O \neq 0$，这时根据力的平移定理的逆过程，可以进一步简化成一个作用于另一点 O' 的合力 $\boldsymbol{F}_R$，如图 2.32 所示。

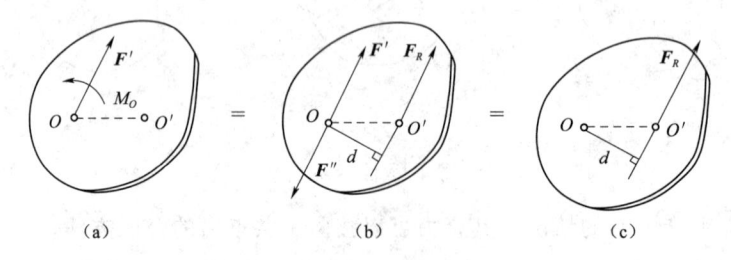

(a)   (b)   (c)

图 2.32

将力偶矩为 M_O 的力偶用两个反向平行力 $\boldsymbol{F}_R$、$\boldsymbol{F}''$ 表示，并使 $\boldsymbol{F}''$ 和 $\boldsymbol{F}'$ 等值、共线，使它们构成一平衡力 [图 2.32 (b)]，为保持 M_O 不变，只要取力臂 d 为

$$d = \frac{|M_O|}{F'} = \frac{|M_O|}{F_R} \tag{2.16}$$

将 $\boldsymbol{F}''$ 和 $\boldsymbol{F}'$ 这一平衡力系去掉，这样就只剩下 $\boldsymbol{F}_R$ 与原力系等效。因此，$\boldsymbol{F}_R$ 就是原力系的合力。至于合力 $\boldsymbol{F}_R$ 的作用线在简化中心 O 点的哪一侧，可由主矩 M_O 的转向来决定。

(4) $F'=0$，$M_O=0$，则力系是平衡力系。

综上所述，平面一般力系简化的最后结果（即合成结果）可能是一个力偶，或者是一个合力，或者是平衡。

由以上结果可以看出：

原力系无论向哪一点（O 或 A）简化，主矢 $\boldsymbol{F}'_R$ 的大小和方向都不变，即主矢与简化中心的位置无关，而向点 O 简化与向点 A 简化所得主矩却不相同，说明主矩一般与简化中心的位置有关。

原力系无论向哪一点简化，其简化的最后结果（即合成结果）总是相同的。这是因为一个给定的力系对刚体的作用效应是唯一的，不会因不同的计算途径而改变；如不相同，表明计算有错误。

3. 平面一般力系的平衡方程

(1) 平面一般力系平衡方程的基本形式。平面一般力系向任一点简化时，当主矢、主矩同时等于零，则该力系为平衡力系。因此，平面一般力系处在平衡状态的必要与充分条件是力系的主矢量与力系对于任一点的主矩都等于零，即 $F'=0$，$m_O=0$。

根据式 (2.13) 及式 (2.15)，可得到平面一般力系平衡的充分必要条件为

$$\sum F_x=0, \sum F_y=0, \sum m_O(F)=0 \qquad (2.17)$$

式 (2.17) 说明，力系中各力在两个不平行的任意坐标轴上投影的代数和均等于零，所有各力对任一点的矩的代数和等于零，称为平面一般力系的平衡方程。

式 (2.17) 中包含两个投影方程和一个力矩方程，是平面一般力系平衡方程的基本形式，也是平面一般力系平衡的充分必要条件。当方程中含有未知数时，式 (2.17) 即为三个方程组成的联立方程组，可以用来确定三个未知量。

(2) 平面一般力系平衡方程的其他形式。前面通过平面一般力系的平衡条件导出了平面一般力系平衡方程的基本形式，除了基本形式外，还可将平衡方程表示为二力矩形式及三力矩形式。

1) 二力矩形式的平衡方程。在力系作用面内任取两点 A、B 及 x 轴，可以证明平面一般力系的平衡方程可改写成两个力矩方程和一个投影方程的形式，即

$$\sum F_x=0, \sum m_A(F)=0, \sum m_B(F)=0 \qquad (2.18)$$

式中附加条件：x 轴不与 A、B 两点的连线垂直。

2) 三力矩形式的平衡方程。在力系作用面内任意取三个不在一条直线上的点 A、B、C，则

$$\sum m_A(F)=0, \sum m_B(F)=0, \sum m_C(F)=0 \qquad (2.19)$$

式中附加条件：A、B、C 三点不在同一直线上。

2.4.5 工程实例分析

项目实例：已知挡土墙自重 $F_G=400\text{kN}$，水压力 $F_Q=180\text{kN}$，土压力 $F_P=300\text{kN}$，各力的方向及作用线位置如图 2.33 (a) 所示。试将这三个力向底面中心 O 点简化，并求简化的最后结果。

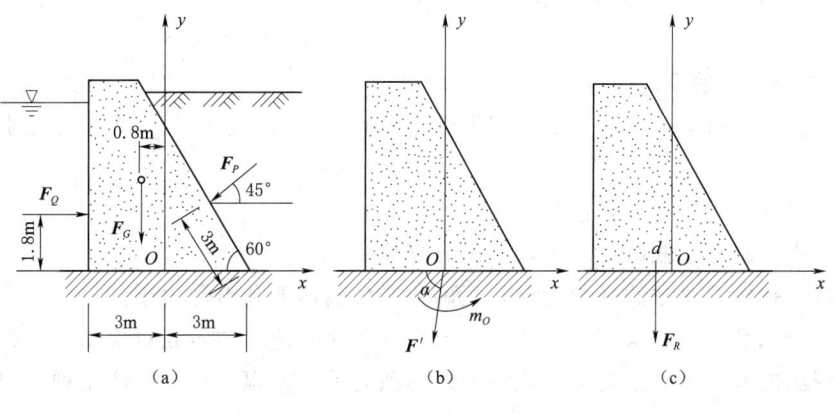

图 2.33

解：以底面中心 O 为简化中心，取坐标系如图 2.33（a）所示，由于

$$\sum F_{xi} = F_O - F_P \cos 45° = 180 - 300 \times 0.707 = -32.1 \text{(kN)}$$

$$\sum F_{yi} = -F_P \sin 45° - F_G = -300 \times 0.707 - 400 = -612.1 \text{(kN)}$$

所以

$$F' = \sqrt{(-32.1)^2 + (-612.1)^2} = 612.9 \text{(kN)}$$

$$\tan\alpha = \frac{|\sum F_y|}{|\sum F_x|} = \frac{612.1}{32.1} = 19.1, \alpha = 87°$$

因为 $\sum F_x$ 和 $\sum F_y$ 都是负值，故 F' 指向第三象限与 x 轴之夹角 $\alpha = 87°$，再由式（2.15）可求得主矩为

$$M_O = \sum m_O(F)$$
$$= -F_O \times 1.8 + F_P \cos 45° \times 3 \times \sin 60° - F_P \sin 45° \times (3 - 3\cos 60°) + F_G \times 0.8$$
$$= -180 \times 1.8 + 300 \times 0.707 \times 3 \times 0.866 - 300 \times 0.707 \times (3 - 3 \times 0.5) + 400 \times 0.8$$
$$= 228.9 \text{(kN·m)}$$

计算结果为正值，表示 M_O 是逆时针转向。因为主矢 $F' \neq 0$，主矩 $M_O \neq 0$，如图 2.33（b）所示，所以还可进一步合成为一个合力 $\boldsymbol{F}_R$。$\boldsymbol{F}_R$ 的大小、方向与 $\boldsymbol{F}'$ 相同，它的作用线与 O 点的距离为

$$d = \frac{|M_O|}{F'} = \frac{228.9}{612.9} = 0.373 \text{(m)}$$

因 M_O 为正，故 $m_O(F)$ 也应为正，即合力 $\boldsymbol{F}_R$ 应在 O 点左侧，如图 2.33（c）所示。

任务 2.5　工程结构的平衡

【任务目标】
1. 了解求解平衡问题的步骤。
2. 能根据平衡条件求解单个物体的平衡。
3. 能根据平衡条件求解物体系统的平衡。

2.5.1　单个物体的平衡问题

受到约束的物体，在外力的作用下处于平衡，应用力系的平衡方程可以求出未知反力。

求解过程按照以下步骤进行：

（1）根据题意选取研究对象，取出分离体。

（2）分析研究对象的受力情况，正确地在分离体上画出受力图。

（3）应用平衡方程求解未知量。应当注意判断所选取的研究对象受到何种力系作用，所列出的方程个数不能多于该种力系的独立平衡方程个数，并注意列方程时力求一个方程中只出现一个未知量，尽量避免解联立方程。

2.5.2 考虑摩擦时物体平衡问题

由于工程力学涉及的结构都处于静止状态，此处主要介绍静滑动摩擦力和静滑动摩擦定律。当接触面间有相对滑动的趋势但仍保持相对静止时，沿接触点公切面彼此作用着阻碍相对滑动的力，称为静滑动摩擦力，简称静摩擦力，常用 F 表示。静摩擦力是阻止物体相对滑动的一种约束力，它的方向与物体相对滑动趋势的方向相反，它的大小随主动力而变化，变化范围在零和最大值 F_{max} 之间，即

$$0 \leqslant F \leqslant F_{max}$$

实验研究的结果表明，临界状态下接触面间的最大静摩擦力与法向反力的大小成正比，即

$$F_{max} = f_s F_N \tag{2.20}$$

式中　f_s——静摩擦系数，它与两物体接触面间的材料、接触面间的粗糙程度、温度和湿度等因素有关，其值可由试验测定；

　　　F_N——两物体间的正压力（或法向反力）。

考虑摩擦时物体的平衡问题与不考虑摩擦时物体的平衡问题相同之处是作用在物体上的力系应满足平衡条件。但不同之处有两点：一是在考虑摩擦时的平衡问题里，约束反力含有摩擦力，摩擦力的方向沿接触面的切线且与相对滑动趋势的方向相反；二是摩擦力的大小在一定范围内变化，只有当物体处于平衡的临界状态时，摩擦力才达到最大值。所以，这类平衡问题的解答不是一个确定值，而是用不等式所表示的一个范围，这个范围称为平衡范围。

2.5.3 物体系统的平衡

实际工程结构中既存在单个物体的平衡问题，又存在物体系统的平衡问题。由若干个物体通过适当的连接方式（约束）组成的，统称为物体系统，简称物系。工程实际中的结构或机构，如多跨梁、三铰拱、组合构架、曲柄滑块机构等都可看作物体系统。

在研究物体系统的平衡问题时，必须注意以下几点：

（1）应根据问题的具体情况，恰当地选取研究对象，这是对问题求解过程的繁简起决定性作用的一步。

（2）必须综合考查整体与局部的平衡。当物体系统平衡时，组成该系统的任何一个局部系统或任何一个物体也必然处于平衡状态。不仅要研究整个系统的平衡，而且要研究系统内某个局部或单个物体的平衡。

（3）在画物体系统、局部、单个物体的受力图时，特别要注意施力体与受力体、作用力与反作用力的关系，由于力是物体之间相互的机械作用，因此对于受力图上的任何一个力，必须明确它是哪个物体所施加的，决不能凭空臆造。

（4）在列平衡方程时，适当地选取矩心和投影轴，选择的原则是尽量做到一个平衡方程中只有一个未知量，以避免求解联立方程。

2.5.4 程实例分析

1. 单个物体的平衡

项目实例1：图2.34表示起吊一个重10kN的构件。钢丝绳与水平线夹角为45°，

求构件匀速上升时,绳的拉力是多少?

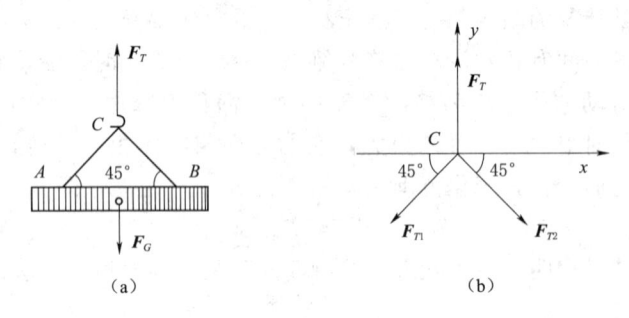

图 2.34

解：构件匀速上升时处于平衡状态，整个系统在重力 F_G 和绳的拉力 F_T 的作用平衡。即

$$F_G = F_T = 10 \text{kN}$$

现在计算倾斜的钢丝绳 CA 和 CB 的拉力：

(1) 根据题意取吊钩 C 为研究对象。

(2) 画出吊钩 C 的受力图 [图 2.34（b）]。吊钩受垂直方向拉力 F_T 和倾斜钢丝绳 CA 和 CB 的拉力 F_{T1} 和 F_{T2}，构成一平面汇交力系，且为平衡的力系，应满足平衡方程。

(3) 选取坐标系如图 2.34（b）所示，坐标系原点 O 放在吊钩 C 上。

(4) 列平衡方程，求未知 F_{T1}、F_{T2}。

$$\sum F_x = 0 \quad -F_{T1}\cos 45° + F_{T2}\cos 45° = 0 \tag{a}$$

$$\sum F_y = 0 \quad F_T - F_{T1}\sin 45° - F_{T2}\sin 45° = 0 \tag{b}$$

由式（a）$F_{T1} = F_{T2}$，代入式（b）得

$$F_{T1} = F_{T2} = 7.07 \text{kN}$$

项目实例 2：图 2.35 所示为塔式起重机。已知轨距 $b=4$m，机身重 $F_G=220$kN，其作用线到右轨的距离 $e=1.5$m，起重机的平衡重 $F_Q=100$kN，其作用线到左轨的距离 $a=6$m，荷载 F_P 的作用线到右轨的距离 $l=8$m，试：

(1) 验证空载时（$F_P=0$ 时）起重机是否会向左倾倒？

(2) 求出起重机不向右倾倒的最大荷载 F_P。

解：以起重机为研究对象，作用于起重机上的力有主动力 F_G、F_P、F_Q 及约束反力 F_{NA} 和 F_{NB}，它们组成一个平行力系。

(1) 使起重机不向左倒的条件是 $F_{NB} \geq 0$，当空载时，取 $F_P = 0$，列平衡方程

$$\sum m_A = 0 : F_Q a + F_{NB} b - F_G(e+b) = 0$$

$$F_{NB} = \frac{1}{b}[F_G(e+b) - F_Q a]$$

$$= \frac{1}{4} \times [220 \times (1.5+4) - 100 \times 6] = 152.5 (\text{kN}) > 0$$

所以起重机不会向左倾倒。

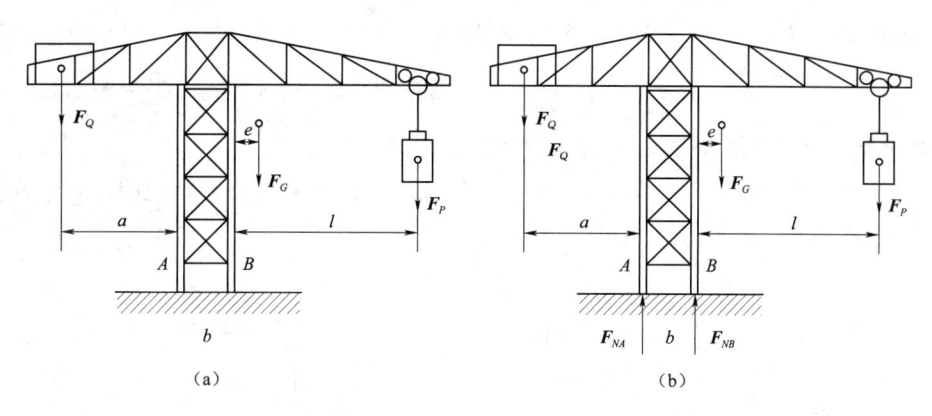

图 2.35

(2) 使起重机不向右倾倒的条件是 $F_{NA} \geqslant 0$，列平衡方程

$$\sum m_B = 0: F_Q(a+b) - F_{NA}b - F_G e - F_P l = 0$$

$$F_{NA} = \frac{1}{b}[F_Q(a+b) - F_G e - F_P l]$$

欲使 $F_{NA} \geqslant 0$，则需

$$F_Q(a+b) - F_G e - F_P l \geqslant 0$$

$$F_P \leqslant \frac{1}{l}[F_Q(a+b) - F_G e]$$

$$= \frac{1}{8} \times [100 \times (6+4) - 220 \times 1.5] = 83.75 (\text{kN})$$

即当荷载 $F_P \leqslant 83.75 \text{kN}$ 时，起重机是稳定的。

项目实例 3：外伸梁受荷载如图 2.36（a）所示，已知均布荷载集度 $q = 20 \text{kN/m}$，力偶矩 $m = 38 \text{kN} \cdot \text{m}$，集中力 $P = 20 \text{kN}$，试求支座 A、B 的支座反力。

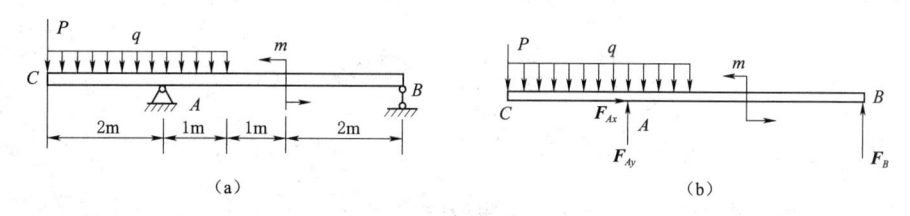

图 2.36

解：(1) 取梁 BC 为研究对象。

(2) 画其受力图如图 2.36（b）所示。

(3) 选取坐标轴 x 轴和 y 轴，建立三个平衡方程。

$$\sum F_x = 0, F_{Ax} = 0$$

$$\sum m_B = 0: -4F_{Ay} + 6P + 3q \times \left(6 - \frac{3}{2}\right) + m = 0$$

$$\sum m_A = 0: 4F_B + m + 2P + 3q \times \left(2 - \frac{3}{2}\right) = 0$$

解得　$F_{Ax}=0$，$F_{Ay}=(6P+3q\times4.5+38)/4=(6\times20+3\times20\times4.5+38)/4=107(\text{kN})$

$$F_B=-\frac{1}{4}(m+2P+3q\times0.5)=-\frac{1}{4}(38+2\times20+3\times20\times0.5)=-27(\text{kN})$$

F_B 得负值，说明其实际方向与假设方向相反，即应指向下。

校核：$\sum F_y=F_B+F_{Ay}-P-3q=-27+107-20-3\times20=0$，说明计算无误。

项目实例4：求图 2.37（a）所示刚架的支座反力。

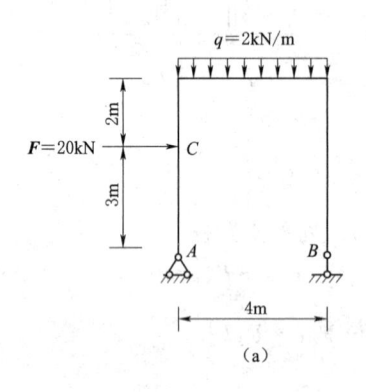

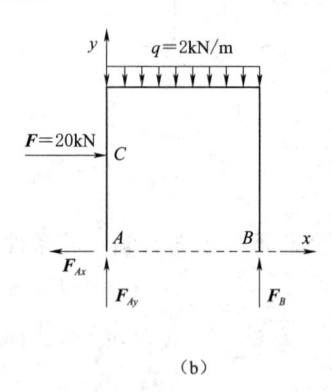

图 2.37

解：(1) 取整体为研究对象。

(2) 画受力图如图 2.37（b）所示。

(3) 选取坐标轴 x 轴和 y 轴，建立三个平衡方程。

$$\sum m_A=0 : 4F_B-3F-4q\times2=0$$
$$\sum m_B=0 : -4F_{Ay}-3F+4q\times2=0$$
$$\sum m_C=0 : -3F_{Ax}-4q\times2+4F_B=0$$

$$F_B=\frac{1}{4}(3F+8q)=\frac{3\times20+8\times2}{4}=19(\text{kN})$$

$$F_{Ax}=\frac{4F_B-8q}{3}=\frac{4\times19-8\times2}{3}=20(\text{kN})$$

$$F_{Ay}=\frac{8q-3F}{4}=\frac{8\times2-3\times20}{4}=-11(\text{kN})$$

F_{Ay} 为负值，表示力的实际方向与假设方向相反。

校核：$\sum F_y=F_{Ay}+F_B-4q=-11+19-4\times2=0$，说明计算无误。

2. 物体系统的平衡

项目实例5：多跨静定梁由 AB 梁和 BC 梁用中间铰 B 连接而成，支撑和荷载情况如图 2.38（a）所示，已知 $P=20\text{kN}$，$q=5\text{kN/m}$，$\alpha=45°$。求支座 A、C 的反力和中间铰 B 处的反力。

解：(1) 以 BC 为研究对象，进行受力分析，如图 2.38（b）所示。

根据平衡条件列平衡方程

$$\sum m_B(F)=0 : F_C\cos45°\times2-P\times1=0，F_C=\frac{P}{2\cos45°}=14.14(\text{kN})$$

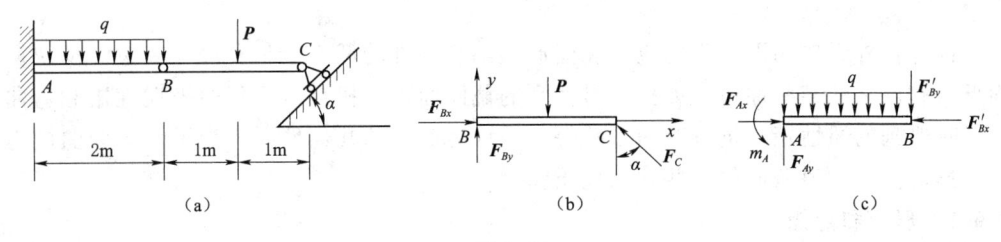

图 2.38

$$\sum F_{xi}=0: -F_C\sin45°+F_{Bx}=0, F_{Bx}=F_C\sin45°=10(\text{kN})$$
$$\sum F_{yi}=0: F_{By}-P+F_C\cos45°=0, F_{By}=P-F_C\cos45°=10(\text{kN})$$

（2）取 AB 为研究对象，进行受力分析，如图 2.38（c）所示。

根据平衡条件列平衡方程

$$\sum m_A(F)=0: m_A-\frac{1}{2}q\times2^2-F'_{By}\times2=0$$
$$\sum F_{xi}=0: F_{Ax}-F'_{Bx}=0$$
$$\sum F_{yi}=0: F_{Ay}-2q-F'_{By}=0$$

解得：$m_A=30\text{kN}\cdot\text{m}$，$F_{Ax}=10\text{kN}$，$F_{Ay}=20\text{kN}$。

项目实例 6：如图 2.39 所示重力式挡土墙，已知各力的大小分别为 $W_1=70\text{kN}$，$W_2=140\text{kN}$，$F=80\text{kN}$，若挡土墙基础之间的摩擦系数 $f_s=0.32$，试校核此挡土墙是否抗滑稳定？

解：（1）计算土压力水平分力 F_x、F_y。

$$F_x=F\cos45°=80\times0.707=56.56(\text{kN})$$
$$F_y=F\sin45°=80\times0.707=56.56(\text{kN})$$

（2）计算最大静摩擦力。

$$F_N=W_1+W_2+F_y$$
$$F_{\max}=f_s N=0.32\times(70+140+56.36)=85.3(\text{kN})$$

（3）判别是否抗滑稳定。

$$F_{\max}>F_x$$

故此挡土墙抗滑稳定。

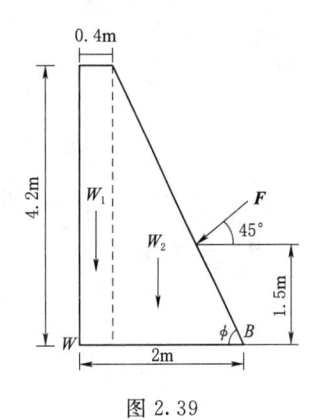

图 2.39

任务 2.6 截面的几何性质

【任务目标】
1. 掌握组合法求解组合图形形心的公式。
2. 掌握面积矩的计算公式。
3. 掌握惯性矩的计算公式。
4. 理解平行移轴公式。
5. 掌握简单图形的惯性矩计算公式。
6. 能求解组合图形的形心、面积矩和惯性矩。

平面图形的
几何性质
（思维导图）

31

构件在外力作用下产生的应力和变形，都与构件的截面形状和尺寸有关。反映截面形状和尺寸的某些性质，如拉伸时遇到的截面面积、扭转时遇到的极惯性矩和弯曲变形时遇到的惯性矩、抗弯截面系数等，统称为截面的几何性质。为了计算弯曲应力和变形，需要知道截面的一些几何性质。

2.6.1 形心和静矩

若截面形心的坐标为 y_C 和 z_C（C 为截面形心），如图 2.40 所示，将面积的每一部分看成平行力系，即看成等厚、均质薄板的重力，根据合力矩定理可得形心坐标公式

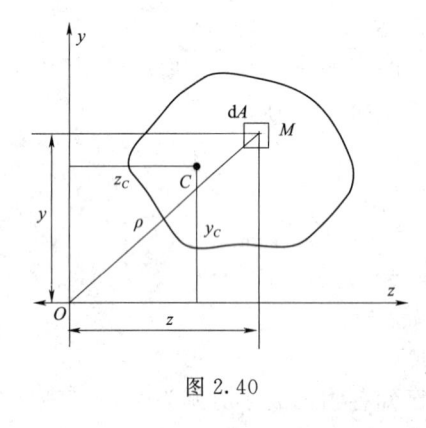

$$z_C = \frac{\int_A z\,dA}{A} \tag{2.21}$$

$$y_C = \frac{\int_A y\,dA}{A} \tag{2.22}$$

图 2.40

静矩又称面积矩，其定义如下，在图 2.40 中任意截面内取一点 $M(z, y)$，围绕 M 点取一微面积 dA，微面积对 z 轴的静矩为 $y\,dA$，对 y 轴的静矩为 $z\,dA$，则整个截面对 z 轴和 y 轴的静矩分别为

$$S_z = \int_A y\,dA \tag{2.23}$$

$$S_y = \int_A z\,dA \tag{2.24}$$

由形心坐标公式

$$\int_A y\,dA = Ay_C \tag{2.25}$$

$$\int_A z\,dA = Az_C \tag{2.26}$$

知

$$S_z = \int_A y\,dA = Ay_C \tag{2.27}$$

$$S_y = \int_A z\,dA = Az_C \tag{2.28}$$

式中　y_C 和 z_C——截面形心 C 的坐标；

　　　　A——截面面积。

当截面形心的位置已知时，可以用式（2.27）和式（2.28）来计算截面的静矩。

从上可知，同一截面对不同轴的静矩不同，静矩可以为正、负或是零；静矩的单位是长度的立方，用 m^3 或 cm^3、mm^3 等表示；当坐标轴过形心时，截面对该轴的静矩为零。

当截面由几个规则图形组合而成时，截面对某轴的静矩，应等于各个图形对该轴

静矩的代数和。其表达式为

$$S_z = \sum_{i=1}^{n} A_i y_{Ci} \tag{2.29}$$

$$S_y = \sum_{i=1}^{n} A_i z_{Ci} \tag{2.30}$$

而截面形心坐标公式也可以写成

$$y_C = \frac{\sum A_i y_{Ci}}{\sum A_i} \tag{2.31}$$

$$z_C = \frac{\sum A_i z_{Ci}}{\sum A_i} \tag{2.32}$$

式中 y_C 和 z_C ——整个图形的形心坐标；

y_{Ci} 和 z_{Ci} ——第 i 块简单图形的形心坐标；

A_i ——第 i 块简单图形的面积。

2.6.2 惯性矩和极惯性积

在图 2.40 中任意截面上选取一微面积 dA，则微面积 dA 对 z 轴和 y 轴的惯性矩为 $y^2 dA$ 和 $z^2 dA$。则整个面积对 z 轴和 y 轴的惯性矩分别记为 I_z 和 I_y，而惯性积记为 I_{zy}，则定义

$$I_z = \int_A y^2 dA \tag{2.33}$$

$$I_y = \int_A z^2 dA \tag{2.34}$$

$$I_{zy} = \int_A zy \, dA \tag{2.35}$$

极惯性矩定义为

$$I_\rho = \int_A \rho^2 dA = \int_A (z^2 + y^2) dA = I_z + I_y \tag{2.36}$$

从上面可以看出，惯性矩总是大于零，因为坐标的平方总是正数，惯性积可以是正、负和零；惯性矩、惯性积和极惯性矩的单位都是长度的四次方，用 m^4 或 cm^4、mm^4 等表示。

常用简单图形的惯性矩计算公式如下：

矩形截面对其对称轴 z 轴和 y 轴的惯性矩（图 2.41）为

$$I_z = \frac{bh^3}{12} \tag{2.37}$$

$$I_y = \frac{hb^3}{12} \tag{2.38}$$

圆形截面对过形心 O 的 z、y 轴的惯性矩（图 2.42）为

$$I_z = I_y = \frac{\pi D^4}{64} \tag{2.39}$$

圆环截面对过形心 O 的 z、y 轴的惯性矩为

$$I_z = I_y = \frac{\pi}{64}(D^4 - d^4) = \frac{\pi}{64} D^4 (1 - \alpha^4) \tag{2.40}$$

其中圆环截面外直径为 D，内直径为 d，而 $\alpha=\dfrac{d}{D}$。

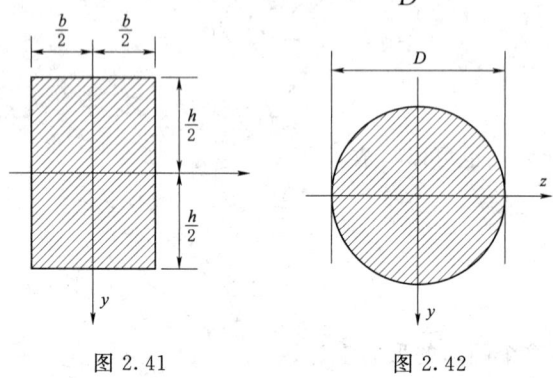

图 2.41　　　　图 2.42

2.6.3　惯性半径

工程中把截面对某轴的惯性矩与截面面积比值的算术平方根定义为截面对该轴的惯性半径，用 i 来表示。

$$i=\sqrt{\dfrac{I}{A}} \tag{2.41}$$

例如圆截面对过形心 O 的 z 轴的惯性半径为

$$i_z=\sqrt{\dfrac{I_z}{A}}=\sqrt{\dfrac{\dfrac{\pi D^4}{64}}{\dfrac{\pi D^2}{4}}}=\dfrac{D}{4} \tag{2.42}$$

图 2.41 中矩形截面对 z 轴的惯性半径为

$$i_z=\sqrt{\dfrac{I_z}{A}}=\sqrt{\dfrac{\dfrac{bh^3}{12}}{bh}}=\dfrac{h}{2\sqrt{3}} \tag{2.43}$$

对 y 轴的惯性半径为

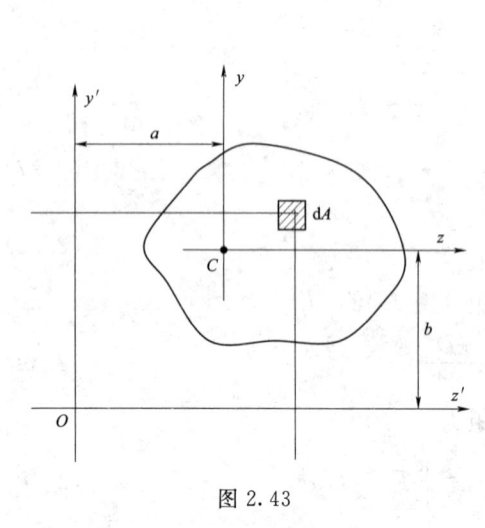

$$i_y=\sqrt{\dfrac{I_y}{A}}=\sqrt{\dfrac{\dfrac{hb^3}{12}}{bh}}=\dfrac{b}{2\sqrt{3}} \tag{2.44}$$

2.6.4　平行移轴定理

同一截面对不同的平行轴的惯性矩不同。图 2.43 所示任意截面过形心 C 有平行于 z'、y' 的两个坐标轴 z 轴和 y 轴，已知截面对形心轴 z、y 轴的惯性矩为 I_z、I_y。该截面在 $Oz'y'$ 坐标系下形心坐标为 $C(a,b)$。因此，z' 轴与 z 轴平行且距离为 b，y' 轴与 y 轴平行且距离为 a。该截面对 z' 轴和 y' 轴的惯性矩分别为 I'_z、I'_y，可以通过下面的平行移轴公式计算得到

图 2.43

$$I_{z'} = I_z + b^2 A \tag{2.45}$$
$$I_{y'} = I_y + a^2 A \tag{2.46}$$

项目实例：T形尺寸如图 2.44 所示。

(1) 试求 T 形截面的形心坐标，并建立形心轴 z_0 轴。

(2) 试求 T 形截面阴影部分面积对通过形心且与对称轴 y 垂直的 z_0 轴的面积矩。

(3) 试求 T 形截面对形心轴 y 轴、z_0 轴的惯性矩。

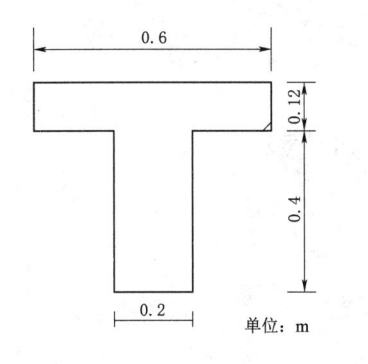

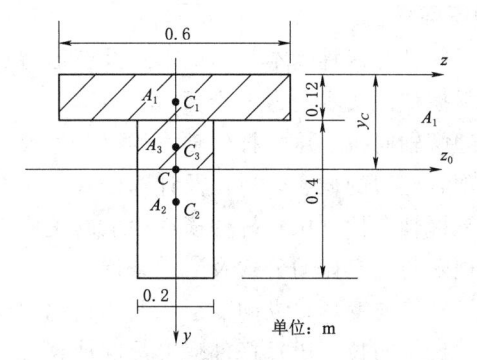

图 2.44

解：(1) 求 T 形截面形心位置，如图 2.44 所示建立坐标轴 y 轴和 z 轴。
$$A_1 = 0.6 \times 0.12 = 0.072(m^2), y_1 = 0.06 m$$
$$A_2 = 0.2 \times 0.4 = 0.08(m^2), y_2 = 0.12 + 0.2 = 0.32(m)$$
$$y_C = \frac{\sum A_i y_i}{\sum A_i} = \frac{A_1 y_1 + A_2 y_2}{A_1 + A_2} = \frac{0.072 \times 0.06 + 0.08 \times 0.32}{0.072 + 0.08} = 0.197(m)$$

(2) 建立形心轴 z_0 轴计算阴影部分面积对 z_0 轴的面积矩。
$$A_1 = 0.6 \times 0.12 = 0.072(m^2), A_3 = 0.2 \times (0.197 - 0.12) = 0.0154(m^2)$$
$$y_1 = -(0.197 - 0.06) = -0.137(m), y_3 = \frac{-(0.197 - 0.12)}{2} = -0.0385(m)$$
$$s_z = \sum s_{zi} = \sum A_i y_i = A_1 y_1 + A_3 y_3 = 0.072 \times (-0.137) + 0.0154 \times (-0.0385)$$
$$= -1.05 \times 10^{-2}(m^3)$$

(3) 计算 T 形截面对形心轴 y 轴和 z_0 轴的惯性矩。整个截面对 y、z_0 轴的惯性矩应分别等于组成它的两个矩形对 y、z_0 轴惯性矩之和。而两矩形对 z_0 轴的惯性矩应该根据平行移轴公式计算，即
$$I_z = I_{z1} + I_{z2} = I_{zc1} + A_1 a_1^2 + I_{zc2} + A_2 a_2^2$$
$$= \frac{0.6 \times 0.12^3}{12} + 0.12 \times 0.6 \times (0.197 - 0.06)^2 + \frac{0.2 \times 0.4^3}{12}$$
$$+ 0.2 \times 0.4 \times (0.32 - 0.197)^2$$
$$= 3.71 \times 10^{-3}(m^4)$$

由于 y 轴通过两个矩形的形心，故可用计算公式直接计算它们对 y 轴的惯性矩，即
$$I_y = I_{y1} + I_{y2} = \frac{0.12 \times 0.6^3}{12} + \frac{0.4 \times 0.2^3}{12} = 2.43 \times 10^{-3}(m^4)$$

项目3 轴向拉（压）杆件力学分析

【知识目标】
1. 了解杆件四种基本变形的形式及变形特点。
2. 掌握截面法求内力的步骤。
3. 理解轴向拉（压）杆件轴力的概念以及正负号规定。
4. 理解应力的概念、单位及计算公式。
5. 掌握轴向拉（压）杆件横截面上的正应力计算公式。
6. 理解胡克定律的公式及适用条件。
7. 了解横向变形、纵向变形以及泊松比的概念。
8. 掌握轴向拉（压）杆件变形量的计算公式。
9. 掌握低碳钢在拉伸时的力学性能。
10. 掌握轴向拉伸与压缩杆件的强度条件。

【技能目标】
1. 能正确绘制轴向拉（压）杆件的轴力图。
2. 能正确计算轴向拉（压）杆件指定截面的正应力。
3. 能根据轴向拉（压）杆件的强度条件解决三类强度问题。

任务3.1 轴向拉（压）杆件的内力计算

【任务目标】
1. 了解杆件四种基本变形的形式及变形特点。
2. 掌握截面法求内力的步骤。
3. 了解支座的简化形式以及单跨静定梁的三种形式。
4. 掌握轴向拉（压）杆件轴力的求解方法及正负号规定。
5. 掌握轴向拉（压）杆件轴力图的绘制步骤。

3.1.1 杆件变形的基本形式

杆件是指其长度远大于其横向尺寸的构件。杆件在不同的外力作用下，其产生的变形形式各不相同，但通常可以归结为以下四种基本变形形式以及它们的组合变形形式。

1. 轴向拉伸或压缩

杆件受到与杆轴线重合的外力作用时，杆件的长度发生伸长或缩短，这种变形形式称为轴向拉伸［图3.1（a）］或轴向压缩［图3.1（b）］。如简单桁架中的杆件通常发生轴向拉伸或压缩变形。

（a）拉伸　　（b）压缩　　（c）剪切

（d）扭转　　（e）弯曲1　　（f）弯曲2

图 3.1

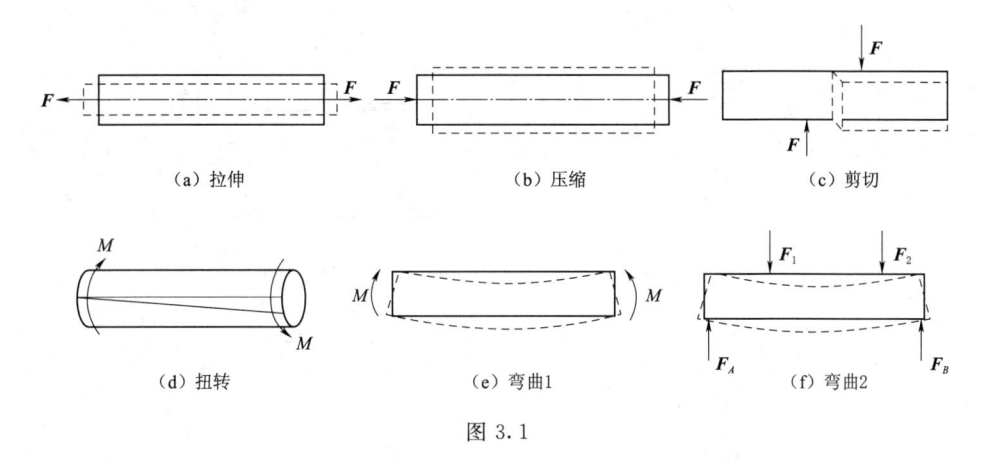

2. 剪切

在垂直于杆件轴线方向受到一对大小相等、方向相反、作用线相距很近的力作用时，杆件横截面将沿外力作用方向发生错动（或错动趋势），这种变形形式称为剪切[图 3.1（c）]。机械中常用的连接件，如键、销钉、螺栓等都产生剪切变形。

3. 扭转

在一对大小相等、转向相反、作用面垂直于直杆轴线的外力偶作用下，直杆的任意两个横截面将发生绕杆件轴线的相对转动，这种变形形式称为扭转[图 3.1（d）]。工程中常将发生扭转变形的杆件称为轴。如汽车的传动轴、电动机的主轴等的主要变形，都包含扭转变形在内。

4. 弯曲

在垂直于杆件轴线的横向力，或在作用于包含杆轴的纵向平面内的一对大小相等、方向相反的力偶作用下，直杆的相邻横截面将绕垂直于杆轴线的轴发生相对转动，杆件轴线由直线变为曲线，这种变形形式称为弯曲[图 3.1（e）、（f）]。如桥式起重机大梁、列车轮轴、车刀等的变形，都属于弯曲变形。

凡是以弯曲为主要变形的杆件，称为梁。产生弯曲变形的梁除承受横向荷载外，还必须有支座来支撑它，常见的支座有三种基本形式：固定端、固定铰和可动铰支座，分别如图 3.2（a）、（b）、（c）所示。根据梁的支撑情况，一般把单跨静定梁简化为三种基本形式：悬臂梁、简支梁和外伸梁，分别如图 3.3（a）、（b）、（c）所示。

其他更为复杂的变形形式可以看成是某几种基本变形的组合形式，称为组合变形，在项目 5 中作详细阐述。

3.1.2　外力、内力和截面法

作用于构件上的荷载和约束反力统称为外力。当构件受到外力作用而变形时，其内部各质点的相对位置发生了改变，这种由于外力作用使构件产生变形时所引起的"附加内力"，就是材料力学所研究的内力。当外力增加，使内力超过某一限度时，构件就会破坏，因而内力是研究构件强度问题的基础，内力的计算方法是截面法。

截面法是用来分析构件内力的一种方法。如图 3.4（a）所示，为了显示出内力，假想地用截面 $m-n$ 把构件分成 A、B 两部分，任意地取出部分 A 作为隔离体，如图

图 3.2

图 3.3

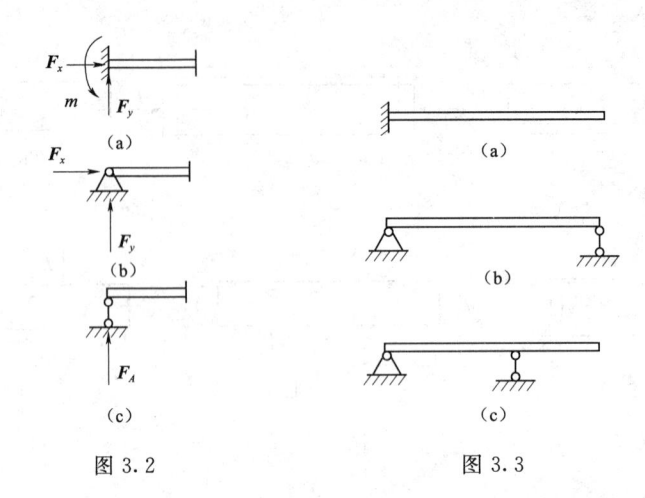

3.4(b)所示。对 A 部分，除外力外，在截面 m—n 上必然还有来自 B 部分的作用力，这就是内力。A 部分是在上述外力和内力共同作用下保持平衡的。根据作用和反作用定律，B 的截面 m—n 上的内力则是来自部分 A 的反作用力，必然是大小相等、方向相反的。

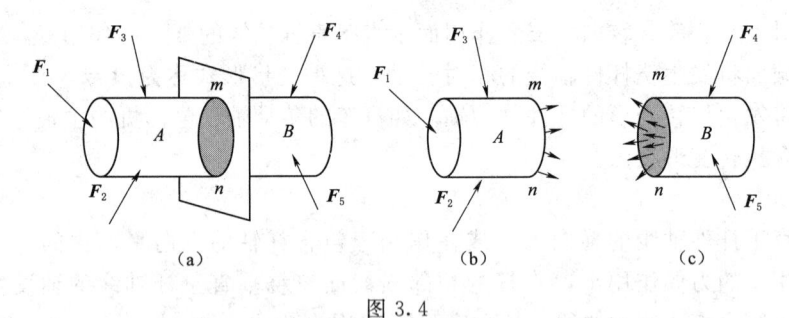

图 3.4

这种用假想的截面将构件截分成两部分，并取其中一部分为隔离体，建立静力平衡方程求截面上内力的方法称为截面法。截面法可按以下四步完成。

（1）截开：用假想的截面将构件在待求内力的截面处截开。

（2）保留：取被截开的构件的一部分为隔离体（一般保留简单或力少的部分作为隔离体）。

（3）代替：用作用于截面上的内力替代另一部分对该部分的作用。

（4）平衡求解：建立关于隔离体的静力平衡方程，求解未知内力。

3.1.3 轴向拉压杆内力计算

1. 轴力

为了显示内力，如图 3.5 所示，设一等直杆在两端受轴向拉力 F 的作用下处于平衡，欲求杆件任一横截面 m—n 上的内力。为此沿横截面 m—n 假想地把杆件截分成两部分，任取一部分（如左半部分），弃去另一部分（如右半部分），并将弃去部分对留下部分的作用以截面上的分布内力系来代替，用 N 表示这一分布内力系的合力，由于整个杆件处于平衡状态，故左半部分也应平衡，N 就是杆件任一截面 m—n 上的内力。因为外力 F 的作用线与杆件轴线重合，内力系的合力 N 的作用线也必然与杆件的轴线重合，所以 N 称为轴力。轴力的单位为牛（N）或千牛（kN）。轴力的计算步骤如下：

（1）用假想的截面将杆截为两部分。

（2）取其中任意一部分为隔离体，将另一部分对隔离体的作用即内力 N 来代替。

（3）以轴向为 x 轴，建立静力平衡方程。

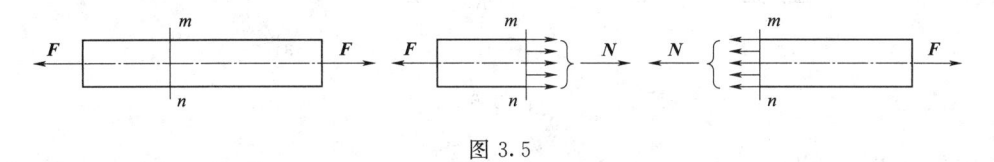

由 $\sum F_x = 0$ 得，$N - F = 0$，即 $N = F$。

图 3.5

轴力可为拉力也可为压力，为了表示轴力的方向，区别两种变形，对轴力正负号规定如下：当轴力方向与截面的外法线方向一致时，杆件受拉，轴力为正；反之，轴力为负。计算轴力时均按正向假设，若得负号则表明杆件受压。

2. 轴力图

为了形象地表示轴力沿杆件轴线的变化情况，常取平行于杆轴线的坐标表示杆横截面的位置，垂直于杆轴线的坐标表示相应截面上轴力的大小，正的轴力（拉力）画在横轴上方，负的轴力（压力）画在横轴下方。这样绘出的轴力沿杆轴线变化的函数图像，称为轴力图。

3.1.4 拉（压）杆的轴力图绘制

轴力图的画法步骤如下：

（1）画一条与杆的轴线平行且与杆等长的直线作基线。

（2）将杆分段，凡集中力作用点处均应取作分段点。

（3）用截面法，通过平衡方程求出每段杆的轴力，画受力图时，截面轴力一定按正确的规定来画。

（4）按大小比例和正负号，将各段杆的轴力画在基线两侧，并在图上标出数值和正负号。

3.1.5 工程实例分析

项目实例 1：试画出图 3.6 所示钢筋混凝土厂房中柱（不计柱自重）的轴力图，已知：$F = 40\text{kN}$。

解：（1）计算柱各段的轴力。

因为该柱各部分尺寸和荷载均对称，合力作用线通过柱轴线，因此可看成是受多力作用的轴向受压构件。此柱可分为 AB 和 BC 两段。

AB 段：用 1—1 截面在 AB 段将柱截开，取上段为研究对象，受力图如图 3.6（b）所示。由

$$\sum F_x = 0, N_1 + 40 = 0, 得 N_1 = -40\text{kN}$$

BC 段：用 2—2 截面在 BC 段将柱截开，取上段为研究对象，受力图如图

图 3.6

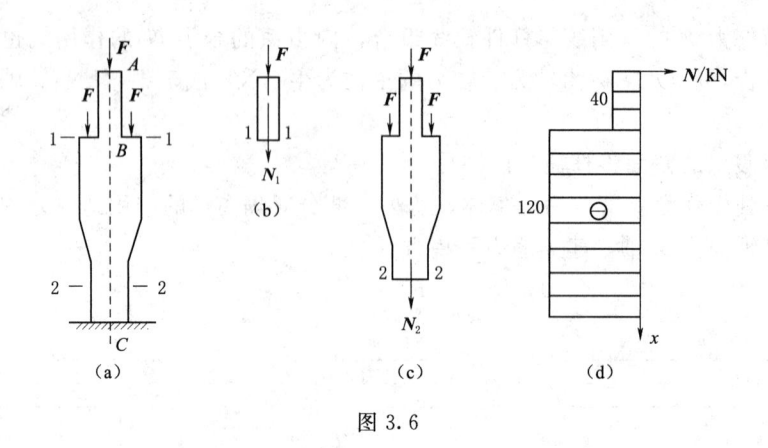

3.6（c）所示。由

$$\sum F_x=0, 40+40+40+N_2=0, 得 N_2=-120\text{kN}$$

（2）作轴力图。平行柱轴线的 x 轴为截面位置坐标轴，N 轴垂直于 x 轴，得轴力图如图 3.6（d）所示。

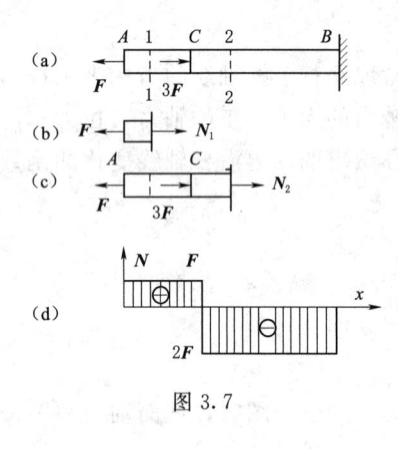

项目实例 2：如图 3.7 所示的 AB 杆，在 A、B 两截面上受力，求此杆各段的轴力，并画出其轴力图。

解：（1）求各段杆的轴力。

AC 段：假想用 1—1 截面截开，取其左部分为研究对象，如图 3.7（b）所示。

$$\sum F_x=0, N_1-F=0, 得 N_1=F$$

CB 段：假想用 2—2 截面截开，取其左部分为究对象，如图 3.7（c）所示。

$$\sum F_x=0, N_2-F+3F=0, 得 N_2=-2F$$

（2）绘制轴力图，如图 3.7（d）所示。

图 3.7

任务 3.2 轴向拉（压）杆件的应力与强度计算

【任务目标】

1. 理解应力的概念、单位及计算公式。
2. 掌握轴向拉（压）杆件横截面上的正应力计算公式。
3. 掌握轴向拉（压）杆件的强度计算公式。
4. 能根据轴向拉（压）杆件的强度条件解决三类强度问题。

在工程实际中，许多构件受到轴向拉伸与压缩的作用。如图 3.8 所示，液压机传动机构中的活塞杆在油压和工作阻力作用下，千斤顶的螺杆在顶起重物时，则承受压缩；石砌桥墩的墩身在荷载 F 和自重的作用下，墩身底部横截面上承受压力达到最大值。在结构设计时需要对这些构件进行承载能力验算。为了分析这些构件的承载能力，首先需要计算受拉或受压构件横截面上的应力。

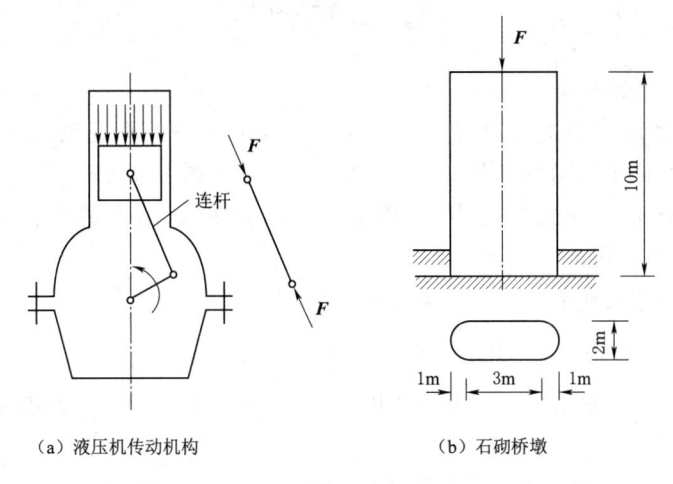

（a）液压机传动机构　　　　（b）石砌桥墩

图 3.8

3.2.1 应力的概念

用截面法可求出拉压杆横截面上分布内力系的合力，它只表示截面上总的受力情况。单凭内力的合力的大小，还不能判断杆件是否会因强度不足而破坏，例如，两根材料相同、截面面积不同的杆，受同样大小的轴向拉力 F 作用，显然两根杆件横截面上的内力是相等的，随着外力的增加，截面面积小的杆件必然先断。这是因为轴力只是杆横截面上分布内力系的合力，而要判断杆的强度问题，还必须知道内力在截面上分布的密集程度（简称内力集度）。

内力在截面上某点处的分布集度称为应力。为了说明截面上某一点 K 处的应力，可绕 K 点取一微小面积 ΔA，作用在 ΔA 上的内力合力记为 ΔF ［图 3.9（a）］，则比值 p_m

$$p_m = \frac{\Delta F}{\Delta A} \tag{3.1}$$

称为 ΔA 上的平均应力。

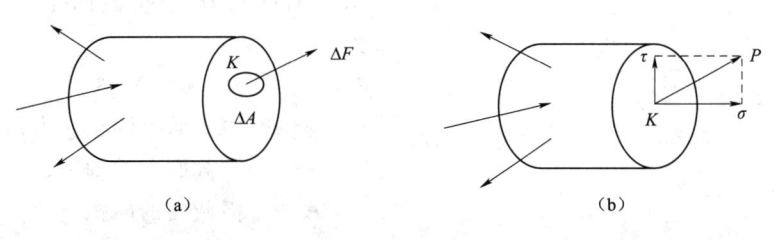

图 3.9

一般情况下，截面上各点处的内力虽然是连续分布的，但并不一定均匀，因此，平均应力的值将随 ΔA 的大小而变化，它还不能表明内力在 K 点处的真实强弱程度。只有当 ΔA 无限缩小并趋于零时，平均应力 p_m 的极限值 p 才能代表 K 点处的内力集度。

$$p = \lim_{\Delta A \to 0} \frac{\Delta F}{\Delta A} = \frac{dF}{dA} \tag{3.2}$$

式中 p——K 点处的应力。

应力 p 也称为 K 点的总应力。通常应力 p 与截面既不垂直也不相切，力学中总是将它分解为垂直于截面和相切于截面的两个分量［图3.9（b）］。与截面垂直的应力分量称为正应力（或法向应力），用 σ 表示；与截面相切的应力分量称为剪应力（或切向应力），用 τ 表示。

应力的单位是帕斯卡，简称为帕，符号为"Pa"。

$$1Pa = 1N/m^2 (1\text{帕}=1\text{牛}/\text{米}^2)$$

工程实际中应力数值较大，常用千帕（kPa）、兆帕（MPa）及吉帕（GPa）作为单位。

$$1kPa = 10^3 Pa; 1MPa = 10^6 Pa; 1GPa = 10^9 Pa$$

工程图纸上，长度尺寸常以 mm 为单位，则

$$1MPa = 10^6 N/m^2 = 1N/mm^2$$

3.2.2 轴向拉（压）杆横截面上的正应力

首先从观察杆件的变形入手。图 3.10 所示为一等截面直杆。变形前，在其侧面上画上垂直于轴线的直线 ab 和 cd。然后在杆的两端加一对轴向的拉力观察其变形。观察到横向线 ab 和 cd 仍为直线，且仍垂直于轴线，只是分别平移至 $a'b'$ 和 $c'd'$。纵向线伸长且仍与杆轴线平行。根据这些变形特点，可得出如下假设：

（1）平面假设。若将各竖线看作横截面，则杆件横截面在拉伸变形后仍然保持为平面且与杆轴线垂直，任意两个横截面只是做相对平移。

（2）均匀连续。即材料是均匀连续的，横截面上各点的应力是均匀分布的。

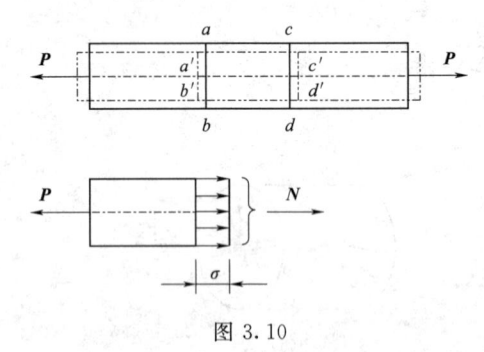

由上述假设可知，轴向拉压杆，横截面上只有垂直于横截面方向的正应力，且该正应力在横截面上均匀分布，如图 3.10 所示。轴向拉压杆横截面上的正应力公式为

$$\sigma = N/A \tag{3.3}$$

式中 σ——横截面上的正应力；
N——横截面上的轴力；
A——横截面的面积。

图 3.10

经试验证实，以上公式适用于轴向拉压，符合平面假设的横截面为任意形状的等截面直杆。正应力与轴力有相同的正、负号，即拉应力为正，压应力为负。

3.2.3 轴向拉（压）构件的强度计算

轴向拉伸与压缩变形是工程中常见的受力构件，是一种最基本的变形形式。如图

3.11 所示悬臂吊车的杆件,如图 3.12 所示桥梁结构中的拉索,都属于这种变形的构件。为了满足工程结构的承载能力,在结构设计过程中,需要对这类构件进行强度计算。

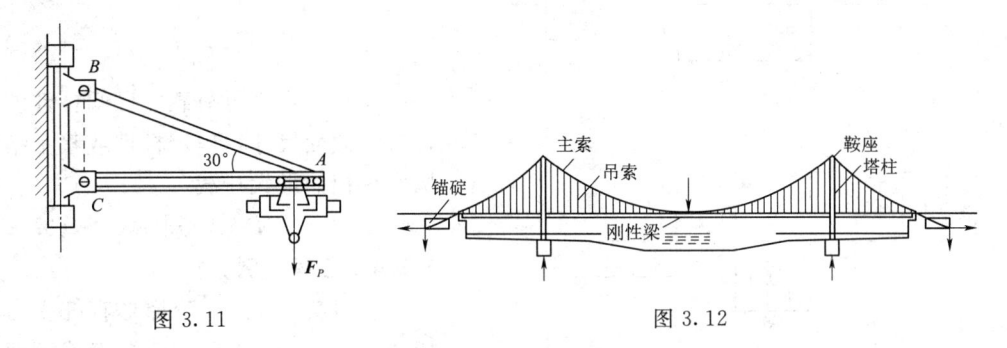

图 3.11

图 3.12

1. 许用应力及安全系数

在力学性能试验中,测得了两个重要的强度指标:屈服极限 σ_s 和强度极限 σ_b。对于塑性材料,当应力达到屈服极限时,构件已发生明显的塑性变形,影响其正常工作,称为失效,因此把屈服极限作为塑性材料的极限应力。对于脆性材料,直至断裂也无明显的塑性变形,断裂是失效的唯一标志,因而把强度极限作为脆性材料的极限应力。

为了保障构件在工作中有足够的强度,构件在荷载作用下的工作应力必须低于极限应力。为了确保安全,构件还应有一定的安全储备。在强度计算中,把极限应力 σ_u 除以一个大于 1 的安全因数 n,得到的应力值称为许用应力,用 $[\sigma]$ 表示,即

$$[\sigma] = \frac{\sigma_u}{n} \tag{3.4}$$

式中　$[\sigma]$——材料的许用应力,许用拉应力用 $[\sigma_t]$ 表示、许用压应力用 $[\sigma_c]$ 表示;

　　　σ_u——材料的极限应力;

　　　n——材料的安全因数。在工程中安全因数 n 的取值范围,由国家标准规定,一般不能任意改变。对于一般常用材料的安全因数及许用应力数值,在国家标准或有关手册中均可以查到。

2. 拉压杆的强度计算

为了保障构件安全工作,构件内最大工作应力必须小于许用应力,表示为

$$\sigma_{\max} = \left(\frac{N}{A}\right)_{\max} \leqslant [\sigma] \tag{3.5}$$

式(3.5)称为拉压杆的强度条件。对于等截面拉压杆,表示为

$$\sigma_{\max} = \frac{N_{\max}}{A} \leqslant [\sigma] \tag{3.6}$$

利用强度条件,可以解决以下三类强度问题。

(1) 强度校核。已知杆件的材料、截面尺寸和所承受的荷载,校核杆件是否满足强度条件式(3.6)。

项目3 轴向拉(压)杆件力学分析

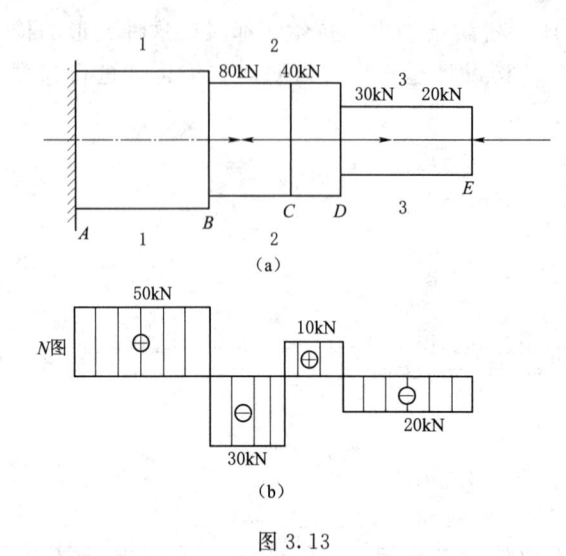

(2)设计截面尺寸。已知杆件的材料和所承受的荷载,确定杆件的截面面积和相应的尺寸。

$$A \geqslant \frac{N}{[\sigma]} \quad (3.7)$$

(3)确定许可荷载。已知杆件的材料和截面尺寸,确定杆件或整个结构所承担的最大荷载。

$$N \leqslant A[\sigma] \quad (3.8)$$

3.2.4 工程实例分析

项目实例1:一阶梯形直杆受力如图3.13(a)所示,已知横截面面积为 $A_1=400\text{mm}^2$,$A_2=300\text{mm}^2$,$A_3=200\text{mm}^2$,试求各横截面上的应力。

图 3.13

解:(1)计算轴力,画轴力图。利用截面法可求得阶梯杆各段的轴力为:$F_1=50\text{kN}$,$F_2=-30\text{kN}$,$F_3=10\text{kN}$,$F_4=-20\text{kN}$。轴力图如图3.13(b)所示。

(2)计算机各段的正应力。

AB段:$\sigma_{AB}=\dfrac{F_1}{A_1}=\dfrac{50\times10^3}{400}=125(\text{MPa})$(拉应力)

BC段:$\sigma_{BC}=\dfrac{F_2}{A_2}=\dfrac{-30\times10^3}{300}=-100(\text{MPa})$(压应力)

CD段:$\sigma_{CD}=\dfrac{F_3}{A_2}=\dfrac{10\times10^3}{300}=33.3(\text{MPa})$(拉应力)

DE段:$\sigma_{DE}=\dfrac{F_4}{A_3}=\dfrac{-20\times10^3}{200}=-100(\text{MPa})$(压应力)

项目实例2:如图3.14所示石砌桥墩的墩身高 $h=10\text{m}$,其横截面尺寸如图所示。如果荷载 $F=1000\text{kN}$,材料的重度 $\gamma=23\text{kN/m}^3$,求墩身底部横截面上的压应力。

解:建筑构件自重比较大时,在计算中应考虑其对应力的影响。

墩身横截面面积
$$A=2\times3+\pi\times1^2=9.14(\text{m}^2)$$

墩身底面应力
$$\sigma=\frac{F}{A}+\frac{\gamma Ah}{A}=\frac{1000\times10^3}{9.14}+10\times23\times10^3$$
$$=34\times10^4(\text{Pa})=0.34\text{MPa}(\text{压})$$

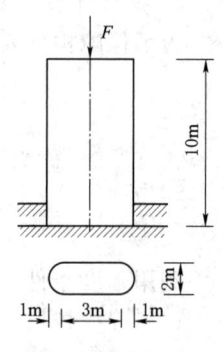

图 3.14

项目实例3:如图3.15(a)所示桁架,杆1与杆2的横截面均为圆形,直径分别为 $d_1=30\text{mm}$ 与 $d_2=20\text{mm}$,两杆材料

44

相同，许用应力 $[\sigma]=160\text{MPa}$。该桁架在节点 A 处承受铅直方向的荷载 $F=80\text{kN}$ 作用，试校核桁架的强度。

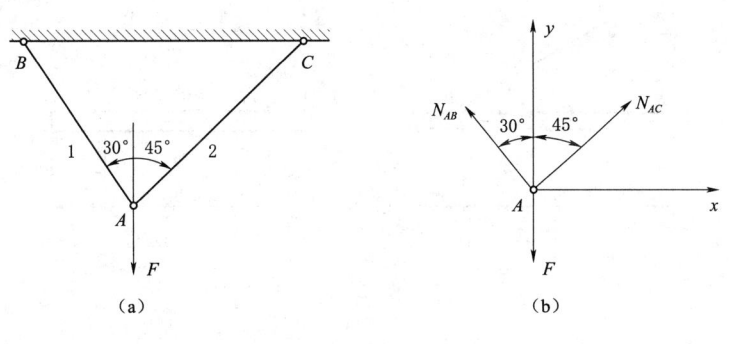

图 3.15

解：(1) 取结点 A 为研究对象，受力图如图 3.15（b）所示。
(2) 列平衡方程，求出 AB 和 AC 两杆所受的力

$$\sum \boldsymbol{F}_x=0 \quad -N_{AB}\sin30°+N_{AC}\sin45°=0$$
$$\sum \boldsymbol{F}_y=0 \quad N_{AB}\cos30°+N_{AC}\cos45°-\boldsymbol{F}=0$$

解得

$$N_{AC}=\frac{\sqrt{2}}{\sqrt{3}+1}F=41.4(\text{kN}) \quad N_{AB}=\frac{2}{\sqrt{3}+1}F=58.6(\text{kN})$$

(3) 分别对两杆进行强度计算

$$\sigma_{AB}=\frac{N_{AB}}{A_1}=\frac{58.6\times10^3}{\frac{\pi\times30^2}{4}}=82.9\text{MPa}<[\sigma]=160\text{MPa}$$

$$\sigma_{BC}=\frac{N_{BC}}{A_2}=\frac{41.4\times10^3}{\frac{\pi\times20^2}{4}}=131.8\text{MPa}<[\sigma]=160\text{MPa}$$

所以桁架的强度满足要求。

项目实例 4：图 3.16（a）为一简易吊车的简图。斜杆 AB 为圆形钢杆，材料为 Q235 钢，其许用应力 $[\sigma]=160\text{MPa}$，荷载 $P=19\text{kN}$。试设计斜杆 AB 的直径 d。

解：(1) 计算斜杆 AB 的轴力。由横梁 CD [图 3.16（b）]的平衡方程 $\sum M_C(F)=0$ 可得

$$N\sin30°\times3.2-P\times4=0$$

故有

$$N=\frac{P\times4}{3.2\times\sin30°}=\frac{19\times4}{3.2\times0.5}=47.5(\text{kN})$$

(2) 由斜杆 AB 的强度条件

$$\sigma=\frac{N}{\frac{\pi d^2}{4}}\leqslant[\sigma]$$

得到

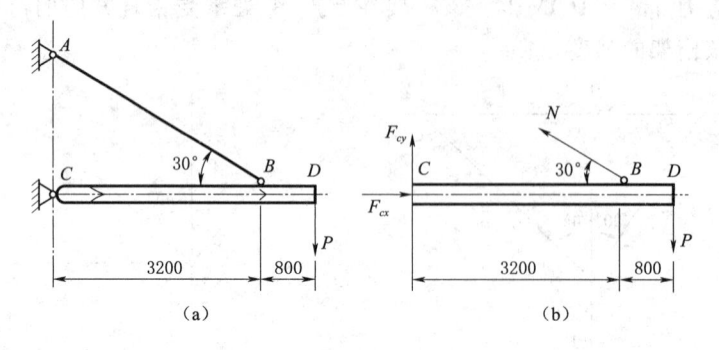

图 3.16

$$d \geqslant \sqrt{\frac{4N}{\pi[\sigma]}} = \sqrt{\frac{4 \times 47.5 \times 10^3}{\pi \times 160 \times 10^6}} = 19.4 \times 10^{-3} (\text{m}) = 19.4 \text{mm}$$

亦即斜杆 AB 的直径 d 至少为 19.4mm。

任务3.3 轴向拉（压）杆件的变形计算

【任务目标】
1. 理解胡克定律的公式及适用条件。
2. 了解横向变形、纵向变形以及泊松比的概念。
3. 掌握轴向拉（压）杆件变形量的计算公式。

杆件在轴向拉伸和压缩时，所产生的主要变形是沿轴向的伸长或缩短；但与此同时，杆的横向尺寸还会有所缩小或增大，前者称为纵向变形，后者称为横向变形。

3.3.1 纵向变形和胡克定律

直杆在轴向拉力 P 作用下，将引起轴向尺寸的增大和横向尺寸的缩小；反之，在轴向压力作用下，将引起轴向的缩短和横向的增大。

如图 3.17 所示，设等直杆原长为 l，横截面面积为 A。在轴向力 P 作用下发生轴向拉伸或压缩。变形后，长度变为 l_1，则杆件的伸长量为

$$\Delta l = l_1 - l \tag{3.9}$$

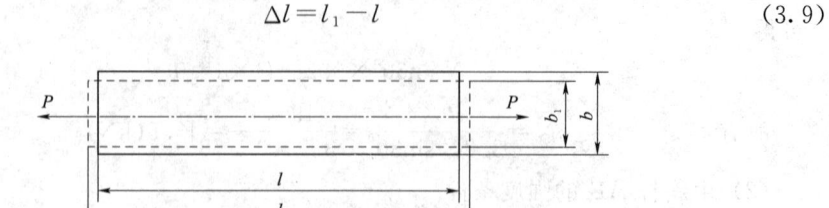

图 3.17

实验表明：当拉力不超过某一限度时，杆件的变形是弹性的，即外力除去后，变

形消失，杆件恢复原形。其变形量的数学关系为

$$\Delta l \propto \frac{Pl}{A} \tag{3.10}$$

如果引进一个比例系数 E，则

$$\Delta l = \frac{Pl}{EA} \tag{3.11}$$

或

$$\Delta l = \frac{Nl}{EA} \tag{3.12}$$

式中 N——杆件的轴向力；

　　E——材料的弹性模量，其常用单位为 GPa，各种材料的弹性模量在设计手册中均可查到；

　　EA——材料的抗拉、压刚度。

上式称为轴向拉、压时纵向变形时的胡克定律。

在 E、A、N 相同的情况下，杆件的长度 l 越大，其绝对伸长量的值也越大，因此绝对伸长量不能说明杆件的变形程度。需要运用相对伸长的概念

$$\varepsilon = \frac{\Delta l}{l} \tag{3.13}$$

式中 ε——纵向线应变，是一个无量纲的量，伸长时以正号表示，缩短时以负号表示。

结合式（3.12）和式（3.13），则可以得到胡克定律的另一种形式

$$\varepsilon = \frac{\sigma}{E} \tag{3.14}$$

此式表明，当正应力不超过某一限度时，正应力与线应变成正比。

3.3.2 横向变形、泊松比

设拉杆原有宽度为 b，厚度为 a，受拉后分别为 $\Delta b = b' - b$、$\Delta a = a' - a$，且横向相对变形相等，同为

$$\varepsilon' = \frac{\Delta b}{b} = \frac{\Delta a}{a} \tag{3.15}$$

大量的实验表明，对于同一种材料，在弹性范围内，其横向线应变与纵向线应变的绝对值之比为一常数，即

$$\left|\frac{\varepsilon'}{\varepsilon}\right| = \nu \tag{3.16}$$

式中 ν——横向变形系数或泊松比，它是一个随材料而异的常数，是一个无量纲的量。利用这一关系，可得

$$\varepsilon' = -\nu\varepsilon \tag{3.17}$$

式中的负号表示：纵、横线应变总是相反的。上式还可以表示为

$$\varepsilon' = -\nu\frac{\sigma}{E} \tag{3.18}$$

表 3.1 给出了常用材料的 E、ν 值。

表 3.1　　　　　　　　　　常用材料的 E、ν 值

材 料 名 称	E/GPa	ν
钢	190～220	0.25～0.33
铜及其合金	74～130	0.31～0.36
铸铁	60～165	0.23～0.37
铝合金	71	0.26～0.33
花岗岩	48	0.16～0.34
石灰岩	41	0.16～0.34
混凝土	14.7～35	0.16～0.18
橡胶	0.0078	0.47
木材（顺纹）	9～12	
木材（横纹）	0.49	

3.3.3 拉压杆的位移计算

位移是指物体上的一些点、线或面在空间位置上的改变。变形和位移是两个不同的概念，但它们在数值上有密切的联系。位移在数值上取决于杆件的变形量和杆件受到的外部约束或杆件之间的相互约束。结构节点的位移是指节点位置改变的直线距离或一段方向改变的角度。计算时必须计算节点所连各杆的变形量，然后根据变形相容条件做出位移图，即结构的变形图，再由位移图的几何关系计算出位移值。

3.3.4 工程实例分析

项目实例：图 3.18（a）所示阶梯形钢杆。所受荷载 $F_1=30\text{kN}$，$F_2=10\text{kN}$。AC 段的横截面面积 $A_{AC}=500\text{mm}^2$，CD 段的横截面面积 $A_{CD}=200\text{mm}^2$，弹性模量 $E=200\text{GPa}$。试求：

（1）各段杆横截面上的内力和应力；（2）杆件内最大正应力；（3）杆件的总变形。

解：（1）计算约束反力。以杆件为研究对象，受力图如图 3.18（b）所示。由平衡方程

$$\sum F_x=0, F_2-F_1-F_{Ax}=0$$
$$F_{Ax}=F_2-F_1=10-30=-20(\text{kN})$$

（2）计算各段杆件横截面上的轴力。

AB 段：$N_{AB}=F_{RA}=-20\text{kN}$（压力）

BD 段：$N_{BD}=F_2=10\text{kN}$（拉力）

（3）画出轴力图，如图 3.18（c）所示。

（4）计算各段应力。

AB 段：

$$\sigma_{AB}=\frac{N_{AB}}{A_{AC}}=\frac{-20\times10^3}{500}=-40(\text{MPa})(\text{压应力})$$

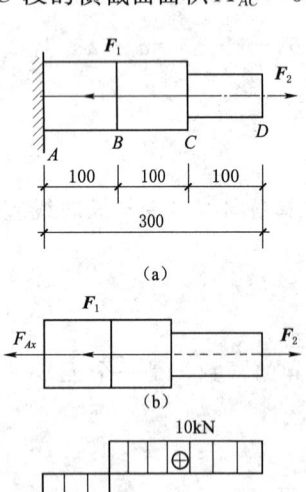

图 3.18

BC 段：

$$\sigma_{BC} = \frac{N_{BD}}{A_{AC}} = \frac{10 \times 10^3}{500} = 20 \text{(MPa)}(拉应力)$$

CD 段：

$$\sigma_{CD} = \frac{N_{BD}}{A_{CD}} = \frac{10 \times 10^3}{200} = 50 \text{(MPa)}(拉应力)$$

（5）计算杆件内最大应力。最大正应力发生在 CD 段，其值为

$$\sigma_{\max} = \frac{10 \times 10^3}{200} = 50 \text{(MPa)}$$

（6）计算杆件的总变形。由于杆件各段的面积和轴力不一样，则应分段计算变形，再求代数和。

$$\Delta l = \Delta l_{AB} + \Delta l_{BC} + \Delta L_{CD} = \frac{N_{AB} l_{AB}}{E A_{AC}} + \frac{N_{BD} l_{BC}}{E A_{AC}} + \frac{N_{BD} l_{CD}}{E A_{CD}}$$

$$= \frac{1}{200 \times 10^3} \times \left(\frac{-20 \times 10^3 \times 100}{500} + \frac{10 \times 10^3 \times 100}{500} + \frac{10 \times 10^3 \times 100}{200} \right) = 0.015 \text{(mm)}$$

即整个杆件伸长 0.015mm。

项目4 受弯构件力学分析

【知识目标】
1. 理解截面法的原理。
2. 掌握梁的内力图绘制方法。
3. 掌握梁的内力和强度分析。

【技能目标】
1. 能对梁进行力学分析。
2. 能对梁进行强度分析。

在进行结构设计及相关计算时，应保证结构的各个构件能够正常工作，即构件应具有一定的强度、刚度。解决强度、刚度问题，必须首先确定内力。物体受外力作用而发生变形时，其内部将产生附加内力，外力越大，产生的内力就越大。弯曲变形是工程中最常见，也是最复杂的一种基本变形，了解弯曲杆件的任一截面上内力大小是非常重要的，因此梁弯曲的内力分析以及内力图的绘制是解决梁的强度和刚度问题的基础部分。

任务4.1 单跨静定梁的内力计算与内力图的绘制

【任务目标】
1. 会用截面法计算单跨静定梁的内力。
2. 会用简捷法绘制单跨静定梁的剪力图和弯矩图。

4.1.1 平面弯曲的概念

各种桥梁结构都存在弯曲变形的问题，如图4.1所示。弯曲是工程实际中常见的一种基本变形形式，如图4.2所示。作用于这些杆件上的外力都有一个共同的特点，

图 4.1

即都垂直于杆件的轴线，使原轴线的直线变形后成为曲线，这种变形称为弯曲变形。以承受弯曲变形为主的杆件称为梁。轴线为直线的杆件称为直梁，轴线为曲线的杆件称为曲梁。

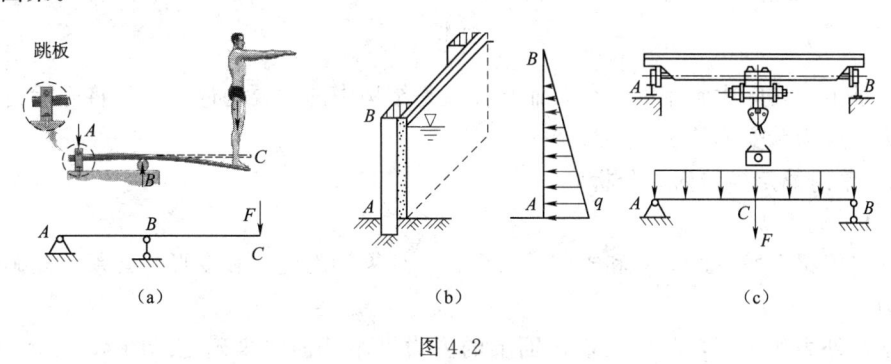

图 4.2

在工程实际中最常用到的梁，多数其横截面有一根对称轴，如图 4.3 所示。通过梁轴线和横截面对称轴的平面称为纵向对称面。当梁上所有的外力都作用在纵向对称面内时，梁的轴线将弯曲成一条位于纵向对称面内的平面曲线，这种弯曲称为平面弯曲。平面弯曲是弯曲问题中最简单和最常见的情况。本项目将讨论平面弯曲的相关问题。

对工程构件进行分析计算，首先应该将实际构件简化为一个计算简图。对梁进行简化计算时，主要考虑三个方面：一是几何形状的简化；二是荷载的简化；三是支座的简化。对梁的几何形状进行简化时，暂不考虑

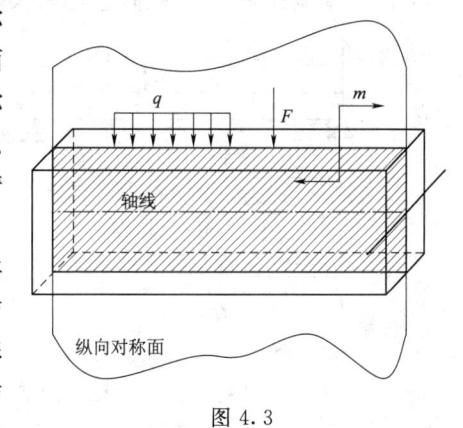

图 4.3

截面的具体形状，通常用梁的轴线代替。作用在梁上的荷载一般可以简化为三种形式：集中力、集中力偶和分布荷载。分布荷载分为均匀分布和非均匀分布两种。均匀分布荷载又称均布荷载，分布在单位长度上的荷载称为荷载的集度，用 q 表示，单位为 N/m 或 kN/m。

计算简图中对梁支座的简化，主要根据每个支座对梁的约束情况来确定。一般可简化为固定铰支座、活动铰支座和固定端支座三种。

支座反力可以根据静力平衡方程求出的梁称为静定梁。由静力学方程不可求出支座反力或不能求出全部支反力的梁称为超静定梁。梁两个支座之间的长度称为跨度。根据梁的支承情况，静定梁可以分为三种基本形式。

(1) 简支梁：梁的一端为固定铰支座，另一端为活动铰支座，如图 4.4 (a) 所示。

(2) 外伸梁：梁由固定铰支座和活动铰支座支承，梁的一端或两端伸出支座之外，如图 4.4 (b) 所示。

(3) 悬臂梁：梁的一端为固定端，另一端为自由端，如图 4.4 (c) 所示。

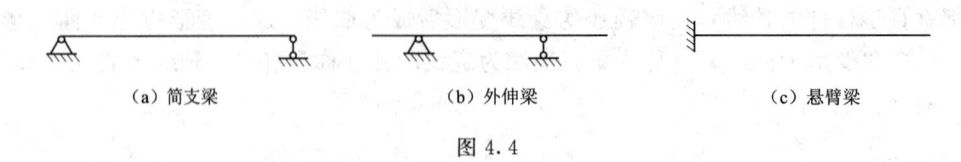

(a)简支梁　　　　　　(b)外伸梁　　　　　　(c)悬臂梁

图 4.4

梁是工程实际中常用的构件,而且往往是结构中的主要构件。下面将先后讨论梁的内力、应力和变形情况。

4.1.2 单跨静定梁的内力分析

4.1.2.1 截面法

确定了梁上所有的荷载和支座反力后,为计算梁的应力和变形,必须首先确定梁的内力。

梁在外力作用下,其任一横截面上的内力可用截面法来确定。图 4.5(a)所示简支梁在外力作用下处于平衡状态,现分析距 A 端为 x 处横截面 $m—m$ 上的内力。按截面法在横截面 $m—m$ 处假想地将梁分为两段,因为梁原来处于平衡状态,被截出的一段梁也应保持平衡状态。如果取左段为研究对象,则右段梁对左段梁的作用以截开面上的内力来代替。左、右段梁要保持平衡,在其右端横截面 $m—m$ 上,存在两个内力分量:力 Q 和力偶矩 M。内力 Q 与截面相切,称为剪力,力偶矩 M 称为弯矩,如图 4.5(b)、(c)所示。

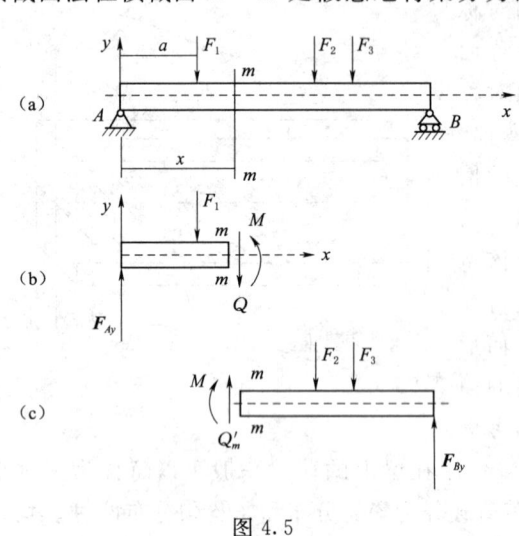

无论是取出左段还是右段(选取一个就可以计算出截面 $m—m$ 上的内力),所取的研究对象仍处于平衡状态,那么所受的力必将满足平衡方程。由此可计算出 $m—m$ 截面上的剪力和弯矩,包括剪力和弯矩大小、方向或转向。

图 4.5

如果取左段为研究对象,根据平衡可得

$$\sum F_y = 0, \quad F_{Ay} - Q_m - F_1 = 0 \quad Q_m = F_{Ay} - F_1$$

$$\sum M_C(F) = 0, \quad M_m - F_{Ay}x + F_1(x-a) = 0 \quad M_m = F_{Ay}x - F_1(x-a)$$

注意:上面第二个式子是把所有外力和内力对研究对象的截面 $m—m$ 的形心 C 取矩,截面 $m—m$ 上的剪力对形心 C 的力臂为零,所以方程中无此项。

为了使左右两段在同一截面上的内力正负号相同,同时也为计算方便,通常对剪力 Q 和弯矩 M 的正负号做如下规定(图 4.6):

剪力 Q:使微段梁的左侧截面向上、右侧截面向下错动时,即截面剪力绕微段梁顺时针转动,剪力为正;反之,剪力为负。

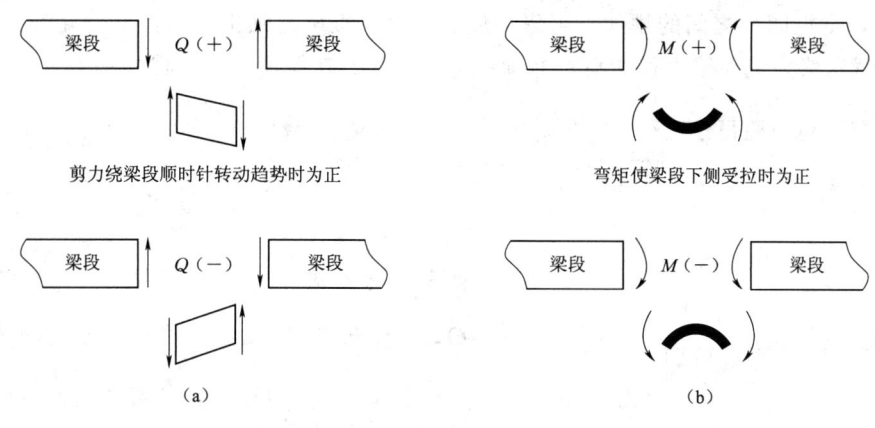

图 4.6

弯矩 M：使微段梁的下侧受拉时，弯矩为正；反之，弯矩为负。

或将此规则归纳为一简单的口诀：剪力顺正逆负；弯矩下凸上凹为正，上凸下凹为负。

综上所述，截面法概括如下（增加第二步可简化计算）：

(1) 截开：在欲求内力截面处，用假想截面将构件一分为二。

(2) 保留：保留荷载少、简单的部分。

(3) 代替：弃去（荷载多、复杂）部分，并将弃去部分对保留部分的作用以相应内力代替，即显示内力。

(4) 平衡：根据保留部分的平衡条件，确定截面内力值。

4.1.2.2 简易法

在利用平衡方程求解梁的内力的计算过程中发现，截面上的内力可以直接由梁一侧梁段上的外力求出：

(1) 梁任一横截面上的剪力，在数值上等于该截面一侧梁段上所有外力在截面上投影的代数和，即 $Q=\sum F_i$。

(2) 梁任一横截面上的弯矩，在数值上等于该截面一侧梁段上所有外力对截面形心力矩的代数和，即 $M=\sum M_o(F_i)$。

由外力直接判断内力的符号为：

(1) 对截面产生顺时针转动趋势的外力（截面左侧梁段上所有向上的外力或截面右侧梁上所有向下的外力）在截面上产生正剪力；反之产生负剪力。剪力口诀：左上右下为正，研究左边部分，向上的外力产生正的剪力，研究右边部分，向下的外力产生正的剪力。

(2) 使梁段产生下边凸出、上边凹进变形的外力（截面两侧梁上均为向上的外力，使梁产生左侧截面顺时针、右侧截面逆时针的外力矩）在截面上产生正弯矩，反之产生负弯矩。弯矩口诀：左右向上为正，研究左边或右边部分，向上的外力产生正的弯矩。

4.1.2.3 荷载集度、剪力和弯矩的微分关系

荷载集度、剪力和弯矩的微分关系有利于了解原计算简图、剪力图和弯矩图之间

的关系，掌握图形之间的规律，可以简便、快速、准确地画出剪力图和弯矩图。以图 4.7 中简支梁为例，梁上作用有均布荷载 q，其剪力方程和弯矩方程分别为

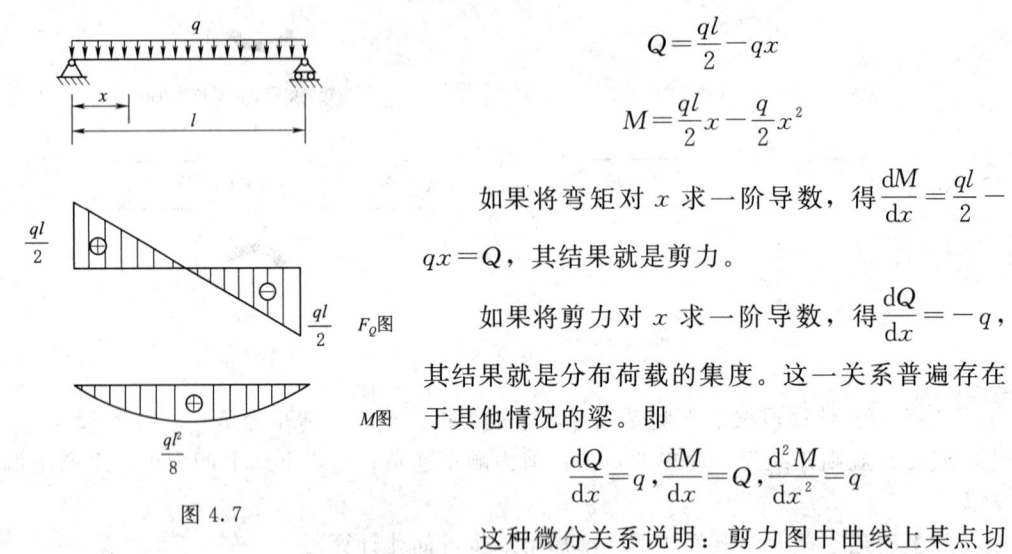

$$Q = \frac{ql}{2} - qx$$

$$M = \frac{ql}{2}x - \frac{q}{2}x^2$$

如果将弯矩对 x 求一阶导数，得 $\frac{dM}{dx} = \frac{ql}{2} - qx = Q$，其结果就是剪力。

如果将剪力对 x 求一阶导数，得 $\frac{dQ}{dx} = -q$，其结果就是分布荷载的集度。这一关系普遍存在于其他情况的梁。即

$$\frac{dQ}{dx} = q, \frac{dM}{dx} = Q, \frac{d^2M}{dx^2} = q$$

图 4.7

这种微分关系说明：剪力图中曲线上某点切线的斜率等于梁上对应点处的荷载集度；弯矩图中曲线上某点切线的斜率等于梁在对应截面上的剪力。

根据上述关系，可以得到荷载、剪力图和弯矩图三者之间的关系（表 4.1）。

剪力图和弯矩图有以下规律：

（1）梁上没有分布荷载的区段，剪力图为水平线，弯矩图为斜直线。

（2）有均布荷载的一段梁内，剪力图为斜直线，弯矩图为抛物线。

（3）在集中力作用处，剪力图有突变，突变值即为该处的集中力的大小，当剪力图由左向右绘制时，突变方向与集中力指向一致（即集中力向下，向下突变，反之，则向上突变）；弯矩图在此有一折角。

（4）在集中力偶作用处，剪力图没有变化，弯矩图有突变，突变值即为该处的集中力偶的大小。

（5）同一区段内（有分布荷载或无分布荷载），任两个截面的弯矩的差值等于这两个截面之间剪力图围成的面积。

掌握上述荷载与内力图之间的规律，将有助于绘制和校核梁的剪力图和弯矩图。根据表中的规律，只要确定梁上几个控制截面的内力值，就可按梁段上的荷载情况直接画出各梁段的剪力图和弯矩图。一般取梁的端点、支座及荷载变化处为控制截面，只需求几个截面的剪力和弯矩，再按内力图的特征画图即可，非常简捷，这种画图方法称为简捷法。

4.1.3 工程实例分析

项目实例 1：如图 4.8 所示简支梁，在点 C 处作用一集中力 $F = 10\text{kN}$，求截面 $n—n$ 上的剪力和弯矩。

解：求梁的支座反力。

由 $\sum m_A = 0, 4F_B - 1.5F = 0$

任务 4.1 单跨静定梁的内力计算与内力图的绘制

表 4.1 直杆上荷载、剪力图和弯矩图三者之间的关系

梁上荷载情况	无均布荷载段	有均布荷载段		集中力		集中力偶		铰
	$q=0$	q ↓	q ↑	F ↓	F ↑	m	m	
剪力图	水平线	斜直线 ↘	斜直线 ↗	向下突变（由左向右观察）	向上突变（由左向右观察）	无变化	无变化	无影响
弯矩图	斜直线	抛物线（有极值，抛物线顶点为零处）	抛物线	向下尖角	向上尖角	向上突变（由左向右观察） M	向下突变（由左向右观察） M	为零

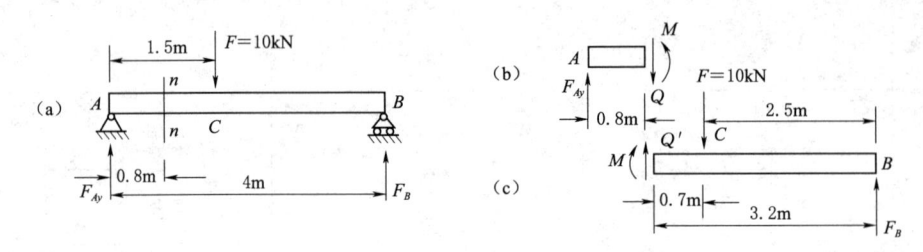

图 4.8

解得 $\qquad F_B = 3.75\text{kN}$

由 $\qquad \sum F_y = 0, \ F_{Ay} + F_B - F = 0$

解得 $\qquad F_{Ay} = 6.25\text{kN}$

求截面 $n-n$ 的内力。

取左段 $\qquad Q = F_{Ay} = 6.25\text{kN}, \ M = F_{Ay} \times 0.8 = 5(\text{kN} \cdot \text{m})$

取右段 $Q = F - F_B = 6.25\text{kN}, M = F_B \times (4-0.8) - F \times (1.5-0.8) = 5(\text{kN} \cdot \text{m})$

项目实例 2：外伸梁受荷载作用如图 4.9（a）所示。图中截面 1—1 和 2—2 都无限接近于截面 A，截面 3—3 和 4—4 也都无限接近于截面 D。求图示各截面的剪力和弯矩。

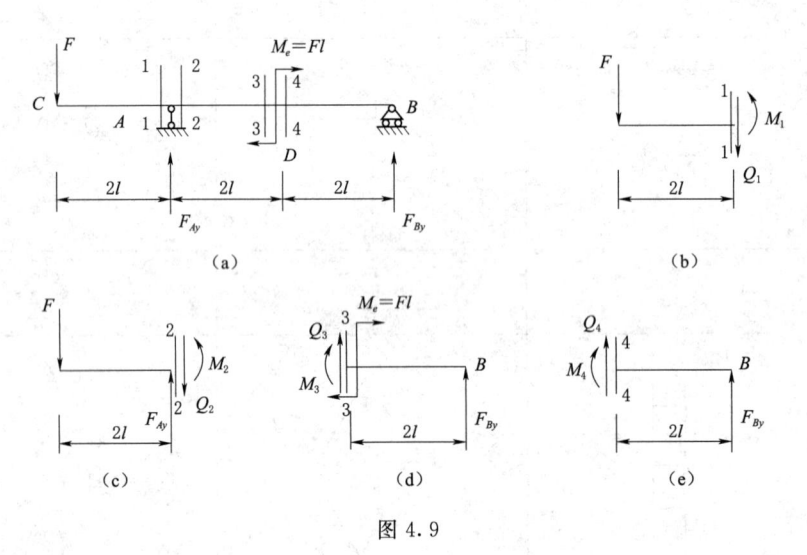

图 4.9

解：(1) 根据平衡条件求约束反力。

$$F_{Ay} = \frac{5}{4}F, \quad F_{By} = -\frac{1}{4}F$$

(2) 求截面 1—1 的内力。用截面 1—1 截取左段梁为研究对象，其受力如图 4.9（b）所示。

$$\sum F_y = 0, \ -F - Q_1 = 0, \ Q_1 = -F$$
$$\sum M = 0, \ 2Fl + M_1 = 0, \ M_1 = -2Fl$$

(3) 求截面 2—2 的内力。用截面 2—2 截取左段梁为研究对象，如图 4.9（c）

56

所示。

$$\sum F_y = 0, \quad F_{Ay} - F - Q_2 = 0, \quad \frac{5F}{4} - F - Q_2 = 0, \quad Q_2 = \frac{F}{4}$$

$$\sum M = 0, \quad 2Fl + M_2 = 0, \quad M_2 = -2Fl$$

(4) 求截面 3—3 的内力。用截面 3—3 截取右段梁为研究对象，如图 4.9（d）所示。

$$\sum F_y = 0, \quad F_{By} + Q_3 = 0, \quad -\frac{F}{4} + Q_3 = 0, \quad Q_3 = \frac{F}{4}$$

$$\sum M = 0, \quad -M_e - M_3 + 2F_{By}l = 0, \quad M_3 = -\frac{3}{2}Fl$$

(5) 求截面 4—4 的内力。用截面 4—4 截取右段梁为研究对象，如图 4.9（e）所示。

$$\sum F_y = 0, \quad F_{By} + Q_4 = 0, \quad -\frac{F}{4} + Q_4 = 0, \quad Q_4 = \frac{F}{4}$$

$$\sum M = 0, \quad -M_4 + 2F_{By}l = 0, \quad M_4 = -\frac{1}{2}Fl$$

分析：比较截面 1—1 和 2—2 的内力发现，在集中力左右两侧无限接近的横截面上弯矩相同，而剪力不同，剪力相差的数值等于该集中力的值。就是说在集中力的两侧截面剪力发生了突变，突变值等于该集中力的值。

比较截面 3—3 和 4—4 的内力，在集中力偶两侧横截面上剪力相同，而弯矩发生了突变，突变值就等于集中力偶的力偶矩。

比较截面 2—2 和 3—3 的内力，剪力相同，弯矩不同。

在集中力作用截面处，应分左、右截面计算剪力；在集中力偶作用截面处也应分左、右截面计算弯矩。

项目实例 3：简支梁如图 4.10（a）所示，试用荷载集度、剪力和弯矩间的微分关系作此梁的剪力图和弯矩图。

解：(1) 求约束反力。由平衡方程 $\sum M_B = 0$ 和 $\sum M_A = 0$ 得

$$F_{Ay} = 15\text{kN}(\uparrow), F_{By} = 15\text{kN}(\uparrow)$$

(2) 画 Q 图。

各控制点处的 Q 值如下：$Q_{A右} = Q_{C左} = 15\text{kN}$，$Q_{C右} = Q_D = 5\text{kN}$，$Q_{B左} = -15\text{kN}$。

画出 Q 图如图 4.10（b）所示，从图中容易确定 $Q = 0$ 的截面位置。

(3) 画 M 图。各控制点处的弯矩值如下

$$M_A = 0, M_C = 15 \times 2 = 30(\text{kN} \cdot \text{m})$$

$$M_{D左} = 15 \times 4 - 10 \times 2 = 40(\text{kN} \cdot \text{m})$$

$$M_{D右} = 15 \times 4 - 10 \times 2 - 20 = 20(\text{kN} \cdot \text{m})$$

$$M_B = 0$$

在 $Q = 0$ 截面 E 弯矩有极值：$M_E = 22.5 \text{kN} \cdot \text{m}$。

画出弯矩图如图 4.10（c）所示。

项目实例 4：一外伸梁如图 4.11（a）所示。试用荷载集度、剪力和弯矩间的微分关系作此梁的 Q、M 图。

图 4.10 [单位:Q/kN;M/(kN·m)]

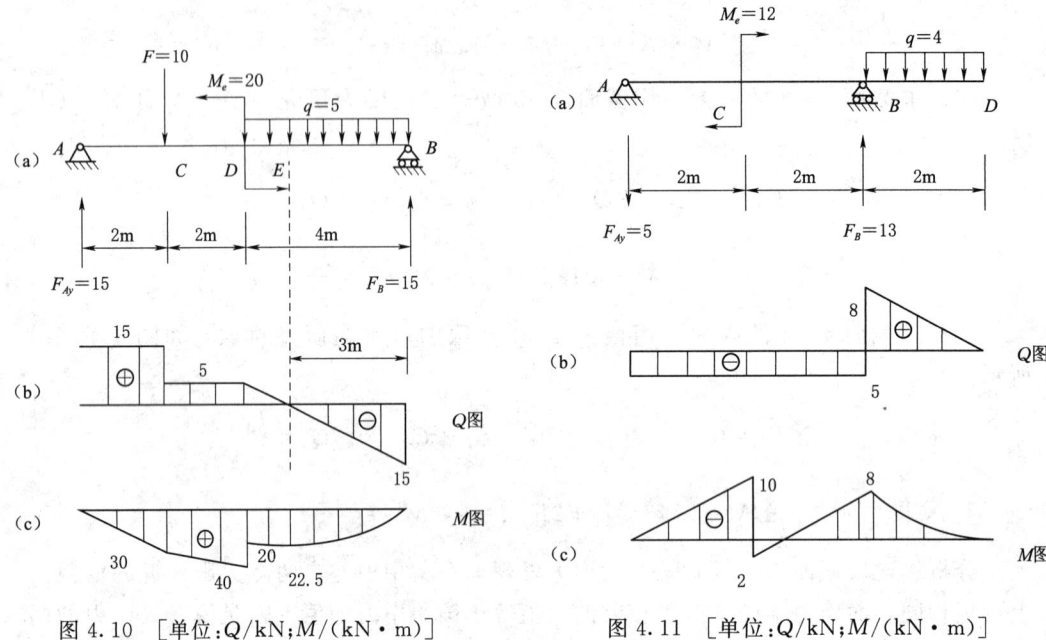

图 4.11 [单位:Q/kN;M/(kN·m)]

解：(1) 求约束力。由平衡方程 $\sum M_B=0$ 和 $\sum M_A=0$，得
$$F_{Ay}=5\text{kN}(\downarrow), F_B=13\text{kN}(\uparrow)$$

(2) 画剪力图。根据梁上荷载情况，将梁分为 AC、CB、BD 三段。

ACB 段：段内有一集中力偶，集中力偶剪力无变化，因此 Q 图为一水平直线，只需确定此段内任一截面上的 Q 值即可。
$$Q_{A右}=Q_C=Q_{B左}=-5\text{kN}$$

BD 段：段内有向下的均布荷载，Q 图为右下斜直线。
$$Q_{B右}=8\text{kN}, Q_D=0$$

根据分析和计算结果，作梁的剪力图如图 4.11（b）所示。

(3) 画弯矩图。

AC 段：段内无荷载作用，$Q<0$，故 M 图为一右上斜直线。
$$M_A=0, M_{C左}=-5\text{kN}\times 2\text{m}=-10\text{kN·m}$$

CB 段：段内无荷载作用且 $Q<0$，故 M 图为一右上斜直线，在 C 处弯矩有突变。
$$M_{C右}=-5\text{kN}\times 2\text{m}+12\text{kN·m}=2\text{kN·m}, M_B=-8\text{kN·m}$$

BD 段：段内有向下均布荷载，M 图为下凸抛物线，确定此段三个截面处弯矩值可确定抛物线的大致形状。
$$M_D=0$$

根据分析和计算结果，作梁的弯矩图如图 4.11（c）所示。

以上两例用简捷方法说明作内力图的过程。熟练掌握后,可以方便直接作图。

任务 4.2 多跨静定梁的内力计算与内力图的绘制

【任务目标】
1. 理解多跨静定梁的层次图。
2. 会绘制多跨静定梁的剪力图和弯矩图。

多跨静定梁
的内力分析
(微课)

4.2.1 多跨静定梁的组成

单跨静定梁多使用于跨度不大的情况,如门窗、楼板、屋面大梁、短跨的桥梁以及吊车梁等。通常将若干根单跨梁用铰相连,并用若干支座与基础连接而组成的静定结构称为多跨静定梁。如图 4.12(a)所示为房屋建筑中一木檩条的结构图,在各短梁的接头处采用斜搭接加螺栓系紧。由于接头处不能抵抗弯矩,因而视为铰接点。其计算简图如图 4.12(b)所示。从几何组成上看,多跨静定梁的组成部分可分为基本部分和附属部分。如图 4.12(b)所示,其中梁 AB 部分,有三根支座链杆直接与基础(屋架)相连,不依赖其他部分构成几何不变体系,称为基本部分;对于梁的 EF 和 IJ 部分,因它们在竖向荷载作用下,也能独立保持平衡,故在竖向荷载作用下,可以把它们当作基本部分;而短梁 CD 和 GH 两部分支承在基本部分之上,需依靠基本部分才能保持其几何不变性,故称为附属部分。为了清楚地看到梁各部分之间的依存关系和力的传递层次,可以把基本部分画在下层,把附属部分画在上层,如图 4.12(c)所示,称为层次图。

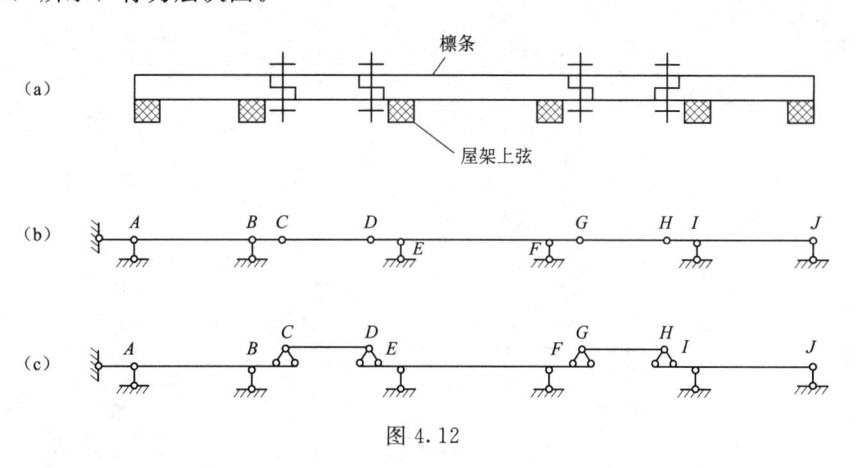

图 4.12

4.2.2 多跨静定梁的内力计算

从受力分析看,由于基本部分能独立地承受荷载而维持平衡,故当荷载作用于基本部分时,由平衡条件可知,只有基本部分受力,附属部分不受力。而当荷载作用于附属部分时,则不仅附属部分受力,其反力将通过铰接处传给基本部分,使基本部分同时受力。由上述基本部分和附属部分力的传递关系可知,多跨静定梁的计算顺序应该是先计算附属部分,后计算基本部分。计算附属部分时,应先从附属程度最高的部分算起；计算基本部分时，把计算出的附属部分的约束力反其方向，作为荷载作用于基本部分。多跨静定梁中每一跨梁都是单跨梁，将各单跨梁的内力图连在一起，就是多跨静定梁的内力图。

4.2.3 工程实例分析

项目实例1：请绘制图4.13（a）所示多跨静定梁的剪力图和弯矩图。

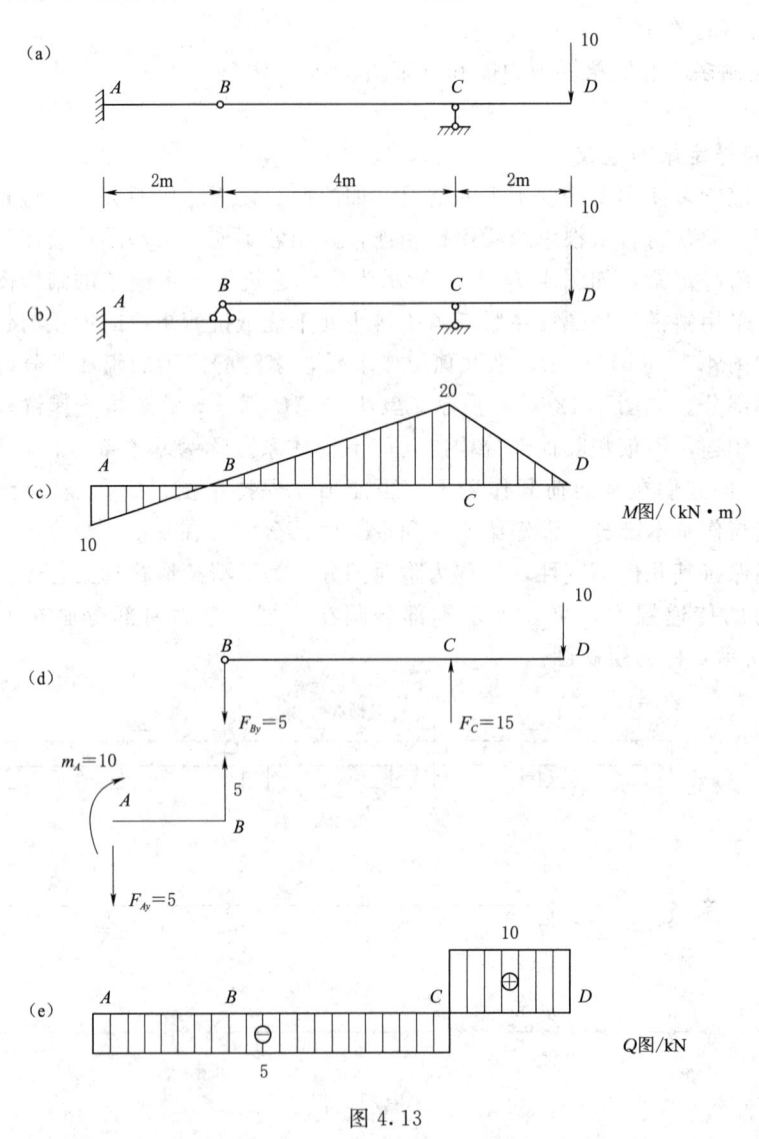

图 4.13

解：(1) 画出该多跨静定梁的层次图，如图4.13（b）所示。

(2) 计算支座反力。对 BD 梁列平衡方程可得

$$F_{Cy}=15\text{kN}(\uparrow),F_{By}=5\text{kN}(\downarrow)$$

将 F_{By} 反方向作用于 AB 梁上，对 AB 梁列平衡方程可得

$$F_{Ay}=5\text{kN}(\uparrow) \quad M_A=10\text{kN}\cdot\text{m}(逆时针) F_{Ax}=0$$

(3) 绘制内力图。分段绘制出各段梁的弯矩图和剪力图，连成一体即得多跨静定梁的弯矩图和剪力图，如图4.13（c）、(e) 所示。

项目实例2：请绘制图4.14（a）所示多跨静定梁的剪力图和弯矩图。

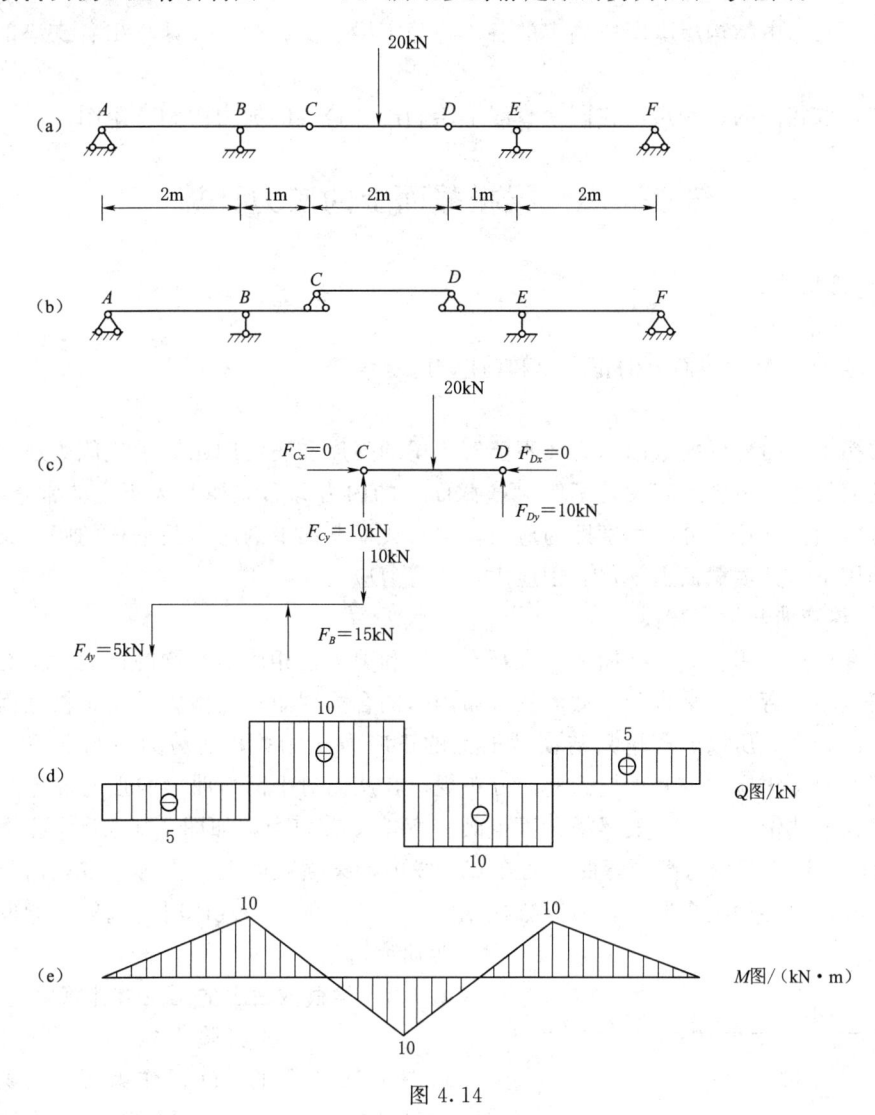

图 4.14

解：（1）画出该多跨静定梁的层次图，如图4.14（b）所示。

（2）计算支座反力。对 CD 梁列平衡方程可得
$$F_{Cy}=F_{Dy}=10\text{kN}(\uparrow)$$

将 F_{Cy} 反方向作用于 AC 梁上，对梁 AC 列平衡方程可得
$$F_{Ay}=5\text{kN}(\downarrow), F_B=15\text{kN}(\uparrow)$$

同理
$$F_{Fy}=5\text{kN}(\downarrow), F_E=15\text{kN}(\uparrow)$$

（3）绘制内力图。分段绘制出各段梁的弯矩图和剪力图，连成一体即得多跨静定梁的弯矩图和剪力图，如图4.14（d）、(e) 所示。

综合以上案例，可得多跨静定梁内力计算的一般步骤：

（1）对结构进行几何组成分析，弄清结构的几何组成顺序并画出结构层次图，先组成的部分（基本部分）画在下面，后组成的部分（附属部分）画在上面。

（2）画出由结构层次图所确定的各单跨静定梁的受力图，并计算出各支座的约束反力。

（3）取相同的比例尺，在同一直线上绘制出各跨梁的剪力图和弯矩图。

任务 4.3　梁横截面上的应力计算

【任务目标】
1. 理解梁的应力。
2. 会计算梁横截面上的正应力和剪应力。

掌握了弯曲杆件的截面内力还不能解决梁的强度和刚度问题，承载能力还与杆件截面几何尺寸、材料等有关，了解梁横截面上的内力分布规律及大小也非常重要的。内力在截面上某点的分布集度即为应力，那么梁横截面上的应力是怎样的呢？梁在横向力作用下，其横截面上不仅有正应力，还有剪应力。

4.3.1　纯弯曲与横力弯曲

梁在荷载作用下，横截面上一般都有弯矩和剪力，相应地在梁的横截面上有正应力和剪应力。弯矩是垂直于横截面的分布内力的合力偶矩；而剪力是切于横截面的分布内力的合力。所以，弯矩只与横截面上的正应力 σ 相关，而剪力只与剪应力 τ 相关。下面研究正应力 σ 和剪应力 τ 的分布规律，从而对平面弯曲梁的强度进行计算。

平面弯曲情况下，一般梁横截面上既有弯矩又有剪力，如图 4.15 所示梁的 AC、DB 段，这种情况称为横力弯曲。而在 CD 段内，梁横截面上剪力等于零，而只有弯矩，这种情况称为纯弯曲。在研究梁横截面上正应力的分布规律时，选取纯弯曲梁作为研究对象。

4.3.2　梁横截面上的正应力计算

首先，通过实验观察梁的变形情况。取图 4.15 中梁的 CD 段作为研究对象，未加载前在其表面画上平行于梁轴线的纵向线和垂直于梁轴线的横向线，如图 4.16 所示，在梁的两端施加一对位于梁纵向对称轴面内的力偶，则梁发生纯弯曲。

通过梁的纯弯曲实验可观察到如下现象。

（1）纵向线弯曲成曲线，其间距不变。

（2）横向线仍为直线，且和纵向线正交，横向线间相对地转过一个微小的角度。

图 4.15

根据上述现象，可对梁的变形提出假设。

(1) 平面假设：梁在纯弯曲变形时，各横截面始终保持为平面，仅绕某轴转过了一个微小的角度。

(2) 单轴受力假设：设梁由无数条纵向纤维组成，则在梁的变形过程中，这些纵向纤维处于单向受拉或受压状态。

根据平面假设，纵向纤维的变形沿高度方向应该是连续变化的，所以从伸长区到缩短区，中间必有一层纤维既不伸长也不缩短，这层纤维层称为中性层，如图 4.17 所示。中性层与横截面的交线称为中性轴，用 z 表示。纯弯曲时，梁的横截面绕中性轴 z 转过一微小的角度。

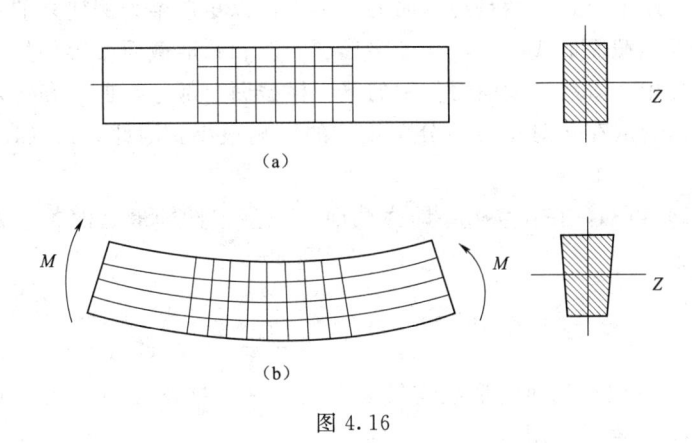

图 4.16

综上所述，梁在纯弯曲时横截面上的应力分布有如下特点：

(1) 中性轴上的线应变为零，所以其正应力也为零。

(2) 距中性轴距离相等的各点，其线应变大小相等。根据胡克定律，它们正应力的绝对值也相等。

(3) 在如图 4.17 所示的受力情况下，中性轴上部各点正应力为负值，中性轴下部各点正应力为正值。

(4) 正应力沿 y 轴线性分布，如图 4.18 所示。最大正应力（绝对值）发生在中性轴最远的上、下边缘处。

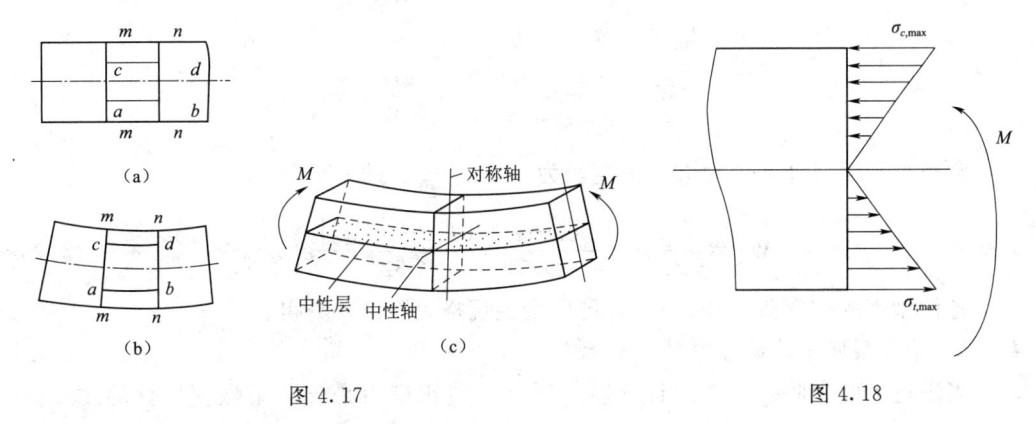

图 4.17

图 4.18

由梁变形的几何关系、物理关系以及静力学关系，可以证明距离中性轴为 y 处点的正应力计算公式为

$$\sigma = \frac{M}{I_z} y \qquad (4.1)$$

式中 σ——横截面上距离中性轴为 y 处各点的正应力；

M_z——横截面上的弯矩，$N \cdot m$ 或 $kN \cdot m$；

I_z——横截面对中性轴 z 的惯性矩，m^4 或 mm^4。

式（4.1）即为梁纯弯曲时正应力的计算公式。实际使用时，M 和 y 都采用绝对值，由梁的变形直接判断 σ 的正负。

应该指出，以上公式虽然是纯弯曲的情况下，以矩形梁为例建立的，但对于具有纵向对称面的其他截面形式的梁，如工字形、T 形和圆形截面梁等仍然可以使用。同时，在实际工程中大多数受横向力作用的梁，横截面上都存在剪力和弯矩，但对一般细长梁来说，剪力的存在对正应力分布规律的影响很小。因此，式（4.1）也适用于非纯弯曲情况。

由式（4.1）可知，在 $y = y_{max}$ 即横截面在距离中性轴最远的各点处，弯曲正应力最大，其值为

$$\sigma_{max} = \frac{M}{I_z} y_{max} = \frac{M_z}{\frac{I_z}{y_{max}}}$$

式中 I_z / y_{max}——仅与截面的形状与尺寸有关，称为抗弯截面系数，也称抗弯截面模量。用 W_z 表示。即为

$$W_z = \frac{I_z}{y_{max}} \qquad (4.2)$$

于是，最大弯曲正应力即为

$$\sigma = \frac{M}{W_z} \qquad (4.3)$$

矩形和圆形截面的抗弯截面系数如下：

矩形截面（高为 h，宽为 b）的 W_z 为

$$W_z = \frac{I_z}{y_{max}} = \frac{bh^3/12}{h/2} = \frac{bh^2}{6} \qquad (4.4)$$

圆形截面（直径为 D）的 W_z 为

$$W_z = \frac{I_z}{y_{max}} = \frac{\pi D^4/64}{D/2} = \frac{\pi D^3}{32} \qquad (4.5)$$

圆环形截面（外直径为 D，内直径为 d，$\alpha = \frac{d}{D}$）的 W_z 为

$$W_z = \frac{I_z}{y_{max}} = \frac{\pi D^4 (1-\alpha^4)/64}{D/2} = \frac{\pi D^3}{32}(1-\alpha^4) \qquad (4.6)$$

各种型钢的抗弯截面系数 W_z，可由型钢规格表附录 4 查得。

4.3.3 梁横截面上的剪应力计算

当进行平面弯曲梁的强度计算时，通常弯曲正应力是支配梁强度计算的主要因

素,但在某些情况下,例如,当梁的跨度很小或在支座附近有很大的集中力作用,这时梁的最大弯矩比较小,而剪力却很大,如果梁截面窄且高或是薄壁截面,这时剪应力可达到相当大的数值,剪应力就不能忽略。下面介绍几种常见截面上弯曲剪应力的分布规律和计算公式。

1. **矩形截面梁的弯曲剪应力**

在横力弯曲时,梁横截面除了由弯矩引起的正应力外,还有由剪力引起的剪应力。设矩形截面梁的横截面宽度、高度分别为 b、h,横截面上的剪力为 Q,如图 4.19(a)所示。剪应力的分布有如下假设:

(1) 横截面上各点处的剪应力方向与 Q 平行。

(2) 剪应力沿截面的宽度均匀分布,距中性轴 z 等距离的各点剪应力大小相等。

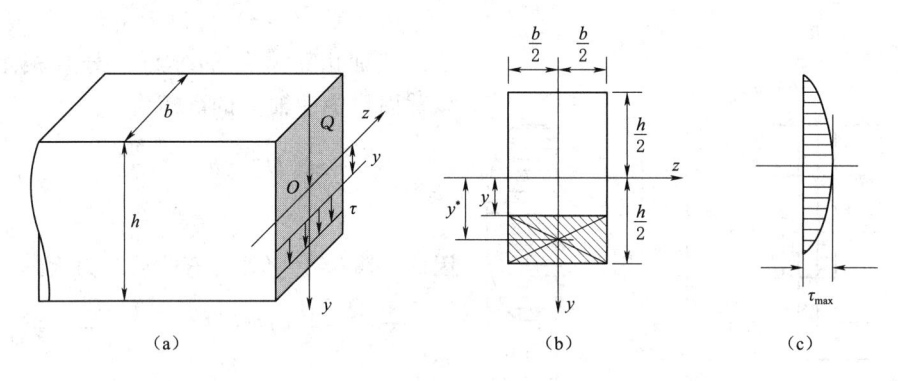

图 4.19

推导可得,距中性轴 y 处的剪应力的计算公式为

$$\tau = \frac{QS_z^*}{I_z b} \tag{4.7}$$

式中 S_z^*——截面上距中性轴为 y 的横线以上或以下部分的矩形面积对中性轴的静矩。

由图 4.19(b)可得

$$S_z^* = \int_A y \mathrm{d}A = A^* y^* = b\left(\frac{h}{2} - y\right)\left(y + \frac{h/2 - y}{2}\right) = \frac{b}{2}\left(\frac{h^2}{4} - y^2\right)$$

将上式及 $I_z = \dfrac{bh^3}{12}$ 代入式(4.4),可得

$$\tau = \frac{3Q}{2bh}\left(1 - \frac{4y^2}{h^2}\right) \tag{4.8}$$

由式(4.5)可知,弯曲剪应力沿截面高度呈抛物线分布,如图 4.19(c)所示。在中性轴上有最大剪应力,其值为

$$\tau_{\max} = \frac{3}{2} \cdot \frac{Q}{A} \tag{4.9}$$

2. **工字形截面梁的弯曲剪应力**

工字形截面梁由腹板和翼缘组成,其横截面如图 4.20 所示。中间狭长部分为腹

板，上、下扁平部分为翼缘。梁横截面上的剪应力主要分布于腹板，翼缘部分的剪应力情况比较复杂，数值很小，可以不予考虑。由于腹板狭长，因此可以假设：腹板上各点处的弯曲剪应力平行于腹板侧边，并沿腹板厚度均匀分布。腹板的剪应力平行于腹板的竖边，且沿宽度方向均匀分布。根据上述假设，并采用前述矩形截面梁的分析方法，得腹板上 y 处的弯曲剪应力为

$$\tau = \frac{QS_z^*}{I_z b}$$

式中 I_z——整个工字形截面对中性轴 z 的惯性矩；

S_z^*——y 处横线一侧的部分截面对该轴的静矩；

b——腹板的厚度。

由图 4.20（a）可以看出，y 处横线以下的截面由下翼缘部分与部分腹板组成，该截面对中性轴 z 的静矩为

$$S_z^* = \frac{B}{8}(H^2 - h^2) + \frac{b}{2}\left(\frac{h^2}{4} - y^2\right) \tag{4.10}$$

因此，腹板上 y 处的弯曲剪应力为

$$\tau = \frac{Q}{I_z b}\left[\frac{B}{8}(H^2 - h^2) + \frac{b}{2}\left(\frac{h^2}{4} - y^2\right)\right] \tag{4.11}$$

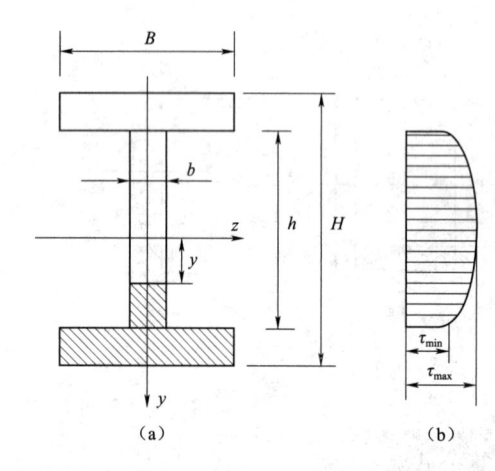

图 4.20

由此可见：腹板上的弯曲剪应力沿腹板高度方向也是呈二次抛物线分布，如图 4.20（b）所示。在中性轴处（$y=0$），剪应力最大，在腹板与翼缘的交接处（$y=\pm h/2$），剪应力最小，其值分别为

$$\tau_{\max} = \frac{Q}{I_z b}\left[\frac{BH^2}{8} - (B-b)\frac{h^2}{8}\right] \text{或} \tau_{\max} = \frac{Q}{\frac{I_z}{S^*}b} \tag{4.12}$$

$$\tau_{\min} = \frac{Q}{I_z b}\left(\frac{BH^2}{8} - \frac{Bh^2}{8}\right) \tag{4.13}$$

从以上两式可见，当腹板的宽度 b 远小于翼缘的宽度 B，$\tau_{\max}$ 与 $\tau_{\min}$ 实际上相差不大，所以可以认为在腹板上剪应力大致是均匀分布的。可用腹板的截面面积除剪力 Q，近似地表示腹板的剪应力，即

$$\tau = \frac{Q}{bh} \tag{4.14}$$

在工字形截面梁的腹板与翼缘的交接处，剪应力分布比较复杂，而且存在应力集中现象。为了减小应力集中，宜将结合处作成圆角。

4.3.4 工程实例分析

项目实例 1：图 4.21 所示悬臂梁，自由端承受集中荷载 F 作用，已知：$h=18\text{cm}$，$b=12\text{cm}$，$y=6\text{cm}$，$a=2\text{m}$，$F=1.5\text{kN}$。计算 A 截面上 K 点的弯曲正应力。

任务4.3 梁横截面上的应力计算

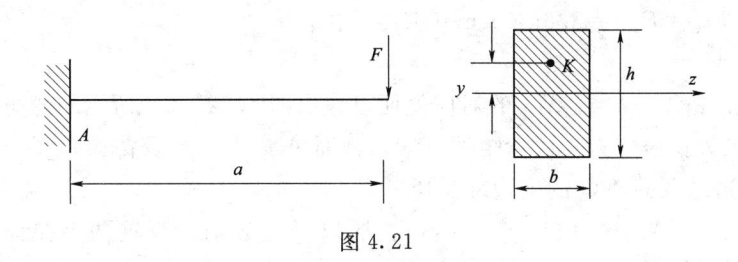

图 4.21

解：先计算截面上的弯矩
$$M_A = -Fa = -1.5\text{kN} \times 2\text{m} = -3\text{kN} \cdot \text{m}（上拉下压）$$
截面对中性轴的惯性矩
$$I_z = \frac{bh^3}{12} = \frac{120 \times 180^3}{12} = 5.832 \times 10^7 (\text{mm}^4)$$

则
$$\sigma_K = \frac{M_A}{I_z} y = \frac{3 \times 10^6}{5.832 \times 10^7} \times 60 = 3.09(\text{MPa})$$

A 截面上的弯矩为负（梁上部分受拉），K 点是在中性轴的上边，所以为拉应力。

项目实例 2：如图 4.22 所示 T 形截面梁，单位 mm。已知 $F_1 = 8\text{kN}$，$F_2 = 20\text{kN}$，$a = 0.6\text{m}$；横截面的惯性矩 $I_z = 5.33 \times 10^6 \text{mm}^4$。试求此梁的最大拉应力和最大压应力。

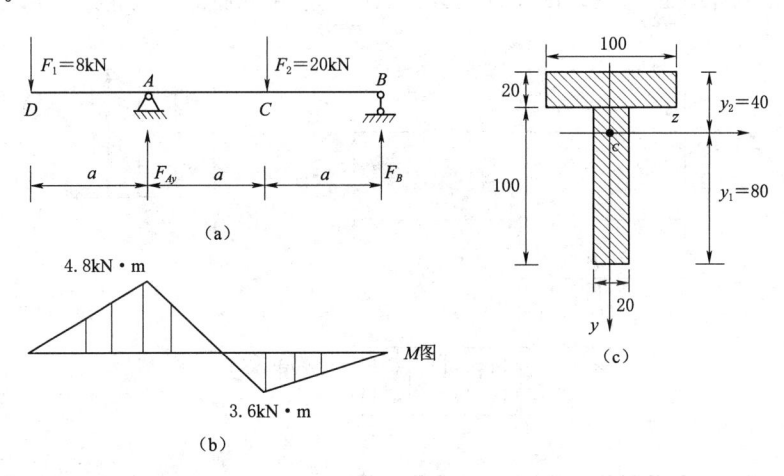

图 4.22

解：（1）求支座反力。由
$$\sum m_A = 0, \quad F_B \times 2a - F_2 a + F_1 a = 0$$
解得 $F_B = 6\text{kN}$。

由
$$\sum F_y = 0, \quad -F_B + F_2 + F_1 - F_{Ay} = 0$$
解得 $F_A = 22\text{kN}$。

（2）作弯矩图。

DA 段：$M_D = 0$，$M_A = -Fa = -4.8\text{kN} \cdot \text{m}$（上拉下压）

AC 段：$M_C=F_B a=3.6$ kN·m（上压下拉）

CB 段：$M_B=0$

根据 M_D、M_A、M_C、M_B 的对应值便可作出图 4.22（b）所示的弯矩图。

（3）求最大拉压应力。由弯矩图可知，截面 A 的上边缘及截面 C 的下边缘受拉；截面 A 的下边缘及截面 C 的上边缘受压。

虽然 $|M_A|>|M_C|$，但 $|y_2|<|y_1|$，所以只有分别计算这两个截面的拉应力，才能判断出最大拉应力所对应的截面；截面 A 下边缘的压应力最大。

截面 A 上边缘处

$$\sigma_t=\frac{M_A y_2}{I_z}=\frac{4.8\times10^3\times40\times10^{-3}}{5.33\times10^6\times10^{-12}}=36\times10^6(\text{Pa})=36(\text{MPa})$$

截面 C 下边缘处

$$\sigma_t=\frac{M_C y_1}{I_z}=\frac{3.6\times10^3\times80\times10^{-3}}{5.33\times10^6\times10^{-12}}=54\times10^6(\text{Pa})=54(\text{MPa})$$

比较可知在截面 C 下边缘处产生最大拉应力，其值为 $\sigma_{t\max}=54$ MPa。

截面 A 下边缘处

$$\sigma_{c\max}=\frac{M_A y_1}{I_z}=\frac{4.8\times10^3\times80\times10^{-3}}{5.33\times10^6\times10^{-12}}=72\times10^6(\text{Pa})=72(\text{MPa})$$

项目实例 3：长度为 $2a$ 的悬臂梁 AB 其横截面为矩形，宽、高分别为 b 和 h。荷载如图 4.23 所示，F 已知，试计算悬臂梁 AB 上危险截面的最大正应力 $\sigma_{\max}$ 和 $\tau_{\max}$。

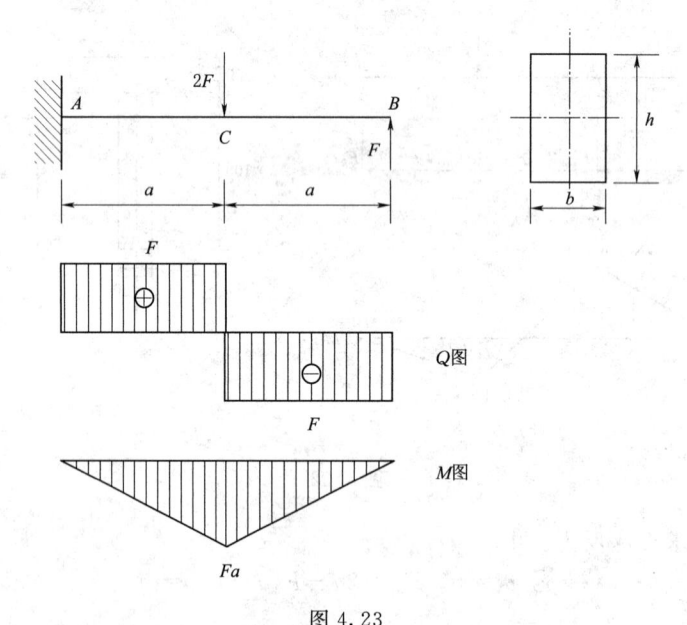

图 4.23

解：（1）求 A 处约束力。

$$F_A=F,\ M_A=0$$

剪力图和弯矩图如图所示，危险截面为截面 C 处，$M_{\max}=Fa$，$Q_C=F$。

（2）求 $\sigma_{\max}$ 和 $\tau_{\max}$。

$$\sigma_{\max}=\frac{M_C}{W_z}=\frac{Fa}{\frac{bh^2}{6}}=\frac{6Fa}{bh^2}$$

$$\tau_{\max}=\frac{3}{2}\frac{Q}{bh}=\frac{3F}{2bh}$$

项目实例 4：矩形截面简支梁如图 4.24 所示，$b=75\mathrm{mm}$，$h=150\mathrm{mm}$，$F=8\mathrm{kN}$。试计算 1—1 截面上 K_1 点和 K_2 点的正应力和切应力。

解：（1）由静力学方程求 A、B 两处的约束力为

$$F_A=\frac{40}{11}\mathrm{kN}, F_B=\frac{48}{11}\mathrm{kN}$$

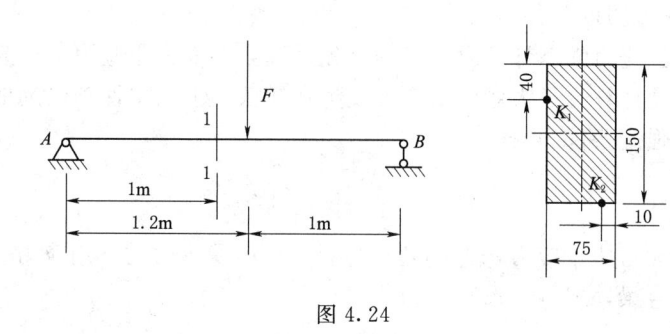

图 4.24

（2）界面 1—1 处的剪力和弯矩为

$$M_1=\frac{40}{11}\mathrm{kN\cdot m}(上压下拉), Q_1=\frac{40}{11}\mathrm{kN}$$

（3）计算正应力。截面惯性矩为

$$I_z=\frac{bh^3}{12}=21.09\times10^{-6}\mathrm{m}^4$$

$$\sigma_{K_1}=-\frac{My}{I_z}=-\frac{\frac{40}{11}\times10^3\times35\times10^{-3}}{21.09\times10^{-6}}=-6.03\times10^6(\mathrm{Pa})=-6.03(\mathrm{MPa})$$

$$\sigma_{K_2}=\frac{My}{I_z}=\frac{\frac{40}{11}\times10^3\times75\times10^{-3}}{21.09\times10^{-6}}=12.93\times10^6(\mathrm{Pa})=12.93(\mathrm{MPa})$$

（4）计算剪应力。

K_1 点剪应力　$\tau_{K_1}=\dfrac{Q}{2I_z}\left(\dfrac{h^2}{4}-y^2\right)=\dfrac{\frac{40}{11}\times10^3\times\left(\frac{0.15^2}{4}-0.035^2\right)}{2\times21.09\times10^{-6}}$

$$=0.38\times10^6(\mathrm{Pa})=0.38(\mathrm{MPa})$$

K_2 点剪应力　$\tau_{K2}=0$

任务 4.4 梁的强度计算

【任务目标】
1. 会计算梁任意点的正应力和剪应力。
2. 能应用梁的强度条件解决三类问题。
3. 理解提高梁强度的措施。

了解了梁横截面上的最大应力的大小及所处位置,还不足以说明该梁能否在工程中应用。进行梁的强度分析是最为关键的一步。

4.4.1 弯曲正应力强度条件

在进行梁的正应力强度计算时,必须首先计算梁的最大正应力,建立应力强度条件,对梁进行强度计算。最大弯曲正应力发生在横截面上离中性轴最远的各点处,所以,弯曲正应力强度条件为

$$\sigma_{\max}=\left[\frac{M}{W_z}\right]_{\max}\leqslant[\sigma] \tag{4.15}$$

即要求梁内的最大弯曲正应力 $\sigma_{\max}$ 不超过材料在单向受力时的许用应力 $[\sigma]$。

对于等截面直梁,式(4.15)变为

$$\sigma_{\max}=\frac{M_{\max}}{W_z}\leqslant[\sigma] \tag{4.16}$$

由于塑性材料的抗拉和抗压能力近似相同,所以直接按式(4.16)计算。

而脆性材料的抗拉和抗压能力不同,所以有

$$\sigma_{\max}^{+}\leqslant[\sigma]^{+};\sigma_{\max}^{-}\leqslant[\sigma]^{-} \tag{4.17}$$

正号表示拉伸,负号表示压缩。

应用强度条件可以解决以下三类问题:

(1)强度校核。已知材料的 $[\sigma]$、截面形状和尺寸及所承受的荷载,可利用式(4.16)检验梁的正应力是否满足强度要求。

(2)确定横截面的尺寸。已知材料的 $[\sigma]$ 及梁上所承受的荷载,确定梁横截面的弯曲截面系数 W_z,即可由 W_z 值进一步确定梁横截面的尺寸。

$$W_z\geqslant\frac{M_{\max}}{[\sigma]} \tag{4.18}$$

(3)确定许用荷载。已知材料的 $[\sigma]$ 和截面形状及尺寸,可利用式(4.16)计算出梁所能承受的最大弯矩,再由弯矩进一步确定梁所能承受的外荷载的大小。

$$M_{\max}\leqslant W_z[\sigma] \tag{4.19}$$

4.4.2 弯曲剪应力强度条件

最大弯曲剪应力通常发生在中性轴上各点处,而该处的弯曲正应力为零,因此,最大弯曲剪应力作用点处于纯剪切状态,相应的强度条件为

$$\tau_{\max}=\left(\frac{QS_{z\max}^{*}}{I_z b}\right)_{\max}\leqslant[\tau] \tag{4.20}$$

即要求梁内的最大弯曲剪应力 $\tau_{\max}$ 不超过材料在纯剪切时的许用剪应力 $[\tau]$。对于等截面直梁，式（4.20）变为

$$\tau_{\max}=\frac{QS_{z\max}^*}{I_z b}\leqslant[\tau] \qquad (4.21)$$

在一般细长的非薄壁截面梁中，最大弯曲正应力远大于最大弯曲剪应力。因此，对于一般细长的非薄壁截面梁，通常强度的计算由正应力强度条件控制。**因此，在选择梁的截面时，一般都是按正应力强度条件选择，选好截面后再按剪应力强度条件进行校核。**但是，对于薄壁截面梁与弯矩较小而剪力却较大的梁，后者如短而粗的梁、集中荷载作用在支座附近的梁等，则不仅应考虑弯曲正应力强度条件，而且弯曲剪应力强度条件也可能起控制作用。

4.4.3 提高梁抗弯强度的措施

前面已指出，在横力弯曲中，控制梁强度的主要因素是梁的最大正应力。梁的正应力强度条件

$$\sigma_{\max}=\frac{M_{\max}}{W}\leqslant[\sigma]$$

为设计梁的主要依据。由这个条件可看出，对于一定长度的梁，在承受一定荷载的情况下，应设法适当地安排梁所受的力，使梁最大的弯矩绝对值降低，同时选用合理的截面形状和尺寸，使抗弯截面模量 W 值增大，以达到设计出的梁满足节约材料和安全适用的要求。关于提高梁的抗弯强度问题，分别做以下几方面讨论。

1. 合理安排梁的受力情况

若改变梁的承载方式，从集中承载到分散承载，梁的最大弯矩逐渐变小，均布承载的最大弯矩仅为集中承载的一半，梁的承载能力可以增大一倍。在梁的设计中要尽量避免承受集中荷载而取用分散承载的方式，最好采用均布承载的形式，以提高梁的承载能力，如图 4.25 所示。

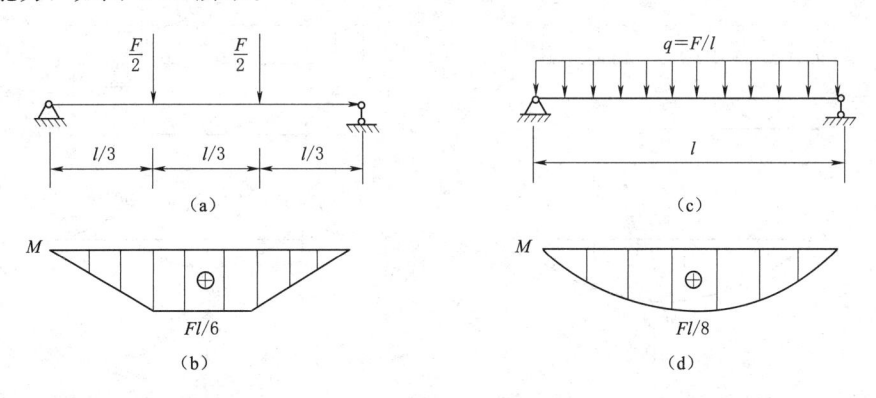

图 4.25

2. 选用合理的截面形状

从弯曲强度考虑，比较合理的截面形状，是使用较小的截面面积，却能获得较大抗弯截面系数的截面。截面形状和放置位置不同，W_z/A 比值不同，因此，可用比值

W_z/A 来衡量截面的合理性和经济性，比值越大，所采用的截面就越经济合理。

现以跨中受集中力作用的简支梁为例，其截面形状分别为圆形、矩形和工字形三种情况。做一粗略比较。设三种梁的面积 A、跨度和材料都相同，容许正应力为 170MPa。其抗弯截面系数 W_z 和最大承载力比较见表 4.2。

表 4.2　　　　　　　集中常见的截面形状及其 W_z/A 值

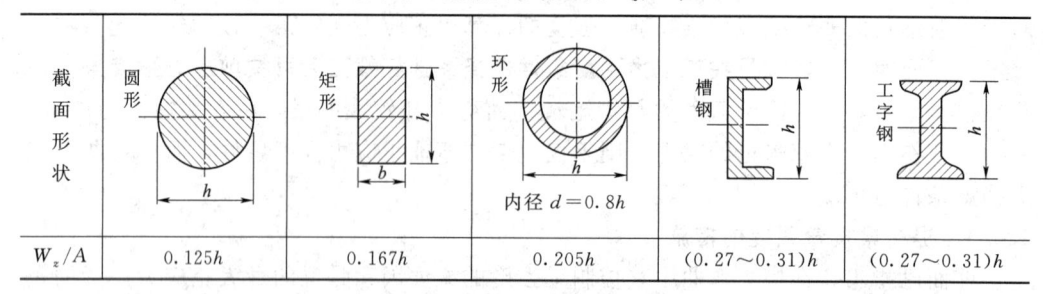

截面形状	圆形	矩形	环形 内径 $d=0.8h$	槽钢	工字钢
W_z/A	$0.125h$	$0.167h$	$0.205h$	$(0.27\sim0.31)h$	$(0.27\sim0.31)h$

从表中可以看出，矩形截面比圆形截面好，工字形截面比矩形截面好得多。

从正应力分布规律分析，正应力沿截面高度线性分布，当离中性轴最远各点处的正应力达到许用应力值时，中性轴附近各点处的正应力仍很小。因此，在离中性轴较远的位置，配置较多的材料，将提高材料的应用率。

根据上述原则，对于抗拉与抗压强度相同的塑性材料梁，宜采用对中性轴对称的截面，如工字形截面等。而对于抗拉强度低于抗压强度的脆性材料梁，则最好采用中性轴偏于受拉一侧的截面，例如 T 字形和槽形截面等。

3. 改变梁的支承

改变梁的支承同样能提高梁的承载能力。例如，图 4.26（a）所示简支梁，承受均布荷载 q 作用，如果将梁两端的铰支座各向内移动少许，例如移动 $0.2l$，如图 4.26（b），则后者的最大弯矩仅为前者的 1/5。

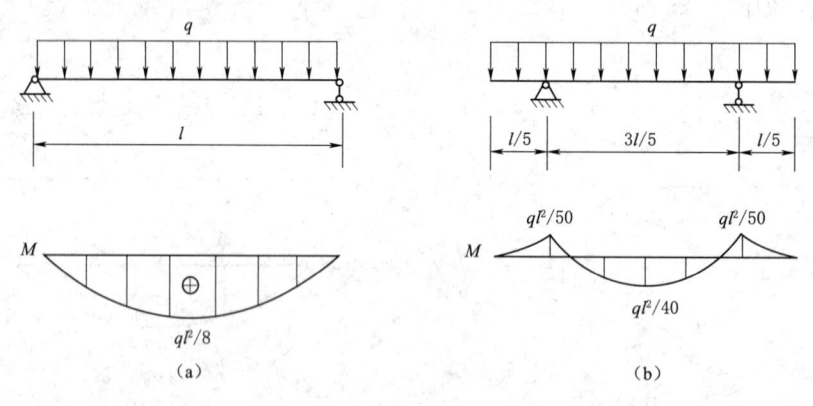

图 4.26

4.4.4 工程实例分析

项目实例 1：如图 4.27 所示矩形截面梁 AB 受均布荷载 $q=10\text{kN/m}$ 作用，许用正应力 $[\sigma]=30\text{MPa}$，许用剪应力 $[\tau]=3\text{MPa}$，试校核该梁的强度。

解：(1) 求支座反力。根据对称性
$$F_{Ay}=F_B=40\text{kN}$$

(2) 绘制剪力图和弯矩图。从剪力图和弯矩图上得到：$Q_{max}=40\text{kN}$，$M_{max}=80\text{kN}\cdot\text{m}$。

(3) 校核梁的正应力和剪应力强度。
$$\sigma_{max}=\frac{M_{max}}{W_z}=\frac{80\times10^6}{\frac{1}{6}\times200\times400^2}=15(\text{MPa})<[\sigma]=30\text{MPa}$$

$$\tau_{max}=\frac{3Q_{max}}{2A}=\frac{3\times40\times10^3}{2\times200\times400}=0.75(\text{MPa})<[\tau]=3\text{MPa}$$

可见，梁的弯曲强度符合要求。

项目实例 2：悬臂工字钢梁 AB 如图 4.28 (a) 所示，长 $l=1.2\text{m}$，在自由端有一集中荷载 F，工字钢的型号为 18，已知钢的许用应力 $[\sigma]=170\text{MPa}$，略去梁的自重，试计算集中荷载 F 的最大许可值。

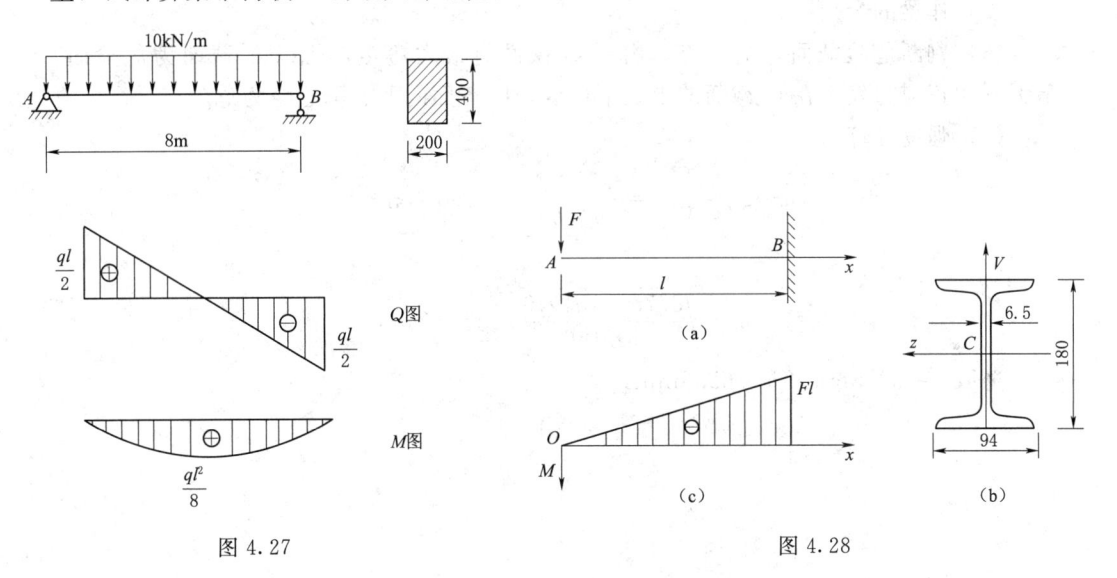

图 4.27

图 4.28

解：(1) 梁的弯矩图如图 4.28 (c) 所示，最大弯矩在靠近固定端处，其绝对值为
$$M_{max}=Fl=1.2F\text{N}\cdot\text{m}$$

(2) 确定许可荷载。由附表 4.3 中查得，18 工字钢的抗弯截面模量为
$$W_z=185\times10^3\text{mm}^3$$

由公式得
$$1.2F\leqslant185\times10^{-6}\times170\times10^6$$

因此，可知 F 的最大许可值为
$$[F]=\frac{185\times170}{1.2}=26.2\times10^3(\text{N})=26.2(\text{kN})$$

项目实例 3：如图 4.29 所示矩形截面钢梁，承受外荷载的作用。试确定横截面尺

寸，已知材料的许用应力 $[\sigma]=160\mathrm{MPa}$。

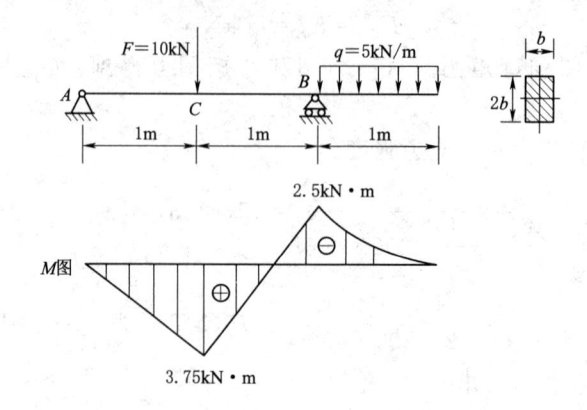

图 4.29

解：(1) 求约束反力。$F_{Ay}=3.75\mathrm{kN}$，$F_B=11.25\mathrm{kN}$。

(2) 作梁的弯矩图。

(3) 判断危险截面、危险点。由于 C 截面有最大弯矩，所以 C 截面为危险面。最大弯曲正应力发生在 C 截面的上、下边缘，C 截面的上、下边缘为危险点。

(4) 强度计算。

$$\sigma_{\max}=\frac{M_C}{W_z}=\frac{3.75\times10^6}{\frac{b(2b)^2}{6}}\leqslant 160\mathrm{N/mm^2}$$

$$b\geqslant\sqrt[3]{\frac{3.75\times10^6\times6}{4\times160}}=32.8(\mathrm{mm})$$

选取 $b=32.8\mathrm{mm}$，$h=65.6\mathrm{mm}$。

项目 5 组 合 变 形

【知识目标】
1. 了解叠加法的原理。
2. 掌握斜弯曲的内力、应力和强度分析。
3. 掌握压弯组合的内力、应力和强度分析。
4. 掌握偏心压缩的内力、应力和强度分析。

【技能目标】
1. 能对斜弯曲构件进行力学和强度分析。
2. 能对压弯组合构件进行力学和强度分析。
3. 能对偏心压缩构件进行力学和强度分析。

任务 5.1 斜 弯 曲

【任务目标】
1. 掌握斜弯曲的内力分析。
2. 会进行斜弯曲的应力计算和强度分析。

在工程实际中，由于结构所受荷载是复杂的，大多数构件往往会发生两种或两种以上的基本变形，称这类变形为组合变形。

在前面章节已经讨论了平面弯曲问题，对于横截面具有竖向对称轴的梁，当所有外力或外力偶作用在梁的纵向对称面（即主形心惯性平面）内时，梁变形后的轴线是一条位于外力所在平面内的平面曲线，因而称为平面弯曲。如图 5.1（a）所示屋架上的檩条梁，其矩形截面具有两个对称轴（即主形心轴）。从屋面板传送到檩条梁上的荷载垂直向下，荷载作用线虽通过横截面的形心，但不与两主形心轴重合。如果将荷载沿两主形心轴分解［图 5.1（b）］，此时梁在两个分荷载作用下，分别在横向对称平面（Oxz 平面）和竖向对称平面（Oxy 平面）内发生平面弯曲，这类梁的弯曲变形称为斜弯曲，它是两个互相垂直方向的平面弯曲的组合。

在小变形和材料服从胡克定律的前提下，处理组合变形问题的方法是：首先将构件的组合变形分解为基本变形；然后计算构件在每一种基本变形情况下的应力；最后将同一点的应力叠加起来，便可得到构件在组合变形情况下的应力。

解决组合变形计算的基本原理是叠加原理，由于本项目所讨论的组合变形是在材料服从胡克定律且为小变形的条件下，所求力学量定荷载的一次函数的情况下，每一种基本变形都是各自独立、互不影响的。因此计算组合变形时可以将几种变形分别单

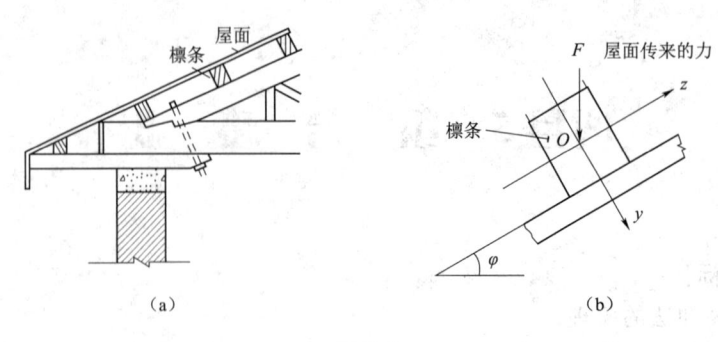

图 5.1

独计算,然后再叠加,即得组合变形杆件的内力、应力和变形。本章着重讨论组合变形杆件的强度计算方法。

5.1.1 外力分析

如果外力不作用在梁的纵向对称面内,如图 5.2(b)所示,或者外力通过弯曲中心,但在不与截面形心主轴平行的平面内,如图 5.2(c)所示,在这种情况下,变形后梁的挠曲线所在平面与外力作用面不重合,这种弯曲变形称为斜弯曲。斜弯曲是梁在两个互相垂直方向平面弯曲的组合。

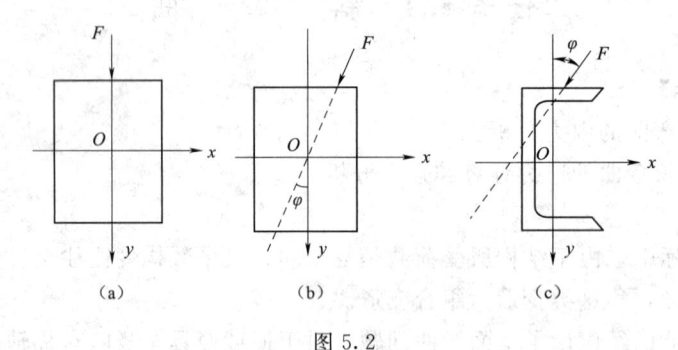

图 5.2

现以矩形截面悬臂梁为例,介绍斜弯曲的应力和强度计算。

如图 5.3(a)所示,设矩形截面的形心主轴分别为 y 轴和 z 轴,作用于梁自由端的外力 F 通过截面形心,且与形心主轴的夹角为 φ。

将外力 F 沿 y 轴和 z 轴分解得:$F_y = F\cos\varphi$,$F_z = F\sin\varphi$,F_y 将使梁在垂直平面 xy 内发生平面弯曲;而 F_z 将使梁在水平对称面 xz 内发生平面弯曲。可见,斜弯曲是梁在两个互相垂直方向平面弯曲的组合,故又称为双向平面弯曲。

5.1.2 内力分析

与平面弯曲一样,在斜弯曲梁的横截面上也有剪力和弯矩两种内力,但由于剪力引起的剪应力数值很小,常常忽略不计。所以,在内力分析时,只考虑弯矩。在距固定端为 x 的任意截面 $m—m$ 上由 F_y 和 F_z 引起的弯矩分别为

$$M_z = F_y(l-x) = F(l-x)\cos\varphi = M\cos\varphi$$
$$M_y = F_z(l-x) = F(l-x)\sin\varphi = M\sin\varphi$$

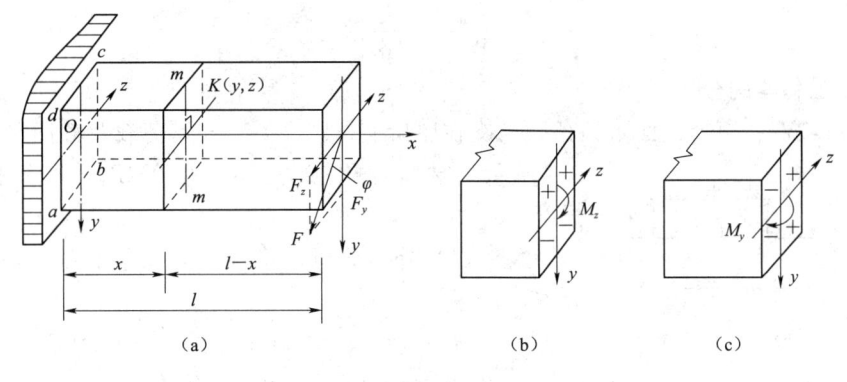

图 5.3

式中 $M=F(l-x)$ ——力 F 在 m—m 截面上产生的总弯矩。

5.1.3 应力分析

在 m—m 截面上任意点 $K(y,z)$ 处，与弯矩 M_z 和 M_y 对应的正应力分别为 σ' 和 σ''，即

$$\sigma'=\frac{M_z y}{I_z}=\frac{M\cos\varphi}{I_z}y$$

$$\sigma''=\frac{M_y z}{I_y}=\frac{M\sin\varphi}{I_y}z$$

式中 I_z 和 I_y——截面对 z 轴和 y 轴的惯性矩。

根据叠加原理，K 点处总的弯曲正应力，应为上述两个正应力的代数和，即

$$\sigma=\sigma'+\sigma''=\frac{M_z y}{I_z}+\frac{M_y z}{I_y}=M\left(\frac{\cos\varphi}{I_z}y+\frac{\sin\varphi}{I_y}z\right) \tag{5.1}$$

这就是斜弯曲梁内任意一点正应力的计算公式。

应用式（5.1）计算应力时，M 和 y、z 均取绝对值，应力的正负号，可以直接观察梁的变形，由弯矩 M_z 和弯矩 M_y 分别引起所求点的正应力是拉应力还是压应力来决定，以拉应力为正号，压应力为负号。如图 5.3（b）、(c) 所示，由 M_z 和 M_y 引起的 K 点处的正应力均为拉应力，故 σ' 和 σ'' 均为正值。

5.1.4 强度计算

进行强度计算时，必须首先确定危险截面和危险点的位置。对于图 5.3 所示的悬臂梁，当 $x=0$ 时，M_z 和 M_y 同时达到最大值。因此，固定端截面就是危险截面，根据对变形的判断，可知棱角 c 点和 a 点是危险点，其中 c 点处有最大拉应力，a 点处有最大压应力，且 $|\sigma_c|=|\sigma_a|=\sigma_{\max}$，设危险点的坐标分别为 $z_{\max}$ 和 $y_{\max}$，由式（5.1）可得最大压应力为

$$\sigma_{\max}=\frac{M_{z\max} y_{\max}}{I_z}+\frac{M_{y\max} z_{\max}}{I_y}=\frac{M_{z\max}}{W_z}+\frac{M_{y\max}}{W_y}$$

其中 $W_z=\dfrac{I_z}{y_{\max}}$；$W_y=\dfrac{I_y}{z_{\max}}$

若材料的抗拉和抗压强度相等，危险点处于单向应力状态，则其强度条件为

77

$$\sigma_{\max}=\frac{M_{z\max}}{W_z}+\frac{M_{y\max}}{W_y}\leqslant[\sigma] \tag{5.2}$$

5.1.5 工程实例分析

项目实例：矩形截面木檩条，简支在屋架上，跨度 $l=4\text{m}$，荷载及截面尺寸如图 5.4 所示，材料许用应力 $[\sigma]=10\text{MPa}$，试校核檩条强度。

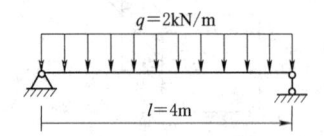

解：（1）外力分析。将均布荷载 q 沿对称轴 y 和 z 分解，得

$$q_y=q\cos\varphi=2\cos25°=1.81(\text{kN/m})$$
$$q_z=q\sin\varphi=2\sin25°=0.85(\text{kN/m})$$

（2）内力计算。跨中截面为危险截面。

$$M_z=q_yl^2/8=1.81\times4^2/8=3.62(\text{kN}\cdot\text{m})$$
$$M_y=q_zl^2/8=0.85\times4^2/8=1.70(\text{kN}\cdot\text{m})$$

（3）强度计算。跨中截面离中性轴最远的 A 点有最大压应力，C 点有最大拉应力，它们的值大小相等，是危险点。

$$W_z=\frac{bh^2}{6}=\frac{120\times180^2}{6}=6.48\times10^5(\text{mm}^3)$$

$$W_y=\frac{hb^2}{6}=\frac{180\times120^2}{6}=4.32\times10^5(\text{mm}^3)$$

$$\sigma_{\max}=\frac{M_{z\max}}{W_z}+\frac{M_{y\max}}{W_y}=\frac{3.62\times10^6}{6.48\times10^5}+\frac{1.70\times10^6}{4.32\times10^5}=9.52(\text{MPa})<[\sigma]$$

檩条满足强度要求。

图 5.4

任务 5.2　拉伸（压缩）与弯曲组合

【任务目标】
1. 掌握压弯组合的内力分析。
2. 会进行压弯组合的应力计算和强度分析。

如图 5.5 所示的挡土墙，除由本身的自重而引起压缩变形外，还由于土壤水平压力的作用而产生弯曲变形；又如图 5.6 所示的烟囱，在自重和风荷载的共同作用下产生的是轴向压缩和弯曲的组合变形。

5.2.1 外力和内力分析

当杆件同时受轴向力和横向力的作用时，如图 5.7 所示，挡土墙在自重作用下将产生轴向压缩变形，在土压力作用下将产生弯曲变形，最终效果为轴向压缩与弯曲的组合变形。

以图 5.7 所示挡土墙为例，介绍压缩与弯曲组合变形的强度计算。

图 5.5

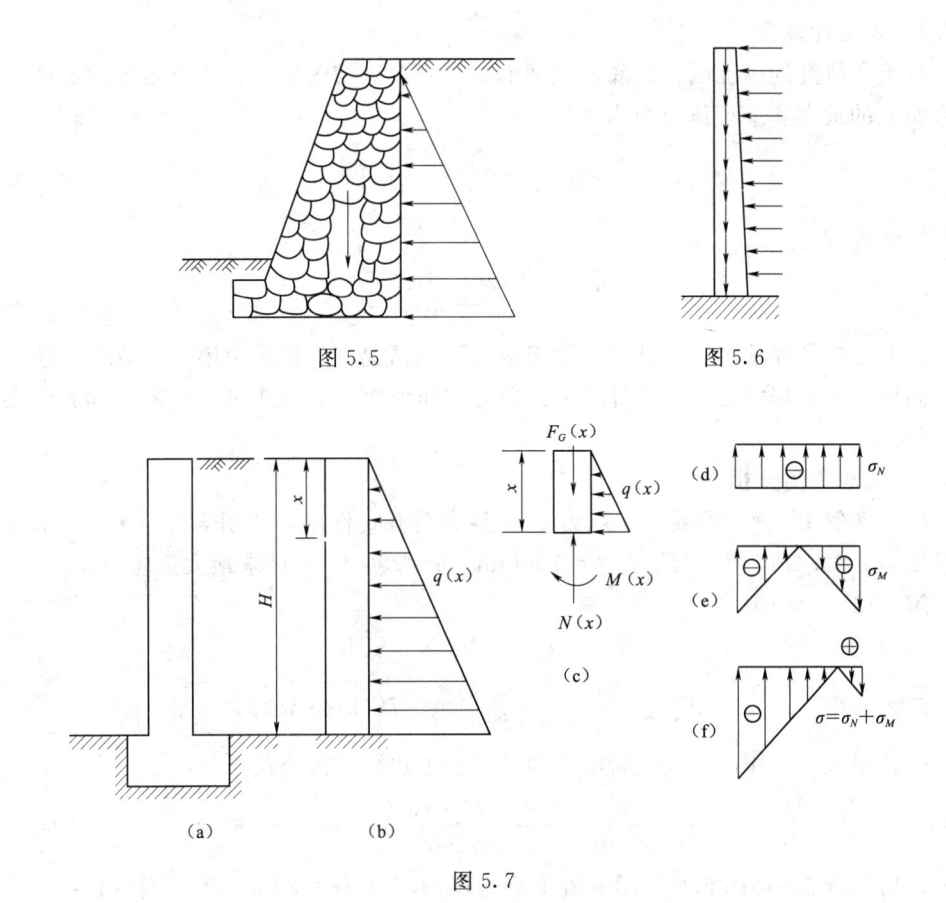

图 5.6

(a) (b) (c) (d) (e) (f)

图 5.7

图 5.7（b）为挡土墙的计算简图，其上所受荷载有水平方向的土压力 $q(x)$ 和垂直方向的自重。土压力使墙产生弯矩而引起弯曲变形，自重使墙产生轴向力而引起压缩变形。

5.2.2 应力分析

在距挡土墙顶端为 x 的任意截面上，由于自重作用产生均匀分布的压应力为

$$\sigma_N = -\frac{N(x)}{A}$$

由于土压力作用，在该截面上任一点产生的弯曲正应力为

$$\sigma_M = \pm\frac{M(x)y}{I_z}$$

因此，该截面上任一点的总应力为

$$\sigma = \sigma_N + \sigma_M = -\frac{N(x)}{A} \pm \frac{M(x)y}{I_z} \tag{5.3}$$

式中第二项正负号由计算点处的弯曲正应力的正负号来决定，即弯曲在该点产生拉应力时取正，反之取负。应力 σ_N、σ_M 和 σ 的分布情形分别如图 5.8（d）、(e)、(f) 所示（图中为 $|\sigma_M|>|\sigma_N|$ 的情况）。

79

5.2.3 强度计算

对于所研究的挡土墙，其底部截面的轴力和弯矩均为最大，所以是危险截面。危险截面上的最大和最小正应力为

$$\sigma_{\min}^{\max} = -\frac{N_{\max}}{A} \pm \frac{M_{\max}}{W_z} \tag{5.4}$$

则强度条件为

$$\sigma_{\min}^{\max} = -\frac{N_{\max}}{A} \pm \frac{M_{\max}}{W_z} \leqslant [\sigma] \tag{5.5}$$

以上各式同样适用于拉伸与弯曲组合变形的情况，不过式中第一项应取正号。

同理，重力坝坝底的应力计算公式也是由压弯组合的公式推导而来，读者可以自行推导。

5.2.4 工程实例分析

项目实例 1：简支梁受轴向压力 P 和均布荷载 q 作用，如图 5.8 所示。已知 $q=8kN/m$，$l=2.4m$，$P=16kN$，$b=100mm$，$h=200mm$，试求最大正应力。

解：(1) 求内力。

轴力　　　　　　　　$N = -P = -16kN$（压力）

最大弯矩　　　　　　$M_{\max} = \dfrac{ql^2}{8} = \dfrac{8 \times 2.4^2}{8} = 5.76(kN \cdot m)$

(2) 最大拉、压应力发生跨中截面的下、上边缘，按公式得

$$\sigma_{\min}^{\max} = \frac{N}{A} \pm \frac{M_{\max}}{W_z} = -\frac{16 \times 10^3}{100 \times 200} \pm \frac{6 \times 5.76 \times 10^6}{100 \times 200^2} = -0.8 \pm 8.64 = \begin{matrix} 7.84 \\ -9.44 \end{matrix}(MPa)$$

项目实例 2：如图 5.9 所示混凝土重力坝，坝高 $H=30m$，底宽 $B=19m$，受水压力和自重作用。已知坝前水深 $H=30m$，坝体材料容重 $\gamma=24kN/m^3$，$[\sigma]^- = 10MPa$，坝体底面不允许出现拉应力，试校核该截面正应力强度。

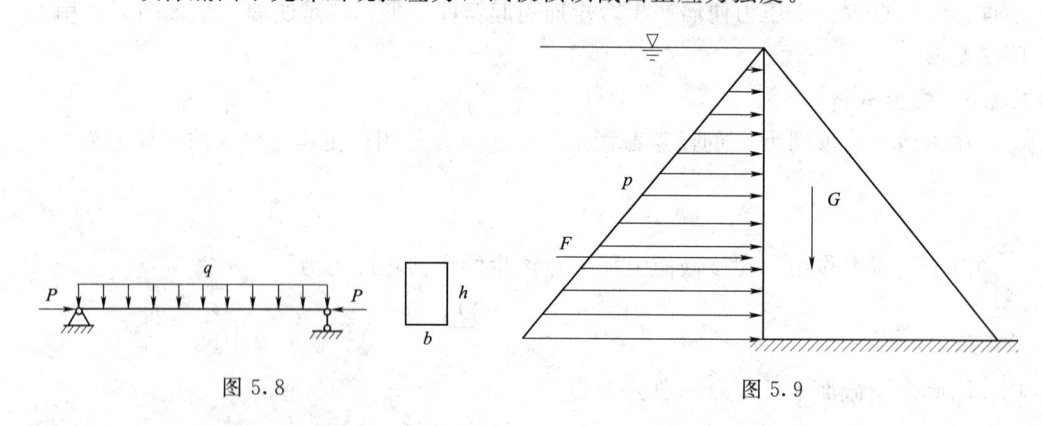

图 5.8

图 5.9

解：(1) 外力分析。

$$G = \frac{1}{2} \times 24 \times 30 \times 19 = 6840(kN)$$

$$F = \frac{1}{2} \times 10 \times 30 \times 30 = 4500(kN)$$

(2) 内力分析。

$$N = -G = -6840\text{kN}$$

$$M = -\frac{1}{3}FH + \frac{1}{6}GB = -\frac{1}{3} \times 4500 \times 30 + \frac{1}{6} \times 6840 \times 19$$
$$= -23340(\text{kN} \cdot \text{m})(顺时针方向)$$

(3) 应力分析。

$$\sigma = \frac{N}{A} \pm \frac{M}{W_z} = \frac{-6840 \times 10^3}{19 \times 1} \pm \frac{23340 \times 10^3}{\frac{1}{5} \times 19^2 \times 1} = (-0.36 \pm 0.39) \times 10^6 (\text{Pa})$$

$$\sigma_{\max}^+ = +0.03\text{MPa} \quad \sigma_{\max}^- = -0.76\text{MPa}$$

此坝出现了拉应力，不满足强度要求。

任务5.3 偏 心 压 缩

【任务目标】
1. 掌握偏心压缩的内力分析。
2. 会进行偏心压缩的应力计算和强度分析。

当作用在杆件上的外力与杆轴平行但不重合时，杆件所发生的变形称为偏心压缩（拉伸）。这种外力称为偏心力，偏心力的作用点到截面形心的距离称为偏心距，常用 e 表示。偏心拉伸（压缩）可以分解为轴向拉伸（压缩）和弯曲两种基本变形的组合叠加。

偏心压缩（拉伸）是工程实际中常见的组合变形形式。例如混凝土重力坝刚建成还未挡水时，坝的水平截面仅受不通过形心的重力作用，此时属偏心压缩；如图 5.10 (a) 所示，工业厂房中的柱子，由于承受的压力并不通过柱的轴线，加上桥式吊车的小车水平刹车力、风荷等，也产生了压缩与弯曲的联合作用，当考虑屋架传来的荷载和吊车传来的荷载时，其简化图形如图 5.10 (b) 所示。这类组合变形称为偏心压缩。

根据偏心力作用点位置不同，常将偏心压缩分为单向偏心压缩和双向偏心压缩两种情况，下面分别讨论其强度计算。

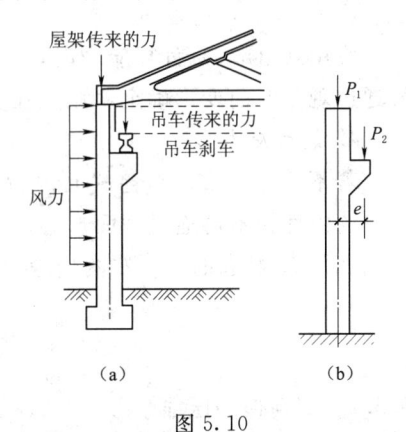

图 5.10

5.3.1 单向偏心压缩

当偏心压力 F 作用在截面上的某一对称轴（例如 y 轴）上的 K 点时，杆件产生的偏心压缩称为单向偏心压缩[图 5.11 (a)]，这种情况在工程实际中最常见。

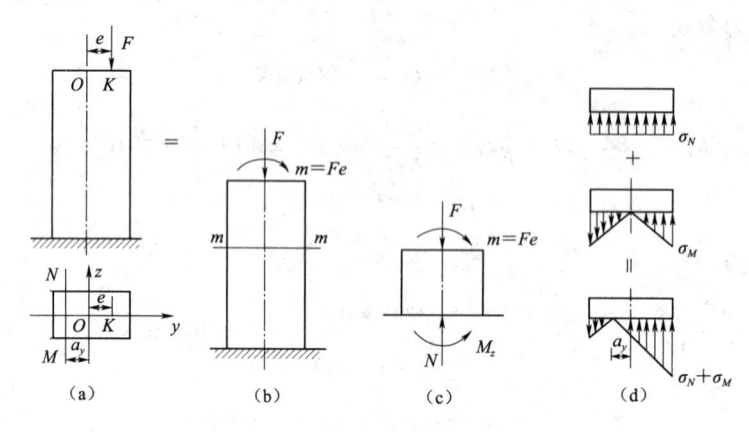

图 5.11

1. 外力分析

将偏心力 F 向截面形心简化,得到一个轴向压力 F 和一个力偶矩 $m=Fe$ 的力偶[图 5.11(b)]。

2. 内力分析

用截面法可求得任意横截面 $m-m$ 上的内力为

$$N=-F,\quad M_z=m=Fe$$

由外力简化和内力计算结果可知,偏心压缩为轴向压缩与纯弯曲的变形组合。

3. 应力分析

根据叠加原理,将轴力 N 对应的正应力 σ_N 与弯矩 M 所对应的正应力 σ_M 叠加起来,即得单向偏心压缩时任意横截面上任一点处正应力的计算式

$$\sigma=\sigma_N+\sigma_M=\frac{N}{A}\pm\frac{M_z y}{I_z}=-\frac{F}{A}\pm\frac{Fe}{I_z}y \tag{5.6}$$

应用式(5.6)计算应力时,式中各量均以绝对值代入,公式中第二项前的正负号通过观察弯曲变形确定,该点在受拉区为正,在受压区为负。

4. 最大应力

若不计柱自重,则各截面内力相同。由应力分布图[图 5.11(d)]可知偏心压缩时的中性轴不再通过截面形心,最大正应力和最小正应力分别发生在横截面上距中性轴 $N-N$ 最远的左、右两边缘上,其计算公式为

$$\sigma_{\min}^{\max}=-\frac{F}{A}\pm\frac{Fe}{W_z} \tag{5.7}$$

5.3.2 双向偏心压缩

当外力 F 不作用在对称轴上,而是作用在横截面上任意位置 K 点处时[图 5.12(a)],产生的偏心压缩称为双向偏心压缩。这是偏心压缩的一般情况,其计算方法和步骤与单向偏心压缩相同。

若用 e_y 和 e_z 分别表示偏心压力 F 作用点到 z、y 轴的距离,将外力向截面形心

图 5.12

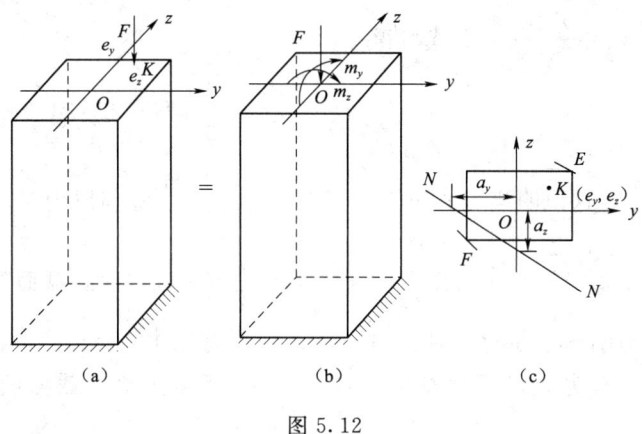

O 简化的一轴向压力 F 对 y 轴的力偶矩 $m_y=Fe_z$，对 z 轴的力偶矩 $m_z=Fe_y$[图 5.12（b）]。

由截面法可求得杆件任一截面上的内力有轴力 $N=-F$、弯矩 $M_y=m_y=Fe_z$ 和 $M_z=m_z=Fe_y$。由此可见，双向偏心压缩实质上是压缩与两个方向纯弯曲的组合，或压缩与斜弯曲的组合变形。

根据叠加原理，可得杆件横截面上任意一点 $C(y、z)$ 处正应力的计算式为

$$\sigma=\sigma_N+\sigma_{M_y}+\sigma_{M_z}=\frac{N}{A}\pm\frac{M_y}{I_y}z\pm\frac{M_z}{I_z}y=-\frac{F}{A}\pm\frac{Fe_z}{I_y}z\pm\frac{Fe_y}{I_z}y \tag{5.8}$$

最大和最小正应力发生在截面距中性轴 $N-N$ 最远的角点 E、F 处[图 5.12（c）]。

$$\begin{matrix}\sigma_{\max}^F\\ \sigma_{\min}^E\end{matrix}=-\frac{F}{A}\pm\frac{M_y}{W_y}\pm\frac{M_z}{W_z} \tag{5.9}$$

上述各公式同样适用于偏心拉伸，但须将公式中第一项前改为正号。

5.3.3 截面核心

土木建筑工程中常用的砖、石、混凝土等脆性材料，它们的抗拉强度远远小于抗压强度，所以在设计由这类材料制成的偏心受压构件时，要求横截面上不出现拉应力。由式（5.8）、式（5.9）可知，当偏心压力 F 和截面形状、尺寸确定后，应力的分布只与偏心距有关。偏心距越小，横截面上拉应力的数值也就越小。因此，总可以找到包含截面形心在内的一个特定区域，当偏心压力作用在该区域内时，截面上就不会出现拉应力，这个区域称为截面核心。如图 5.13 所示的矩形截面杆，在单向偏心压缩时，要使横截面上不出现拉应力，就应使

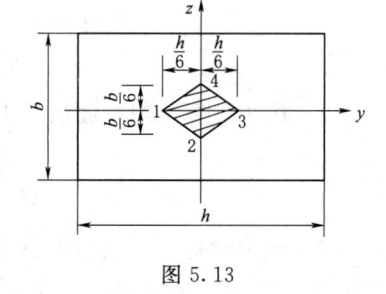

图 5.13

$$\sigma_{\max}^+=-\frac{F}{A}+\frac{Fe}{W_z}\leqslant 0$$

将 $A=bh$、$W_z=\dfrac{bh^2}{6}$ 代入上式可得

$$1-\dfrac{6e}{h}\geqslant 0$$

从而得 $e\leqslant\dfrac{h}{6}$，这说明当偏心压力作用在 y 轴上 $\pm\dfrac{h}{6}$ 范围以内时，截面上就不会出现拉应力。同理，当偏心压力作用在 z 轴上 $\pm\dfrac{b}{6}$ 范围以内时，截面上就不会出现拉应力。当偏心压力不作用在对称轴上时，可以证明将图中 1、2、3、4 点顺次用直线连接所得的菱形，即为矩形截面核心，如图 5.13 所示。常见截面的截面核心如图 5.14 所示。

5.3.4 工程实例分析

项目实例 1：如图 5.15 所示一厂房的牛腿柱，设由屋架传来的压力 $F_1=100\text{kN}$，由吊车梁传来的压力 $F_2=30\text{kN}$，F_2 与柱子的轴线有一偏心距 $e=0.2\text{m}$。如果柱横截面宽度 $b=0.18\text{m}$，试求当 h 为多少时，截面才不会出现拉应力，并求柱这时的最大压应力。

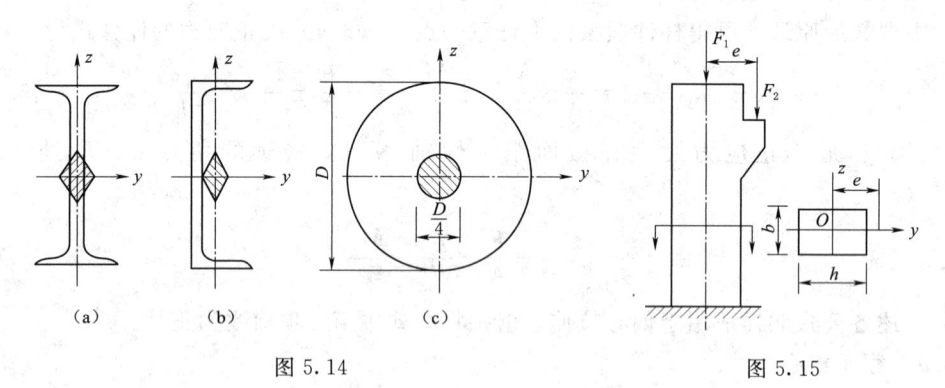

图 5.14

图 5.15

解：(1) 外力计算。

$$F=F_1+F_2=100+30=130(\text{kN})$$
$$m_z=F_2 e=30\times 0.2=6(\text{kN}\cdot\text{m})$$

(2) 内力计算。用截面法可求得横截面上的内力为

$$N=-F=-130\text{kN}$$
$$M_z=m_z=F_2 e=6\text{kN}\cdot\text{m}$$

(3) 应力计算。使截面上不出现拉应力，必须令 $\sigma_{\max}^{+}=0$，即

$$\sigma_{\max}^{+}=-\dfrac{F}{A}+\dfrac{M_z}{W_z}=-\dfrac{130\times 10^3}{0.18h}+\dfrac{6\times 10^3}{\dfrac{0.18h^2}{6}}=0$$

解得 $h=0.28\text{m}$。

此时柱的最大压应力发生在截面的右边缘上各点处，其值为

$$\sigma_{max}^{-}=-\frac{F}{A}-\frac{M_z}{W_z}=-\frac{130\times10^3}{0.18\times0.28}-\frac{6\times10^3}{\frac{1}{6}\times0.18\times0.28^2}=-5.13\times10^{-6}(\text{Pa})=-5.13(\text{MPa})$$

项目实例 2：如图 5.16 所示矩形截面混凝土短柱，受单向偏心压力 P 的作用，已知 $P=150$ kN，$e=60$ mm。试求：

（1）当 $b=120$ mm，$h=200$ mm 时，任一截面 m—m 处的最大正应力。

（2）当 $b=120$ mm 时，h 为何值时，截面才不会出现拉应力，并求柱这时的最大压应力。

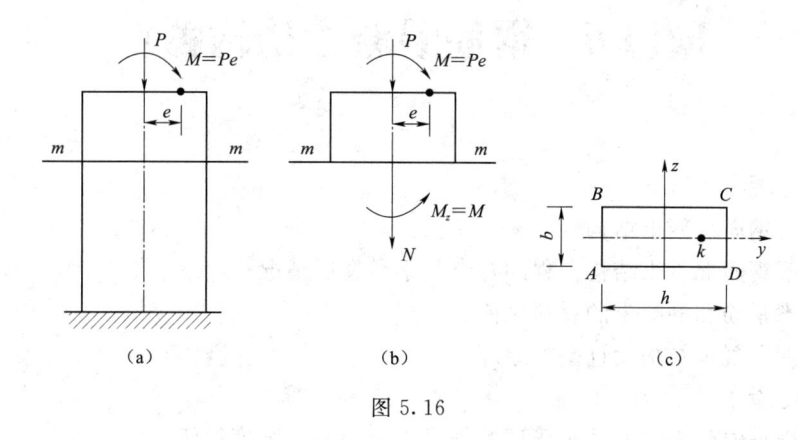

图 5.16

解：（1）选取如图 5.16（b）所示为研究对象，根据静力平衡可得 m—m 的内力为

$$N=-P=-150\text{kN},\ M_z=M=Pe=150\times0.06=9(\text{kN}\cdot\text{m})$$

由公式可得

$$\sigma_{min}^{max}=\frac{N}{A}\pm\frac{M_z}{W_z}=-\frac{150\times10^3}{120\times200}\pm\frac{6\times9\times10^6}{120\times200^2}=(-6.25\pm11.25)\text{MPa}$$

在截面的左边缘（AB 上）发生最大拉应力，其值为

$$\sigma_{t\max}=5\text{MPa}$$

在截面的右边缘（CD 上）发生最大压应力，其值为

$$\sigma_{c\max}=-17.5\text{MPa}$$

（2）截面不出现拉应力，即满足公式有

$$\sigma_{t\max}=\frac{N}{A}+\frac{M_z}{W_z}=-\frac{150\times10^3}{120h}+\frac{6\times9\times10^6}{120h^2}=0$$

解得，$h=360$ mm。

也可以利用截面核心的概念求解。截面不出现拉应力，偏心距 e 应满足 $e\leqslant h/6$，则 $h\geqslant 6e=6\times60=360(\text{mm})$。

此时柱的最大压应力为

$$\sigma_{c\max}=\frac{N}{A}-\frac{M_z}{W_z}=-\frac{150\times10^3}{120\times360}-\frac{6\times9\times10^6}{120\times360^2}=-6.94(\text{MPa})$$

下篇 钢筋混凝土结构篇

项目 6 钢筋混凝土结构概论

【知识目标】
1. 了解钢筋混凝土结构的概念、特点。
2. 了解钢筋混凝土结构课程的特点与学科发展情况。
3. 熟悉钢筋和混凝土的材料性能。
4. 掌握混凝土结构设计基本原理。

【技能目标】
1. 能根据混凝土立方体抗压试验结果判定混凝土强度等级。
2. 能根据钢筋拉伸试验结果判定钢筋级别。
3. 能根据工程实际情况计算受弯构件内力设计值。

任务 6.1 基 础 知 识

【任务目标】
1. 了解钢筋混凝土结构的概念、特点。
2. 了解钢筋混凝土结构课程的特点与学科发展情况。

6.1.1 钢筋混凝土结构的概念及分类

以混凝土为主制成的结构称为混凝土结构,混凝土结构广泛应用于工程建设中。混凝土结构包括素混凝土结构、钢筋混凝土结构、型钢混凝土结构、钢管混凝土结构和预应力混凝土结构等,本书重点介绍钢筋混凝土结构。

钢筋混凝土结构是指由配置受力的普通钢筋、钢筋网或钢筋骨架的混凝土制成的结构。混凝土的抗压能力强,抗拉能力低;而钢筋的抗压和抗拉能力都强。将这两种材料合理地组合在一起,混凝土主要承受压力,钢筋主要承受拉力,两种材料各自发挥自身的优势,共同工作,成为具有很好工作性能的结构。

如图 6.1 所示为两根截面尺寸、跨度、混凝土强度和受力都相同的简支梁。图 6.1(a)是没有配置受力钢筋的素混凝土简支梁,对其进行破坏试验可知,配有钢筋

图 6.1

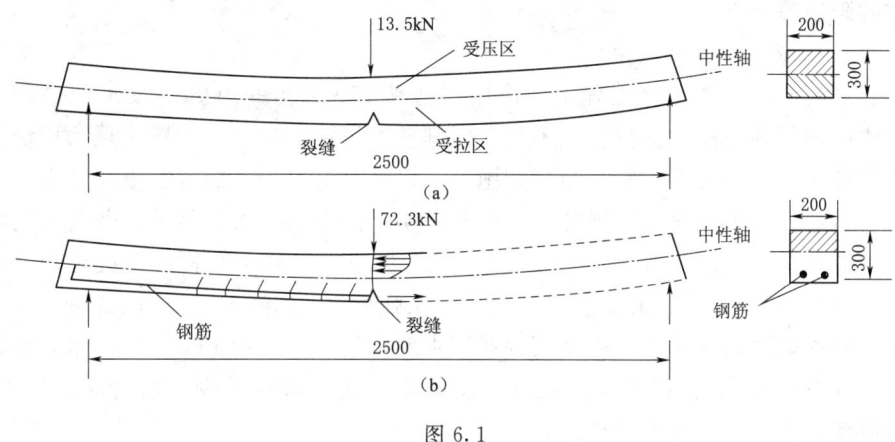

的梁的承载力有较大的提高。

6.1.2 钢筋混凝土结构的特点

1. 钢筋混凝土结构的优点

钢筋混凝土结构除了具有较高的承载力和较好的受力性能外，还具有以下优点：

（1）耐久性。混凝土具有较高的密实度和强度，同时混凝土包裹在钢筋的外围，对钢筋起保护作用，钢筋不易锈蚀，耐久性好。

（2）耐火性。由传热性较差的混凝土作为钢筋的保护层，钢筋因有混凝土包裹而不致很快升温到失去承载力，因而比钢结构和木结构的耐火性好。

（3）整体性。现浇的钢筋混凝土结构的整体性好，有利于抗震。

（4）可模性。钢筋混凝土结构可根据工程需要，浇筑成各种形状、各种尺寸的结构。

（5）就地取材。钢筋混凝土所用材料中比例较大的砂、石一般易于就地取材，可以显著降低造价。

（6）节约钢材。钢筋混凝土结构中合理利用钢筋和混凝土各自的良好性能，在一定条件下可以替代钢结构，节约钢材，降低造价。

2. 钢筋混凝土结构的缺点

钢筋混凝土结构也存在以下主要缺点：

（1）自重大。普通钢筋混凝土结构的自重比钢结构自重大，不利于建造大跨度建筑以及超高层建筑。

（2）抗裂性差。由于混凝土的抗拉强度较低，普通钢筋混凝土结构经常带裂缝工作。尽管裂缝的存在不一定使结构破坏，但是当裂缝数量较多、裂缝较宽时，给人造成不安全感，影响美观，结构的耐久性受到影响。

（3）施工较复杂、工序多、施工周期长。建造整体式钢筋混凝土结构比较费工，同时又需要大量的模板和支撑，且混凝土需在模板内进行一段时间的养护，致使工期延长。另外，施工还受到气候的限制。

此外，钢筋混凝土结构还有隔热、隔声效果差，结构补强维修困难、施工受季节和气候的限制等缺点。

3. 钢筋混凝土结构的发展

钢筋混凝土结构在建筑工程中的应用，已有150多年的历史。19世纪中期首先在英、法两国得到应用，虽然历史不长，但其发展很快，现已成为应用最为广泛的建筑结构，特别是近年来在材料、结构和施工、设计理论三个方面有了很大进步。

（1）材料。材料方面的发展方向主要是轻质、高强、耐久。目前，普通钢筋混凝土结构中混凝土的强度一般为 20～40N/mm^2；预应力混凝土结构中混凝土的强度可达 60～80N/mm^2。目前，在实验室里已研制出强度高达 200N/mm^2 的混凝土。钢筋的强度也在逐渐提高，普通热轧钢筋的屈服强度可达到 500N/mm^2，高强钢丝的强度则高达 1860N/mm^2。材料强度的提高，意味着使用的材料更少、结构的自重更轻，结构可以建得更高、跨度做得更大。

轻质混凝土、加气混凝土、陶粒混凝土及利用工业废料的"绿色混凝土"等不但改善了混凝土的性能，而且对节能和环境保护具有重要的意义。

（2）结构和施工。混凝土结构由过去简单结构发展到高层、超高层、大跨度等复杂结构。例如，上海浦东环球金融中心大厦，95层，460m高，内筒为钢筋混凝土结构。此外，为了快速施工，出现了装配式混凝土结构、泵送商品混凝土等工业化施工技术。

（3）设计理论。设计理论从最初的估算，发展到20世纪初的容许应力法、40年代的破损阶段计算法、50年代以来采用的极限状态设计法。目前，基于概率论与数理统计的可靠度理论使得钢筋混凝土结构的极限状态设计法更趋完善。随着试验和测试技术与计算机手段的提高，钢筋混凝土的设计理论会日趋完善，并向更高阶段发展。

6.1.3 钢筋混凝土结构部分内容的特点、内容和任务

钢筋混凝土结构主要讲述基本受力构件的受力性能、截面设计和构造要求等方面的基本知识。不仅要解决强度和变形的计算问题，而且要进一步解决构件的设计问题，包括结构方案、构件选型、材料选择和构造要求等，这是需要综合考虑的问题。对同一个问题，往往有多种可能的解决方法，学习时需要对多种因素进行综合分析。

6.1.4 学习钢筋混凝土结构部分内容要注意的问题

学习本门课程时需注意以下几个问题：

（1）该部分内容公式多，构造规定也多。学习时要正确理解建立公式时的基本假定、公式的适用范围和限制条件；构造处理和有关规定是长期科学实验和工程实践经验的总结，在设计结构和构件时，构造与计算同等重要，学习时要充分重视对构造规定和要求的理解。

（2）构件和结构设计是一个综合而又复杂的过程，包括结构方案、构件选型、材料选择、截面设计、配筋构造和施工等，在满足安全、适用、经济的前提下，可能有多个设计方案，需综合考虑，选择最优方案。在学习本课程时，要培养对多种因素进行综合分析和综合应用的能力。

（3）该部分内容的计算方法是建立在科学实验基础上的，由于本学科目前还没有

建立起比较完善而又实用的强度理论,对实验的依赖性更强。因此在学习中要重视构件的实验研究结果,加强实验,了解实验中的规律性现象,正确理解建立公式时所采用的基本假定的实验依据。

(4) 该部分内容实践性很强。因此在学习时要注重实践教学环节的学习,通过认识实习,积累感性知识;通过实习实训,增强工程实践经验。

(5) 该部分内容需要学习相关规范。结构设计要严格遵守国家颁布的规范、标准、规程以及法规。设计规范是国家颁布的关于结构设计计算和构造要求的技术规定和标准,是具有约束性和立法性的文件,是保证设计质量、设计方法和审批工程的统一依据,是工程设计人员必须遵守的规定。因此在学习本门课程中,要能熟悉、理解和应用相关的规范。

任务 6.2　钢筋混凝土结构的材料

【任务目标】
1. 熟悉钢筋的力学性能。
2. 熟悉混凝土的力学性能。
3. 掌握钢筋和混凝土之间共同工作原理。

钢筋混凝土结构是由钢筋和混凝土两种材料组成的。在"建筑材料"课程中对这两种材料的成分、性质、质量检验方法已系统介绍,本节侧重介绍两种材料的力学性能指标及其共同工作的原理。

6.2.1　钢筋

6.2.1.1　钢筋品种的分类

1. 钢筋按生产加工工艺不同可分为四大类

(1) 热轧钢筋。钢材在高温状态下轧制而成,按其强度由低到高分为四级:HPB300(Ⅰ级钢)、HRB335(Ⅱ级钢)、HRB400(Ⅲ级钢)、HRRB500(Ⅳ级钢)。

(2) 冷拉钢筋。由热轧钢筋在常温下用机械拉伸而成。冷拉钢筋分为:冷拉Ⅰ级、冷拉Ⅱ级、冷拉Ⅲ级、冷拉Ⅳ级。

(3) 冷轧带肋钢筋。由热轧钢筋圆盘条经多道冷轧和冷拔减小直径,并在钢筋表面冷轧成斜肋。

(4) 热处理钢筋。由强度较高的热轧钢筋经过淬火和回火处理而成。

2. 钢筋按化学成分不同分为碳素钢和普通低合金钢两大类

碳素钢分为三种:低碳钢(碳含量低于0.25%)、中碳钢(碳含量为0.25%～0.6%)、高碳钢(碳含量为0.6%～1.4%)。碳含量增加,能使钢材强度提高,性质变硬,但塑性和韧性降低,焊接性能也会变差。生产制作钢筋的碳素钢主要是低碳钢和中碳钢。

炼钢过程中,在碳素钢中加入少量硅、锰、钒、钛等合金元素,就形成普通低合金钢。普通低合金钢强度高、塑性好、可焊性好,因而应用较为广泛。

6.2.1.2 常用钢筋简介

对于混凝土结构中的钢筋,要求具有一定的强度、足够的塑性和良好的可焊性,并能很好地与混凝土黏结在一起。我国生产的钢筋按表面形状分为光面钢筋和变形钢筋,除了HPB300（Ⅰ级钢）为光面钢筋,其他级别钢筋均为变形钢筋。

1. HPB300级钢筋（Ⅰ级钢筋）

由低碳钢热轧而成,表面光圆,如图6.2（a）所示,直径为8～20mm。HPB300级钢筋塑性好,可焊性好,但强度稍低,而且与混凝土的黏结稍差。主要用于中小型钢筋混凝土结构构件的受力钢筋及各种构件的箍筋和构造钢筋。

2. HRB335级钢筋（Ⅱ级钢筋）

由低合金钢20MnSi和20MnNb(b)热轧而成变形钢筋,直径一般为8～40mm。HRB335级钢筋强度比较高,塑性、可焊性都比较好。由于强度比较高,为增加钢筋与混凝土之间的黏结力,钢筋表面轧成月牙肋,如图6.2（d）所示。主要用作构件的受力钢筋,特别适用于承受多次重复荷载、地震作用和冲击荷载的结构构件。

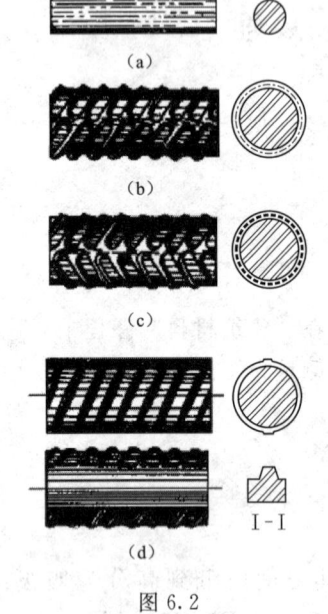

3. HRB400级钢筋（Ⅲ级钢筋）

由低合金钢20MnSiV、20MnTi、K20MnSi热轧而成,钢筋表面轧成月牙肋,直径一般为8～40mm。HRB400级钢筋强度高且与混凝土有良好的黏结性能,主要用于大中型钢筋混凝土结构和高强混凝土结构的受力钢筋。

4. RRB400级钢筋（Ⅲ级钢筋）

由$40Si_2MnV$、$45SiMnV$和$45Si_2MnTi$热轧而成,钢筋表面轧成等高肋（螺纹）,如图6.2（b）、（c）所示,直径一般为10～32mm。RRB400级钢筋为余热处理钢筋,钢筋热轧后快速冷却,利用钢筋内芯余热自行

图 6.2

而成,其强度高,通过余热处理后塑性有所改善,可直接用作预应力钢筋。

5. 冷拉钢筋

在常温下,对热轧钢筋进行张拉,使钢筋强度提高,形成冷拉钢筋。冷拉HPB235级钢筋可用于普通钢筋混凝土构件,冷拉HRB335级钢筋、冷拉HRB400级钢筋常用于预应力混凝土结构。钢筋冷拉后性质变脆,承受冲击荷载的构件、重复荷载的构件以及负温下的结构,一般不宜采用冷拉钢筋。

6. 冷轧带肋钢筋

冷轧带肋钢筋是由热轧圆盘条（母材）经冷轧后形成带肋的钢筋,如图6.3所示,直径一般为4～12mm。与冷轧前相比,冷轧带肋钢筋强度有较大提高,按强度高低,分为LL550（Q215钢）、LL650（Q235钢）、LL800（低合金钢）三个级别。LL是冷字与肋字汉语拼音第一个字母,数字代表钢筋抗拉强度标准值（N/mm^2）。LL550冷轧带肋钢筋可用于普通钢筋混凝土结构,LL650、LL800冷轧带肋钢筋用于

中小型预应力混凝土构件。

7. 热处理钢筋

热处理钢筋是强度最高的等高肋钢筋，直径为6～10mm。热处理钢筋主要牌号有 $40Si_2Mn$、$48Si_2Mn$ 和 $45Si_2Cr$。因其强度已很高，不必再进行张拉，可直接用于预应力混凝土结构。热处理钢筋受腐蚀后在高应力状态下易产生裂隙以致脆断，因此，要注意对这种钢筋的保管和使用。

图 6.3

8. 钢丝、钢绞线

钢丝分碳素钢丝和刻痕钢丝。钢绞线是由多股平行的碳素钢丝按一个方向绞制而成的。钢丝及钢绞线都具有很高的抗拉强度，用于预应力混凝土结构。钢丝直径一般小于6mm，且直径越小，强度越高。

6.2.1.3 钢筋的力学性能

不同的钢筋由于化学成分不同，制作工艺不同，其力学性能也不同，有明显的差异。热轧Ⅰ级、Ⅱ级、Ⅲ级、Ⅳ级钢筋和冷拉钢筋，受力后有明显的屈服点，称为软钢。冷轧带肋钢筋、热处理钢筋及高强钢丝，受力后无明显的屈服点，称为硬钢。软钢与硬钢力学性能有明显差异。

1. 软钢的力学性能

取Ⅰ级钢筋标准试件做拉伸试验，应力应变曲线如图6.4所示。从开始加载到钢筋被拉断划分为四个阶段：弹性阶段、屈服阶段、强化阶段、破坏阶段。

自开始加载到应力达到 a 点，应力应变曲线是直线，oa 段为弹性阶段。a 点对应的应力称为比例极限。bc 段为屈服阶段，应力不增长，应变继续增长，产生很大的塑性变形，应力应变曲线近似水平线段，又称流幅。bc 段应力最低点称屈服极限。cd 段应力应变曲线重新表现为上升曲线，称强化阶段。曲线最高点 d 对应的应力称为极限抗拉强度。de 段应力应变曲线为下降曲线，试件产生颈缩现象，到 e 点钢筋被拉断，de 段称为破坏阶段。

图 6.4

钢筋的拉伸性能检测（微课）

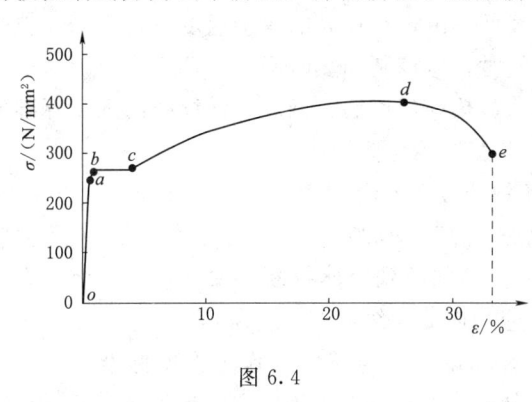

钢筋应力有三个特征值：比例极限、屈服极限、极限抗拉强度。屈服极限是软钢的主要强度指标。在钢筋混凝土中，钢筋应力达到屈服极限后，作用在构件上的荷载不增加，钢筋的应变会继续增大，使混凝土裂缝开展过宽，构件变形过大，结构不能正常使用。因此，软钢以屈服极限作为钢筋强度限值。

钢筋屈服强度与极限抗拉强度的比值称为屈强比，它反映结构可靠性能潜力大小，屈强比越小，结构的可靠储备越大。

不同级别的软钢分别做拉伸试验，其应力应变曲线如图6.5所示。钢筋级别越高，屈服极限、抗拉强度越高，伸长率越小，流幅也相应缩短，塑性越差。

钢筋的受压应力应变规律在达到屈服强度之前与受拉时相同，屈服强度也基本一样。但达到屈服强度之后，由于试件发生明显的塑性压缩，截面面积增大，因而难以给出明确的极限抗压强度。

冷拉是将钢筋拉伸超过它的屈服极限，然后卸掉荷载，经过一段时间后，钢筋的屈服极限比冷拉前提高19%～34%，如图6.6所示。

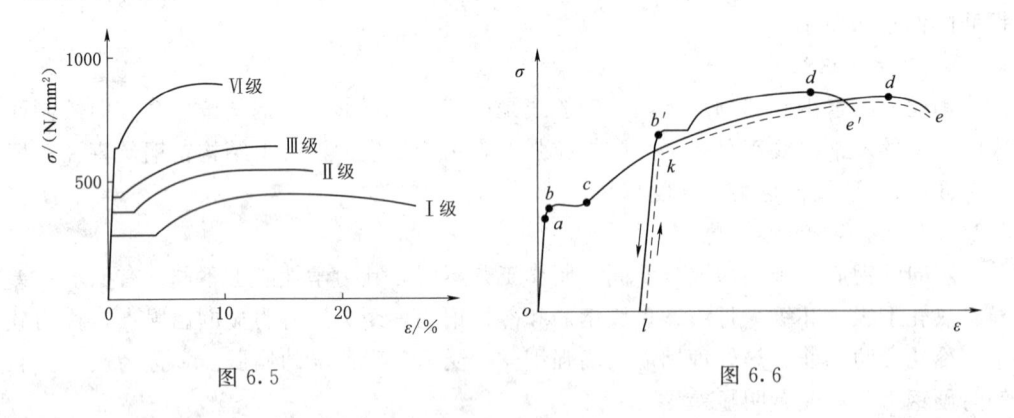

图6.5

图6.6

钢筋冷拉后，屈服强度提高了，但流幅缩短了，伸长率也减少了，性质变脆，这对承受冲击荷载与重复荷载是不利的。钢筋冷拉后，抗拉强度提高了，抗压强度并没有提高。

冷拉钢筋受到高温时，它的强度会降低。由于在很高的焊接温度下，钢筋冷拉强化效应会完全消失，因此，焊接冷拉钢筋时，应控制加热时间。

热轧钢筋、冷拉钢筋、冷轧带肋钢筋、热处理钢筋、钢丝、钢绞线的强度标准值见附录1附表1-4、附表1-5。

2. 硬钢的力学性能

硬钢强度高，但塑性差，脆性大，没有屈服阶段（流幅）。从加载到突然拉断，硬钢在破坏前没有明显预兆。应力应变曲线如图6.7所示。

结构计算以"协定流限"作为强度标准，协定流限指经过加载及卸载后尚存有0.2%永久残余变形时的应力，用$\sigma_{0.2}$表示。由于协定流限不容易测定，一般取极限抗拉强度σ_b的70%～85%。

对硬钢进行质量检验，主要测定极限抗拉强度、伸长率、冷弯性能。

3. 钢筋的性能指标

钢筋的性能指标有强度指标和塑性指标。

（1）强度指标。对于软钢，其明显的强度指标有

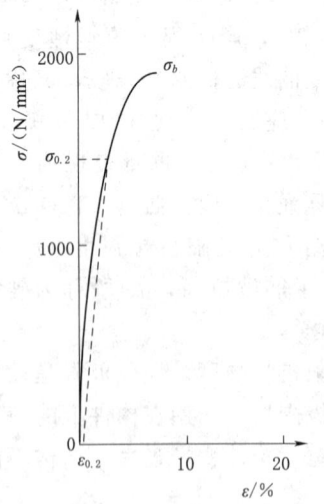

图6.7

两个：屈服强度和极限抗拉强度。

屈服强度是软钢的主要强度指标，当钢筋混凝土结构中的钢筋达到屈服后，荷载不增加，钢筋的应变会突然增大，使混凝土的裂缝开展过宽，构件变形过大，结构不能正常使用，所以软钢的受拉强度极限值以屈服强度为准，钢筋的强化阶段极限抗拉强度只作为一种安全储备。

(2) 塑性指标。软钢的塑性指标有两个：伸长率和冷弯性。

伸长率是指钢筋拉断后的伸长值与原长的比率，即

$$\delta = \frac{l_2 - l_1}{l_1} \times 100\% \tag{6.1}$$

式中　δ——伸长率，%；

　　　l_1——试件拉伸前的标距长度，一般短试件 $l_1 = 5d$，长试件 $l_1 = 10d$，其中 d 为试件直径；

　　　l_2——试件拉断后的标距长度。

钢筋的伸长率越大，塑性性能越好，拉断前有明显预兆。普通钢筋及预应力筋在最大力下的总伸长率限值见表 6.1。

表 6.1　普通钢筋及预应力筋在最大力下的总伸长率限值

钢筋品种	普通钢筋			预应力筋
	HPB300	HRB335、HRB400 HRBF400、HRB500、HRBF500	RRB400	
δ_{gt} (100%)	10.0	7.5	5.0	3.5

钢筋的塑性除用伸长率标志外，还用冷弯试验来检验。冷弯就是把钢筋围绕直径 D 的钢辊弯转 α 角而不发生裂纹、起层和断裂。常用冷弯角度 α 和弯心直径 D 与钢筋直径 d 的比值来反映冷弯性能，D 越大，α 值越大，则冷弯性能越好，如图 6.8 所示。

(3) 钢筋弹性模量 E_s。钢筋在弹性阶段应力与应变的比值，称为弹性模量，用符号 E_s 表示，钢筋弹性模量大小根据拉伸试验测定，同一种钢筋受压弹性模量与受拉弹性模量相同，其数值见附录 1 附表 1-8。

4. 钢筋的选用

(1) 建筑用的钢筋要求具有一定的强度（屈服强度和抗拉强度），应适当采用较高强度的钢筋。因为采用强度较高的钢筋，钢筋配筋量减少。不仅节约钢材，提高经济效益，而且可避免钢筋密集而造成的施工困难等问题。

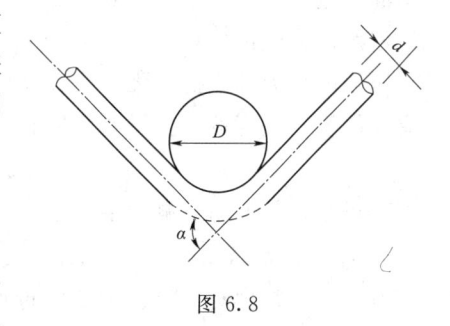

图 6.8

(2) 要求钢筋有足够的塑性（伸长率和冷弯性能），钢筋的塑性越好，不仅便于施工、制作，更重要的是有利于提高构件的延性，增强结构的抗震性能。

(3) 应有良好的焊接性能，保证钢筋焊接后不产生裂纹及过大的变形。

(4) 钢筋和混凝土之间应有足够的黏结力，保证两者共同工作。

6.2.2 混凝土

混凝土是由水泥、砂、石、水按一定配合比组成的人工石材。混凝土的强度与变形性能随水泥强度、水泥用量、水灰比、配合比、施工方法、养护条件、龄期等不同而有所不同。同时试件的形状尺寸、试验方法对测试结果也有影响。

6.2.2.1 混凝土的强度

混凝土的强度指标主要有立方体抗压强度、轴心抗压强度和轴心抗拉强度。

1. 立方体抗压强度标准值 f_{cuk}

按照标准的方法制作养护的边长为 150mm 的立方体标准试件，在标准条件下（温度为 20℃+3℃，相对湿度不小于 90% 的潮湿空气中）养护 28 天，用标准试验方法，全截面受力测得的立方体极限承载力值，称为立方体抗压强度。规范规定具有 95% 保证率的抗压强度称为立方体抗压强度标准值，用 f_{cuk} 表示，并以此划分混凝土的强度等级。

水利水电工程所采用的混凝土强度等级分 10 级：C15、C20、C25、C30、C35、C40、C45、C50、C55、C60。其中 C 表示混凝土，数字 15~60 表示立方体抗压强度标准值（N/mm²）。

水工钢筋混凝土结构中的混凝土强度等级不宜低于 C15；当采用Ⅱ级钢筋、Ⅲ级钢筋、冷轧带肋钢筋时，混凝土强度等级不宜低于 C20；预应力混凝土结构中，混凝土强度不宜低于 C30。

2. 轴心抗压强度标准值 f_{ck}

实际工程中的混凝土受压构件并非是立方体而是棱柱体，它们的长度比截面尺寸大得多，从而立方体抗压强度并不能反映实际构件的强度。

试验表明，用高宽比为 3~4 的棱柱体测得的抗压强度与以受压为主的混凝土构件中混凝土抗压强度基本一致。

用棱柱体试件（150mm×150mm×300mm）经标准养护后进行抗压试验，得到的抗压强度称为轴心抗压强度，又称棱柱体抗压强度，用 f_{ck} 表示。棱柱体抗压强度与立方体抗压强度的对比试验表明，f_{ck} 与 f_{cuk} 大致呈线性关系，有

$$f_{ck}=0.67\alpha_c f_{cuk} \tag{6.2}$$

工程中，一般通过测定混凝土立方体抗压强度，再换算出轴心抗压强度。

3. 轴心抗拉强度标准值 f_{tk}

对构件进行抗裂验算、裂缝宽度验算需要混凝土轴心抗拉强度值。用棱柱体试件（100mm×100mm×500mm），两端正中预埋Ⅱ级钢筋如图 6.9 所示，经标准养护后，用试验机夹紧钢筋，使混凝土试件受拉，测得构件破坏时的抗拉强度，称为轴心抗拉强度标准值，用 f_{tk} 表示。

混凝土轴心抗拉强度与立方体抗压强度的关系为

$$f_{tk}=0.26\sqrt[3]{f_{cuk}^2} \tag{6.3}$$

不同强度等级混凝土的轴心抗压强度标准值、轴心抗拉强度标准值见附录1附表1-1。

6.2.2.2 混凝土的变形

混凝土的变形有两大类：一类是由外荷载作用产生的变形；另一类是由温度、干湿变化引起的体积变形。

1. 混凝土在一次短期加载时的应力应变曲线

用棱柱体试件做一次短期加载受压试验，其应力应变曲线如图6.10所示。

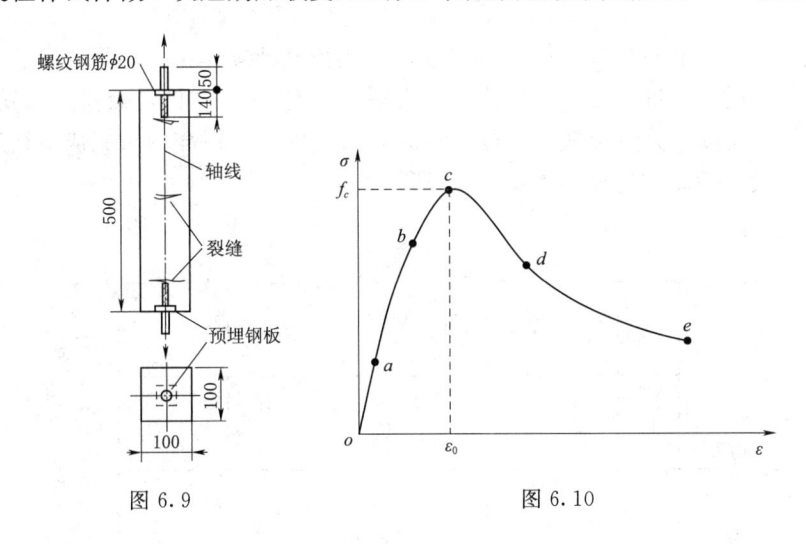

图6.9　　　图6.10

（1）当应力 $\sigma \leqslant 0.3f_c$，应力应变曲线 oa 段接近于直线。混凝土表现出弹性变形。

（2）当 $0.3f_c < \sigma \leqslant 0.8f_c$，应力应变曲线 ab 段弯曲，混凝土表现出塑性变形。

（3）当应力达到极限强度（c 点），试件表面出现纵向裂缝，开始破坏。c 点对应的应力即轴心抗压强度 f_c，对应的应变 ε_0 约为 0.002。

（4）当应力达到 f_c 之后，应力逐渐减小而应变继续增加，应力应变曲线在 d 点出现反弯，混凝土达到极限压应变 ε_{cu}。ε_{cu} 值一般在 0.003~0.004 范围内。对于均匀受压的混凝土，由于压应力达到 f_c 时，混凝土构件已不能承担更大的荷载，所以不管有无下降段，极限压应变都按 ε_0 考虑。规范规定 ε_0 取 0.002。对于非均匀受压的混凝土，当混凝土最外纤维的应力达到 f_c 时，由于最外纤维可将部分应力传给附近的纤维，构件不会立即破坏，只有当受压区最外纤维的应变达到极限压应变 ε_{cu} 时，构件才会破坏。规范规定非均匀受压混凝土的极限应变 ε_{cu} 取 0.0033。

混凝土受拉时的应力应变曲线与一次短期受压时应力应变曲线相似，但应力、应变值小得多，计算时，混凝土受拉极限应变 ε_{tu} 取 0.0001。

2. 混凝土的弹性模量

混凝土应力应变曲线为一曲线，其弹性模量是一个变量。工程中，采用重复加载卸载，使应力应变曲线渐渐趋稳定并接近直线，该直线的斜率即为混凝土的弹性模量，用 E_c 表示。混凝土弹性模量按下列经验公式计算

$$E_c = \frac{10^5}{2.2 + \frac{34.7}{f_{cu}}} \tag{6.4}$$

按上式计算的混凝土弹性模量见附录1附表1-3。混凝土受拉弹性模量与受压弹性模量基本相同，计算时取相同的值。

3. 混凝土在长期荷载作用下的变形

混凝土在长期荷载作用下，应力不变，应变随时间增加而增大，这种现象称为混凝土的徐变。

混凝土构件加载瞬间就产生瞬时应变 ε_0，当荷载持续作用，混凝土应变会随时间而增大，增长的部分即徐变。最终徐变值为瞬时应变的 2~3 倍，徐变开始发展较快，逐渐减慢，通常6个月可完成最终徐变量的70%~80%，一年内可完成最终徐变量的90%左右，两年后基本完成，如图6.11所示。

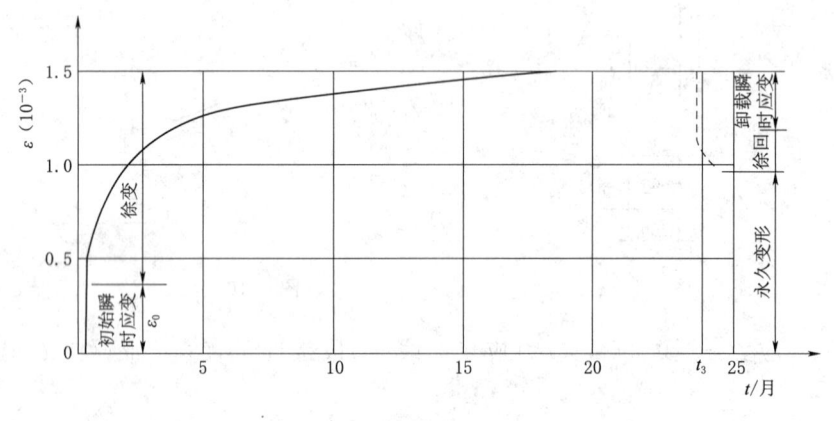

图 6.11

混凝土产生徐变后，如果卸掉荷载，徐变可以恢复一部分，剩下的一部分不能恢复。徐变与塑性变形不同，徐变可以部分恢复，且应力较小时就发生；而塑性变形只有当应力超过材料弹性极限才发生，且是不可恢复的。

影响徐变的主要因素有：

(1) 内部因素。水泥用量越多，水灰比越大，徐变越大。
(2) 环境因素。构件振捣密实，养护时相对湿度越高，徐变越小。
(3) 应力条件。构件截面压应力越大，徐变就越大。
(4) 加荷龄期。在同样的应力条件下，加荷越早，混凝土强度越低，徐变就越大。

混凝土的徐变对钢筋混凝土构件受力性能有重要影响。有利方面表现在结构局部的应力集中因徐变得到缓和，支座沉陷引起的应力及温度应力因徐变得到松弛；不利方面表现在徐变会使结构的变形增大，在预应力混凝土结构中，会造成较大的预应力损失。

4. 混凝土的温度变形和干缩变形

混凝土具有热胀冷缩的性质，线性温度膨胀系数为 $7 \times 10^{-6} \sim 11 \times 10^{-6}$ (1/℃)。

水工大体积混凝土因温度变化引起体积变化,称为温度变形。当温度变形受到约束时,产生温度应力,当温度应力超过混凝土抗拉强度时,混凝土产生裂缝,引起钢筋锈蚀,结构产生渗漏。

混凝土在空气中硬化时体积缩小的现象,称为干缩变形。混凝土干缩应变一般在 $2\times10^{-4}\sim6\times10^{-4}$。干缩变形会引起混凝土产生表面裂缝。

混凝土的干缩变形与养护条件密切相关,还与水泥用量、水灰比等因素有关,水泥用量越多,水灰比越大,干缩变形越大。

对于遭受剧烈气温或湿度变化作用的水工混凝土结构,面层常配置钢筋网,使裂缝分散,从而限制裂缝的宽度,减轻危害。

为了减轻温度变形、干缩变形的危害,措施之一是建筑物间隔一定距离设置伸缩缝。

6.2.3 钢筋与混凝土之间的黏结

6.2.3.1 黏结力的组成

钢筋与混凝土能组合在一起共同受力,前提条件是两者之间存在黏结力。一般情况,外荷载很少直接作用在钢筋上,钢筋受到的力通常是周围混凝土传给它的。黏结力分布在钢筋与混凝土的接触面上,能阻止钢筋与混凝土之间的相对滑移,使钢筋在混凝土中充分发挥作用。

黏结力主要由三部分组成:一是因为混凝土收缩将钢筋紧紧握固而产生的摩擦力;二是混凝土颗粒与钢筋表面产生的化学黏合力;三是由于钢筋表面凹凸不平与混凝土之间产生的机械咬合力。其中机械咬合力作用最大,占总黏结力的一半以上。因此,月牙纹钢筋、螺纹钢筋与混凝土的黏结力比光面钢筋与混凝土的黏结力大。

黏结力通过拔出试验确定,将钢筋(直径为 d)一端埋入混凝土中(埋入长度为 l),另一端施加拉力,将钢筋拔出,如图 6.12 所示。平均黏结应力

$$\tau=\frac{P}{\pi dl} \tag{6.5}$$

式中 P——拉力最大值,N;
d——钢筋直径,mm;
l——钢筋埋入长度,mm。

将 P 的最大值代入式(6.5)可得到埋入长度为 l 的最小值,即最小锚固长度 l_a

$$l_a=\frac{f_y d}{4\tau} \tag{6.6}$$

拔出试验表明:混凝土强度越高,黏结应力也越高;埋入长度越大,需要的拔出力越大,但埋入长度尾部的黏结力很小,甚至为零;钢筋表面越粗糙,黏结力越大。

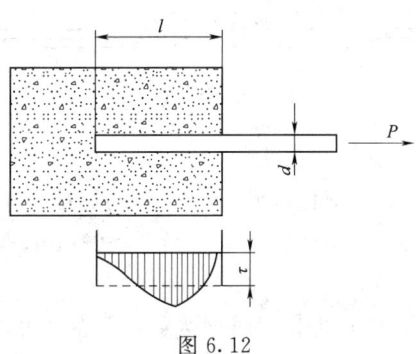

图 6.12

6.2.3.2 钢筋的锚固

为了保证钢筋在混凝土中锚固可靠，设计时应使钢筋在混凝土中有足够的锚固长度。规范规定了纵向受拉钢筋最小锚固长度 l_a 见附录3附表3-2。

对于受压钢筋，由于钢筋受压产生鼓胀，黏结力增大，受压钢筋锚固长度取受拉钢筋锚固长度 l_a 的70%。

钢筋强度越高，直径越大，混凝土强度越低，钢筋锚固长度要求越长。

为了保证光面钢筋锚固可靠，规范规定受力的光面钢筋两端必须做成半圆形弯钩。如图 6.13 所示。Ⅱ级钢筋、Ⅲ级钢筋、冷轧带肋钢筋以及焊接骨架中的光面钢筋可不做端弯钩。

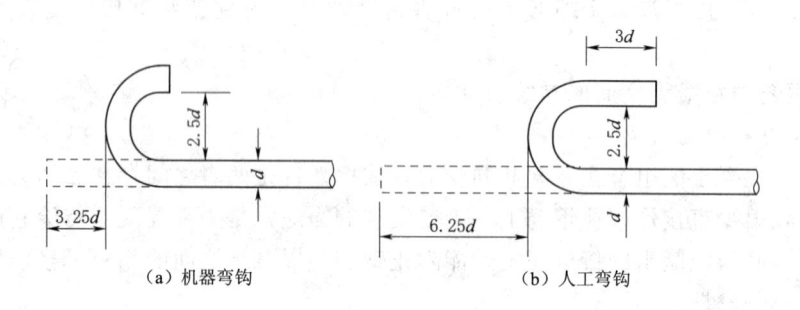

（a）机器弯钩　　　　（b）人工弯钩

图 6.13

6.2.3.3 钢筋的连接

出厂的钢筋，除直径小的盘筋外，每条长度多为 6~12m，在实际建筑中，往往会遇到钢筋长度不够，这就需要将钢筋接长。

钢筋接长的方法主要有：绑扎搭接、焊接、机械连接。

（1）绑扎搭接。绑扎搭接是通过钢筋与混凝土之间的黏结力传递钢筋与钢筋间的内力，要求绑扎接头必须有足够的搭接长度，如图 6.14 所示。

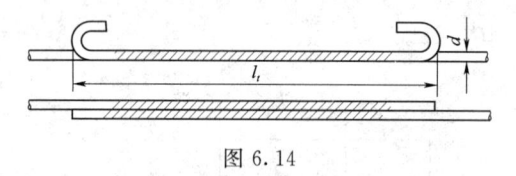

图 6.14

由于绑扎搭接接头仅靠黏结应力传递钢筋内力，可靠性较差，《规范》规定以下情况不应采用绑扎搭接接头：

1）轴心受拉、小偏心受拉以及承受振动的构件中的纵向受力钢筋，不应采用绑扎搭接接头。

2）双面配置受力钢筋的焊接骨架，不应采用绑扎搭接接头。

3）当受拉钢筋直径 $d>28mm$，或受压钢筋直径 $d>32mm$，不应采用绑扎搭接接头。

（2）焊接。纵向受力钢筋的焊接接头应相互错开，钢筋焊接接头连接区段的长度为 $35d$（d 为纵向受力钢筋的较大直径）且不小于 500mm，凡接头中点位于该连接区段长度内的焊接接头均属于同一连接区段。同一连接区段内纵向钢筋接头面积百分率为该区段内有接头的纵向受力钢筋截面面积与全部纵向受力钢筋截面面积的比值。

位于同一连接区段内纵向受力钢筋的焊接接头面积百分率，对纵向受拉钢筋接头，不应大于50%。纵向受压钢筋接头、装配式构件连接处及临时缝处的焊接接头可不受此比值限制。

钢筋直径 $d \leqslant 28mm$ 的焊接接头，宜采用闪光对头焊或搭接焊；$d > 28mm$ 时，宜采用帮条焊，帮条截面面积不应小于受力钢筋截面面积的1.2倍（HPB300级钢筋）或1.5倍（HRB335级、HRB400级和RRB400级钢筋）。不同直径的钢筋不应采用帮条焊。搭接焊和帮条焊接头宜采用双面焊缝，钢筋的搭接长度 $5d$。当施焊条件困难而采用单面焊缝时，其搭接长度不应小于 $10d$。当焊接HPB300级钢筋时，则可分别为 $4d$ 和 $8d$。

(3) 机械连接。纵向受力钢筋机械连接接头宜相互错开。钢筋机械连接接头连接区段的长度为 $35d$（d 为纵向受力钢筋的较大直径），凡接头中点位于该连接区段长度内的机械连接接头均属于同一连接区段。在受力较大处设置机械连接接头时位于同一连接区段内的纵向受拉钢筋接头面积百分率不宜大于50%。纵向受压钢筋的接头面积百分率可不受限制。

直接承受动力荷载的结构构件中的机械连接接头，位于同一连接区段内的纵向受力钢筋接头面积百分率不应大于50%。机械连接接头连接件的混凝土保护层厚度宜满足纵向受力钢筋最小保护层厚度的要求。连接件之间的横向净间距不宜小于25mm。

任务6.3 钢筋混凝土结构设计计算规则

【任务目标】
1. 了解结构的功能要求。
2. 了解结构的两种极限状态。
3. 掌握荷载的分类及如何获取荷载标准值和设计值。
4. 掌握承载能力极限状态设计表达式基本组合。
5. 能根据工程实际情况计算受弯构件内力设计值。

在结构设计中，首先就会遇到一些原则性问题，如荷载如何确定，材料强度如何取值，对结构有何要求，结构安全适用的标准是什么等。这些都是结构设计的基础。工程结构设计应贯彻执行国家的技术经济政策，做到安全适用、技术先进、经济合理。SL 191—2008《水工混凝土结构设计规范》采用概率极限状态设计法，以可靠指标来度量结构构件的可靠度，并采用以分项系数的设计表达式进行设计。

6.3.1 结构的功能要求

GB 50199—2013《水利水电工程结构可靠度设计统一标准》规定：1级水工建筑物结构的设计基准期为100年，其他永久性建筑物结构的设计基准期为50年。

结构设计的目的是在现有的技术基础上，以最经济的手段，使结构在预定的设计基准期内能够满足下列三个方面的功能要求：

(1) 安全性。要求结构在正常施工和正常使用时，能承受可能出现的各种直接作用和间接作用；在出现预定的偶然作用时，主体结构仍然保持稳定性。

(2) 适用性。要求结构在正常使用时具有良好的工作性能，不出现过大的变形和过宽的裂缝。

(3) 耐久性。要求结构在正常维护下具有足够的耐久性。

安全性、适用性、耐久性统称结构的可靠性，也称为结构的基本功能要求。

结构的可靠性和结构的经济性常常是相互矛盾的。比如在相同荷载作用下，要提高混凝土结构的可靠性，一般可以采用加大截面尺寸、增加钢筋的用量或提高材料强度等措施，但这些将使建筑物的造价提高，导致经济效益下降。

科学的设计方法就是能在结构的可靠和经济之间选择一种最佳的方案，使其既经济合理，又具有适当的可靠性。

6.3.2 结构的极限状态

结构的极限状态是指结构或结构的一部分超过某一特定状态就不能满足设计规定的某功能要求，此特定状态称为该功能的极限状态。一旦超过这种状态，结构就将丧失某一功能，既结构失效。

结构极限状态分承载能力极限状态和正常使用极限状态两大类。

1. 承载能力极限状态

当结构或构件达到最大承载力或者达到不适于继续承受荷载的变形状态时，称该结构或构件达到承载能力极限状态。当结构或构件出现下列状态之一时，即认为超过了承载能力极限状态：

(1) 结构或结构的一部分丧失稳定（如压屈等）。

(2) 结构或结构的一部分形成机动体系。

(3) 结构发生滑移、倾覆等不稳定情况。

(4) 结构因强度不足而破坏。

(5) 结构或构件产生过大的塑性变形，不适于继续承受荷载。

2. 正常使用极限状态

结构或构件达到正常使用或耐久性能的某项规定限值，称为正常使用极限状态。当结构或构件出现下列状态之一时，即认为超过了正常使用极限状态：

(1) 产生过宽的裂缝。

(2) 产生过大的变形。

(3) 产生过大的振动。

结构设计时，先进行承载能力计算，然后根据使用上的要求进行抗裂验算、裂缝宽度验算、变形验算。

6.3.3 作用和作用效应

结构在使用过程中，除承受自重外，还承受人群荷载、设备重量、风荷载、雪荷载、水压力、浪压力等荷载作用，这些荷载直接施加在结构上并使结构变形，称为直接作用。

结构在使用过程中，由于地基不均匀沉降、温度变化、地震使结构产生外加变形或约束变形，称为间接作用。

间接作用的内容超出了高职教学大纲的要求，本书不作介绍。

直接作用习惯上称荷载。荷载按随时间的变异分为三类：

（1）永久荷载（恒荷载）G/g。指在设计基准期内其值不随时间变化，或其变化与平均值相比可以忽略不计的荷载。

（2）可变荷载（活荷载）Q/q。指在设计基准期内其值随时间变化，且变化与平均值相比不能忽略的荷载，例如楼面活荷载、风荷载、吊车荷载等。

（3）偶然荷载 A。指在设计基准期内不一定出现，一旦出现，则量值很大，且持续时间很短的荷载，例如校核洪水、地震作用等。

《水利水电工程结构可靠度设计统一标准》规定，永久荷载、可变荷载均以荷载标准值作为代表值。荷载标准值是指结构构件在使用期间的正常情况下可能出现的最大荷载值。荷载标准值按 SL 744—2016《水工建筑物荷载设计规范》规定直接查表或计算。例如水工建筑物（结构）的自重标准值可按结构设计尺寸与其材料容重计算确定。

作用在结构上的各种荷载使结构产生内力、变形和裂缝等，统称作用效应（荷载效应），用 S 表示。荷载效应根据结构上的作用由结构计算求得。

6.3.4 结构的极限状态设计表达式

结构或构件承受作用效应的能力，称为结构抗力，用 R 表示，如强度、刚度、抗裂度等。结构的抗力取决于材料的性能、结构的几何参数、施工质量等因素。

在水利水电工程中，各种不定性因素对结构的设计、施工、使用存在影响。用概率论的观点来看，即使按正常的方法来设计、建造和使用结构，也不能认为它绝对安全可靠，结构仍存在抗力 R 小于作用效应 S 的可能性，当这种可能性极小时，就可以认为这个结构是可靠的。

《水工混凝土结构设计规范》在概率法的基础上，采用了承载力安全系数和材料强度、荷载采用设计值等来保证结构的可靠度。

6.3.4.1 承载力安全系数

水工混凝土结构设计时，应根据水工建筑物的级别和荷载效应组合情况来确定承载力安全系数 K，见表 6.2。

表 6.2　　　　　　　　混凝土结构构件的承载力安全系数 K

水工建筑物级别	1		2、3		4、5	
荷载效应组合	基本组合	偶然组合	基本组合	偶然组合	基本组合	偶然组合
钢筋混凝土、预应力混凝土	1.35	1.15	1.2	1.00	1.15	1.00

6.3.4.2 混凝土和钢筋设计强度

由于材料的离散性和不可避免的施工偏差等因素造成材料实际强度可能低于其强度标准值。《水工混凝土结构设计规范》在承载能力极限状态计算中引入了混凝土强度分项系数 γ_c 和钢筋强度分项系数 γ_s。为方便应用，规范直接给出了已隐含了材料分项系数的材料强度设计值（见附录1），设计时直接查用。

6.3.4.3 承载能力极限状态设计表达式

《水工混凝土结构设计规范》规定，承载能力极限状态设计应考虑荷载效应的基本组合和偶然组合两种情况。

1. 基本组合

基本组合是持久状况或短暂状况下永久荷载与可变荷载效应的组合。对于基本组合，承载能力极限状态设计表达式为

$$KS \leqslant R \tag{6.7}$$

式中 K——承载力安全系数，按表 6.2 的规定采用；
$\quad\quad S$——荷载效应组合设计值；
$\quad\quad R$——结构抗力，按结构构件的类别、材料的强度设计值及截面尺寸等因素计算得出。

计算荷载效应组合设计值时，要考虑永久荷载对结构是否起有利作用这两种情况。

当永久荷载对结构起不利作用时，有

$$S = 1.05 S_{G1k} + 1.20 S_{G2k} + 1.20 S_{Q1k} + 1.10 S_{Q2k} \tag{6.8}$$

式中 S_{G1k}——自重、设备等永久荷载标准值产生的荷载效应；
$\quad\quad S_{G2k}$——土压力、淤沙压力及围岩压力等永久荷载标准值产生的荷载效应；
$\quad\quad S_{Q1k}$——一般可变荷载标准值产生的荷载效应；
$\quad\quad S_{Q2k}$——可控制其不超出规定限值的可变荷载标准值产生的荷载效应。

当永久荷载对结构起有利作用时，有

$$S = 0.95 S_{G1k} + 0.95 S_{G2k} + 1.20 S_{Q1k} + 1.10 S_{Q2k} \tag{6.9}$$

2. 偶然组合

偶然组合是指偶然状况下，永久作用、可变作用与一种偶然作用效应的组合。对于偶然组合，承载能力极限状态设计表达式为

$$S = 1.05 S_{G1k} + 1.20 S_{G2k} + 1.20 S_{Q1k} + 1.1 S_{Q2k} + 1.0 S_{Ak} \tag{6.10}$$

式中 S_{Ak}——偶然荷载标准值产生的荷载效应；
其余符号意义同上。

6.3.4.4 正常使用极限状态设计表达式

正常使用极限状态验算的目的是保证结构构件在正常使用条件下，裂缝宽度和挠度不超过相应的允许值。对于有不允许裂缝出现要求的构件，在正常使用条件下应满足抗裂要求。

正常使用极限状态验算是在承载力满足要求的前提下进行的，其可靠度要求较低。材料强度采用标准值不用设计值，荷载采用标准值不用设计值。

$$S_k(G_k, Q_k, f_k, a_k) \leqslant C \tag{6.11}$$

式中 S_k——正常使用极限状态的荷载效应标准组合值函数；
$\quad\quad C$——结构构件达到正常使用要求所规定的变形、裂缝宽度等限值；
$\quad\quad G_k 、 Q_k$——永久荷载、可变荷载标准值；
$\quad\quad f_k$——材料强度标准值；

a_k——结构构件几何参数标准值。

承载能力及正常使用极限状态设计表达式是极限状态设计的一般表达式,对各种结构构件而言有各自具体的计算公式,将在后续章节中分别讨论。

6.3.5 工程实例分析

项目实例：某 3 级水工建筑物有一钢筋混凝土简支梁，$b \times h = 250\text{mm} \times 450\text{mm}$，净跨 $l_n = 5.7\text{m}$，计算跨度 $l_0 = 6.0\text{m}$。永久荷载（不包括梁自重）标准值 $g_{k1} = 11.19\text{kN/m}$，可变荷载标准值 $q_k = 21\text{kN/m}$，求该梁跨中截面弯矩设计值 M，支座边缘截面剪力设计值 V。

解：方法一：

（1）计算永久荷载产生的跨中弯矩标准值 M_{Gk}、V_{Gk}。

设梁的自重为 g_{k2}：

$$g_{k2} = 25 \times 0.25 \times 0.45 = 2.81(\text{kN/m})$$

$$\begin{aligned}
M_{Gk} &= \frac{(g_{k1} + g_{k2})l_0^2}{8} \\
&= (11.19 + 2.81) \times 6.0^2 / 8 \\
&= 63(\text{kN} \cdot \text{m})
\end{aligned}$$

$$\begin{aligned}
V_{Gk} &= \frac{(g_{k1} + g_{k2})l_n}{2} \\
&= (11.19 + 2.81) \times 5.7 / 2 \\
&= 39.9(\text{kN})
\end{aligned}$$

（2）计算可变荷载产生的跨中弯矩标准值 M_{Qk}。

$$\begin{aligned}
M_{Qk} &= \frac{q_k l_0^2}{8} \\
&= 21 \times 6.0^2 / 8 \\
&= 94.5\ (\text{kN} \cdot \text{m})
\end{aligned}$$

$$\begin{aligned}
V_{Qk} &= \frac{q_k l_n}{2} \\
&= 21 \times 5.7 / 2 \\
&= 59.85(\text{kN})
\end{aligned}$$

（3）计算跨中弯矩设计值（根据永久荷载对结构不利时的基本组合公式计算）。

$M = 1.05 M_{Gk} + 1.2 M_{Qk} = 1.05 \times 63 + 1.2 \times 94.5 = 179.55(\text{kN} \cdot \text{m})$

$V = 1.05 V_{Gk} + 1.2 V_{Qk} = 1.05 \times 39.9 + 1.2 \times 59.85 = 113.72(\text{kN} \cdot \text{m})$

方法二：

（1）计算梁的荷载标准值和设计值。

设梁的自重为 g_{k2}

$$g_{k2} = 25 \times 0.25 \times 0.45 = 2.81(\text{kN/m})$$

永久荷载标准值 $g_k = g_{k1} + g_{k2} = 11.19 + 2.81 = 14(\text{kN/m})$

永久荷载设计值 $g = 1.05 \times 14 = 14.7(\text{kN/m})$

可变荷载标准值 $q_k = 21\text{kN/m}$

可变荷载设计值 $q = 1.2 \times 21 = 25.2(\text{kN/m})$

(2) 计算梁的弯矩和剪力设计值。由工程力学基本知识可知，简支梁在均布荷载作用下。跨中截面弯矩设计值

$$M = \frac{(g+q)l_0^2}{8}$$
$$= (14.7 + 25.2) \times 6.0^2/8$$
$$= 179.55(\text{kN} \cdot \text{m})$$

支座边缘截面剪力设计值

$$V = \frac{(g+q)l_n}{2}$$
$$= (14.7 + 25.2) \times 5.7/2$$
$$= 113.72(\text{kN})$$

项目 7　钢筋混凝土受弯构件承载力计算

【知识目标】
1. 了解受弯构件的两种破坏形态。
2. 掌握钢筋混凝土梁的构造要求。
3. 掌握钢筋混凝土板的构造要求。
4. 熟悉单筋矩形截面受弯构件正截面承载力的计算。
5. 熟悉双筋矩形截面受弯构件正截面承载力的计算。
6. 熟悉 T 形截面受弯构件正截面承载力的计算。
7. 熟悉受弯构件斜截面承载力的计算。

【技能目标】
1. 能根据钢筋混凝土梁板的构造要求正确指导施工。
2. 能根据梁的弯矩设计值计算受力钢筋面积并合理选配钢筋。
3. 能根据板的弯矩设计值计算受力钢筋面积并合理选配钢筋。
4. 能根据梁的剪力设计值计算箍筋并合理选配箍筋。
5. 能正确绘制与识读各种梁、板的结构施工图。

项目 7 导论

受弯构件是指在荷载作用下,以弯曲变形为主的构件,其内力主要有弯矩和剪力。在实际工程中,如水闸与船闸的底板,挡土墙的立板与底板以及水电站厂房屋盖的屋面板、屋面梁及吊车梁(图 7.1)等,都是受弯构件。

受弯构件的破坏有两种可能:一是由弯矩引起的破坏,破坏截面垂直于梁纵轴线,称为正截面受弯破坏;二是由弯矩和剪力共同作用而引起的破坏,破坏截面是倾斜的,称为斜截面破坏,如图 7.2 所示。因此,必须通过纵向钢筋设计来确保正截面的受弯承载力,以及通过箍筋和弯起筋设计来确保斜截面的受剪承载力,这就是本章将要讨论的主要内容。

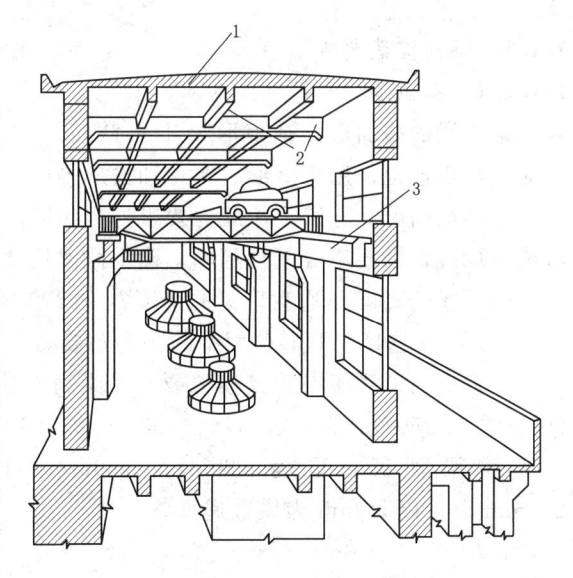

图 7.1　水电站厂房上部结构
1—屋面板;2—屋面梁;3—吊车梁

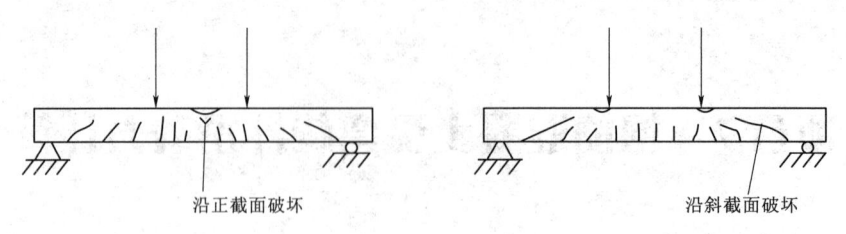

图 7.2 受弯构件沿正截面和斜截面破坏形式

任务 7.1 受弯构件的一般构造要求

【任务目标】
1. 掌握钢筋混凝土梁的构造要求。
2. 掌握钢筋混凝土板的构造要求。

梁、板是典型的受弯构件,是工程中用量最大的一种构件,其截面形式如图 7.3 所示。梁、板的主要区别是:梁的截面高度大于宽度,而板的截面高度则远小于其宽度。

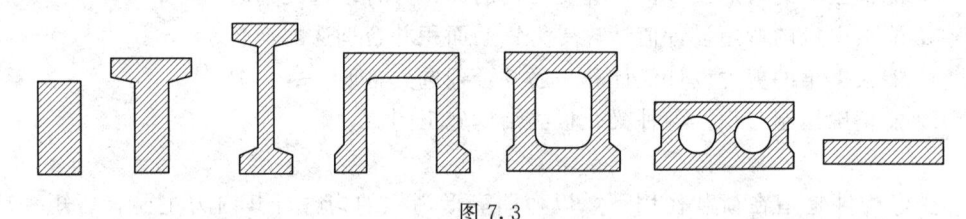

图 7.3

7.1.1 梁的构造要求

7.1.1.1 截面形状及尺寸

常见梁的截面形式有矩形和 T 形截面。在装配式构件中,为了减轻自重及增大截面惯性矩,也采用工字形、箱形和槽形等截面。

梁的截面尺寸除满足承载力要求外,还应满足刚度要求和施工上的便利,尺寸应有统一标准,以便模板重复利用。确定截面尺寸时,通常应考虑以下规定:

(1) 梁的高度 h 通常取梁的跨度 l_0 的 1/12~1/8,矩形截面梁的宽度 b 按高宽比 $h/b=2.5~4$ 选择,T 形截面梁的肋宽 b 按高宽比 $h/b=2.5~4$ 选择。

(2) 截面尺寸还应满足模数要求:梁高 h 常取为 300mm、350mm、400mm、…、800mm,以 50mm 为模数递增;800mm 以上取 100mm 为模数递增。矩形梁梁宽及 T 形梁梁肋宽常取为 120mm、150mm、180mm、200mm、220mm、250mm,250mm 以上以 50mm 为模数递增。

7.1.1.2 梁内钢筋

1. 梁的配筋

如图 7.4 所示,梁中一般配置下列几种钢筋:

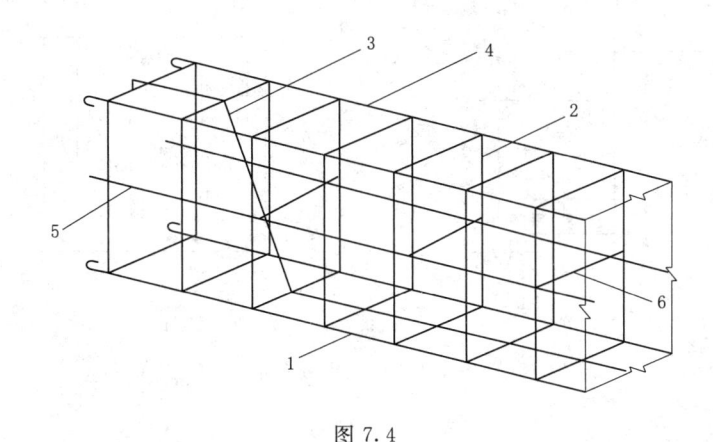

图 7.4
1—纵向受力钢筋；2—箍筋；3—弯起钢筋；4—架立筋；5—腰筋；6—拉筋

（1）纵向受力钢筋。承受由弯矩 M 在梁内引起的拉力，配置在梁的受拉一侧。

（2）箍筋。承受梁的剪力 V，改善梁的受剪性能，抑制斜裂缝开展，与纵筋形成骨架。

（3）弯起钢筋。一般由纵筋弯起而成。其作用，水平段承受弯矩 M 引起的拉力，弯起段承受由弯矩 M 和剪力 V 共同产生的主拉应力。

（4）架立筋。用来固定箍筋位置和形成钢筋骨架，还可承受因温度变化和混凝土收缩而产生的应力。

2. 纵向受力钢筋的构造

（1）直径 d。为保证钢筋骨架的刚度，便于施工，纵向受力钢筋的直径不能太小；同时为了避免受拉区混凝土产生的裂缝过宽，直径也不宜太大。通常采用直径 10～28mm。梁内同侧受力钢筋直径宜尽可能相同。当采用两种不同直径的钢筋时，其直径相差应在 2mm 以上，以便识别，且不宜超过 6mm。

（2）混凝土保护层厚度 c 及钢筋净距 e。为了保证钢筋和混凝土之间有足够的黏结力，便于浇注混凝土以及保证钢筋周围混凝土的密实性，混凝土保护层的厚度和钢筋之间的净距，应满足《水工混凝土结构设计规范》规定，如图 7.5 所示。

1）保护层厚度 c：纵向受力钢筋外缘到混凝土近表面的距离。保护层的厚度主要与钢筋混凝土构件的种类、所处的环境等因素有关。纵向受力钢筋的混凝土保护层不应小于钢筋直径和附录 3 附表 3-1 所列数值，同时也不宜小于粗骨料最大粒径的 1.25 倍。

2）净距 e：梁内下部纵向钢筋净距不应小于钢筋直径 d，上部纵向钢筋净距不应小于 $1.5d$，同时均不小于 30mm 及不小于最大骨料粒径的 1.5 倍。

图 7.5 中，h_0 为截面有效高度，是纵向受拉钢筋合力点至截面受压边缘的距离；a_s 为保护层计算厚度，是纵向受拉钢筋合力点至截面受拉边缘的距离。如图可知，当纵向受拉钢筋放一排时 $a_s=c+d/2$，当纵向受拉钢筋放两排时 $a_s=c+d+e/2$。

梁中钢筋的标注方式：根数+钢筋级别符号+直径，如 3Φ20。

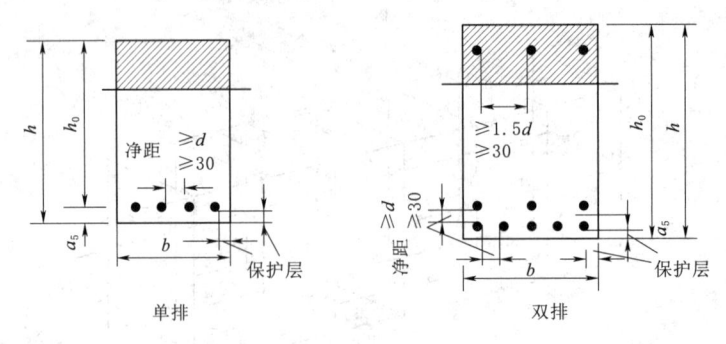

图 7.5 梁内钢筋净距

3. 箍筋的构造

(1) 箍筋形式和肢数。箍筋形式有封闭式和开口式两种（图 7.6）。通常采用封闭式箍筋，既方便固定纵筋又对梁的受扭有利。配有受压钢筋的梁，则必须采用封闭式箍筋。箍筋的肢数可按需要采用双肢和四肢（图 7.6）。在绑扎骨架中，双肢箍筋最多能扎结 4 根排在一排的纵向受压钢筋，否则应采用四肢箍筋（即复合箍筋）；当梁宽大于 400mm，一排纵向受压钢筋多于 3 根时，也应采用四肢箍筋。

（a）开口箍筋（双肢）　　（b）封口箍筋（双肢）　　（c）封口箍筋（四肢）

图 7.6 箍筋的形式和肢数

(2) 箍筋的最小直径。箍筋一般采用 I 级钢筋。为保证钢筋骨架具有一定的刚度，箍筋的最小直径应符合下列规定：当梁高 $h<250$mm 时，箍筋直径 $d\geqslant 4$mm；当梁高 250mm$\leqslant h\leqslant 800$mm 时，箍筋直径 $d\geqslant 6$mm；当梁高 $h>800$mm 时，箍筋直径 $d\geqslant 8$mm。当梁内配有计算需要的纵向受压钢筋时，箍筋直径应不小于 $d/4$（d 为受压钢筋中最大直径）。考虑箍筋的加工成型，直径不宜大于 10mm。

(3) 箍筋的最大间距。为了防止斜裂缝在两箍筋间出现，梁内箍筋间距不得大于表 7.1 中的最大间距 S_{max}。

表 7.1　　　　　　　　　梁中箍筋的最大间距 S_{max}

序号	h/mm	$KV>V_c$	$KV\leqslant V_c$
1	$h\leqslant 300$	150	200
2	$300<h\leqslant 500$	200	300
3	$500<h\leqslant 800$	250	350
4	$h>800$	300	400

注　K 为承载力安全系数；V 为设计剪力；V_c 为混凝土的受剪承载力；h 为梁高。

当梁中配有计算需要的受压钢筋时，箍筋的间距在绑扎骨架中不应大于 $15d$，在焊接骨架中不应大于 20d （d 为受压钢筋中的最小直径），同时在任何情况下均不大于 400mm；当一排内纵向受压钢筋多于 5 根且直径大于 18mm 时，箍筋间距不应大于 10d。

在绑扎纵筋的搭接长度范围内，受拉钢筋的箍筋间距不应大于 5d，且不大于 100mm；受压钢筋的箍筋间距不应大于 10d，且不大于 200mm （d 为搭接钢筋中的最小直径）。

（4）箍筋的布置。如按计算需要设置箍筋时，一般沿梁全长均匀布置，也可在梁两端剪力较大部位布置更密一些。如按计算不需要设置箍筋时，对 h>300mm 的梁，仍应沿梁全长布置箍筋；对 h=150~300mm 的梁，可仅在构件两端 1/4 跨度范围内设置箍筋，但当梁中部 1/2 跨度内有集中荷载作用时，箍筋仍应沿全梁布置；对梁高 h<150mm 的梁，可不设置箍筋。

4. 弯起钢筋的构造

（1）按抗剪承载力设置弯起钢筋时，前排弯筋下弯点至后排弯筋上弯点的距离（即弯筋间距）不得大于表 7.1 中的最大间距 S_{max}。

（2）梁中弯起钢筋的弯起角一般为 45°，梁高 h>700mm 时，也可用 60°。当梁宽 b>250mm 时，为使弯起钢筋在整个宽度范围内受力均匀，宜在同一截面内同时弯起两根钢筋。

（3）抗剪弯起钢筋的弯折终点处应留有足够的直线锚固段，如图 7.7 所示，其长度在受拉区不应小于 20d；在受压区不应小于 10d，对于光面圆钢，末端应设置弯钩。位于梁底两侧的钢筋不能弯起。

（4）当纵筋弯起不能满足抵抗弯矩图 M_R 图要求时，可单独设置抗剪钢筋。此时应将弯筋布置成吊筋形式 [图 7.8（a）]，不允许采用图 7.8（b）所示的浮筋。

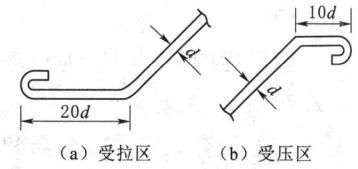

图 7.7 弯起钢筋的直线锚固段
（a）受拉区　（b）受压区

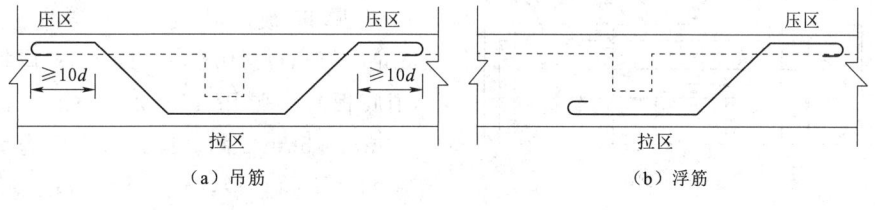

图 7.8 吊筋及浮筋
（a）吊筋　（b）浮筋

5. 纵向构造钢筋

（1）架立筋的配置。为了使纵向受力钢筋和箍筋绑扎成刚性较好的骨架，箍筋的四角在没有纵向受力钢筋的地方，应设置架立筋。架立筋规定如下：当梁的跨度 l<4m 时，架立筋直径 d≥8mm；当梁的跨度 4m≤l≤6m 时，d≥10mm；当梁的跨度 l>6m 时，d≥12mm，见表 7.2。

（2）腰筋及拉筋的设置。当梁高 h>700mm 时，在梁的两侧沿梁高每隔 300~

400mm 应设置一根直径不小于 10mm 的纵向构造钢筋,称为腰筋。两侧腰筋之间用拉筋连接,拉筋直径可取与箍筋相同,间距取为箍筋间距的倍数,一般为 500~700mm(图 7.9)。

表 7.2　　　架立钢筋最小直径

梁的跨度/m	架立钢筋直径/mm
$l<4$	≥8
$4≤l≤6$	≥10
$l>6$	≥12

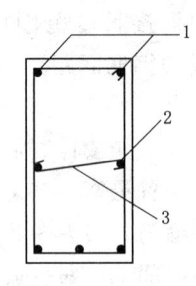

图 7.9　架立筋、腰筋及拉筋
1—架立筋;2—腰筋;3—拉筋

7.1.2　板的构造要求

7.1.2.1　板的厚度

常见板按截面不同有矩形实心板、空心板、槽形板等。

在水工建筑中,板的厚度变化范围很大,薄的可为 100mm 左右,厚的则可达几米。对于实心板的厚度一般不宜小于 100mm,但有些屋面板厚度也可为 60mm。板的厚度在 250mm 以下,以 10mm 为模数递增;板厚在 250mm 以上者,以 50mm 为模数递增。

一般厚度的板,板厚为板跨的 1/20~1/12。

7.1.2.2　板的配筋

板中配筋有纵向受力钢筋和分布钢筋,如图 7.10 所示。

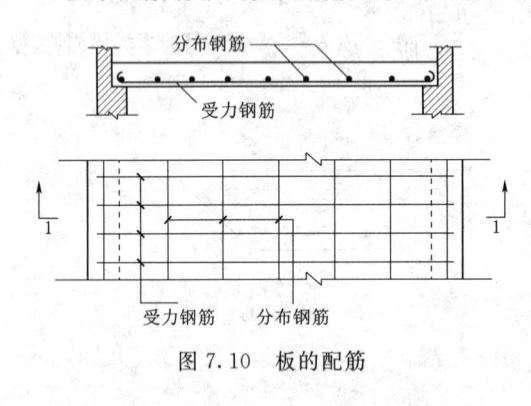

图 7.10　板的配筋

1. 受力钢筋直径和间距

受力钢筋沿板的跨度方向在受拉区配置,承受荷载作用下所产生的拉力。一般厚度板,其受力钢筋直径常用 6mm、8mm、10mm、12mm;厚板(如闸底板)中常用 12~25mm,也有用到 32mm、36mm 的。同一板中受力筋可采用两种不同直径,但直径相差应在 2mm 以上,以便识别。

为传力均匀及避免混凝土局部破坏,板中受力钢筋的间距不能太大,但为了便于施工,也不宜太小。

板中受力钢筋的最小间距为 70mm,即每米板宽内最多放 14 根钢筋。

板中受力钢筋的最大间距可取为:板厚 $h≤200$mm 时,250mm;200mm$<h≤1500$mm 时,300mm;$h>1500$mm 时,$0.2h$ 及 400mm。

板中受力钢筋宜采用每米 6~10 根。钢筋的标注方式为直径+间距,如 Φ6@250。

板中混凝土保护层应满足附录3附表3-1要求。

2. 分布钢筋

分布钢筋垂直于受力钢筋并均匀布置在受力钢筋内侧，与受力钢筋绑扎或焊接形成钢筋网。分布钢筋的作用是将板面上荷载均匀地传给受力钢筋，同时用以固定受力钢筋，并抵抗混凝土收缩和温度应力的作用。《水工混凝土结构设计规范》规定，每米板宽中分布钢筋的截面面积不小于单位板宽受力钢筋截面面积的15%（集中荷载时为25%）；分布钢筋的直径在一般厚度板中多用6～8mm，间距不宜大于250mm；当集中荷载较大时，分布钢筋的间距不宜大于200mm；在厚板中分布钢筋的直径可采用10～16mm，间距为200～400mm。分布钢筋可采用光面钢筋，并布置在受力钢筋的内侧。

任务7.2 单筋矩形截面受弯构件正截面承载力计算

【任务目标】

1. 掌握钢筋混凝土受弯构件正截面破坏形态及特点；
2. 熟悉单筋矩形截面受弯构件正截面承载力的计算；
3. 能对单筋矩形截面梁板进行纵向受拉钢筋的配筋计算。

矩形截面通常分为单筋矩形截面和双筋矩形截面两种形式。仅在受拉区配置纵向受拉钢筋的截面称为单筋截面，如图7.11（a）所示；受拉区和受压区都配置纵向受力钢筋的截面称为双筋截面，如图7.11（b）所示，本任务介绍单筋矩形截面的承载力计算。

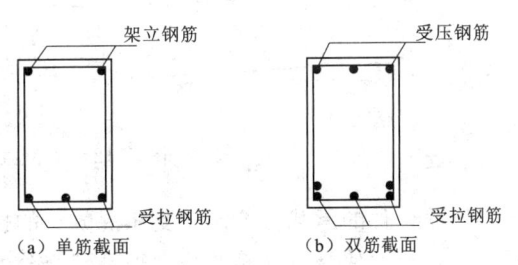

图 7.11

7.2.1 受弯构件正截面的破坏特征

钢筋混凝土受弯构件正截面承载力的计算，是以构件截面破坏时的应力状态为依据的。为了正确进行承载力计算，就必须对截面的破坏特征加以研究。

大量试验表明，受弯构件的破坏特征取决于配筋率、混凝土的强度等级、截面尺寸等因素。但以配筋率对构件破坏特征的影响最为明显，同截面、同跨度和同材料的梁，由于配筋率的不同，其破坏形态也将发生本质的变化。受弯构件的截面配筋率是指受拉钢筋面积与正截面有效面积的百分比，用ρ来表示。

$$\rho = \frac{A_s}{bh_0} \tag{7.1}$$

式中 ρ——受拉区纵向受拉钢筋配筋率；

A_s——纵向受拉钢筋的截面面积；

b——梁的截面宽度；

h_0——梁的截面有效高度，即从受拉钢筋合力点至截面受压区边缘的距离。

根据配筋率 ρ 的不同，一般受弯构件正截面出现超筋、适筋、少筋三种破坏形态。

1. 超筋破坏

当构件配筋太多，即 ρ 太大时，构件则可能发生超筋破坏。其特征是受拉钢筋尚未达到屈服强度，受压区混凝土压应变达到极限压应变而被压碎，构件破坏。破坏前裂缝开展不宽，梁挠度不大 [图 7.12（a）]，无明显预兆，破坏突然，属脆性破坏。

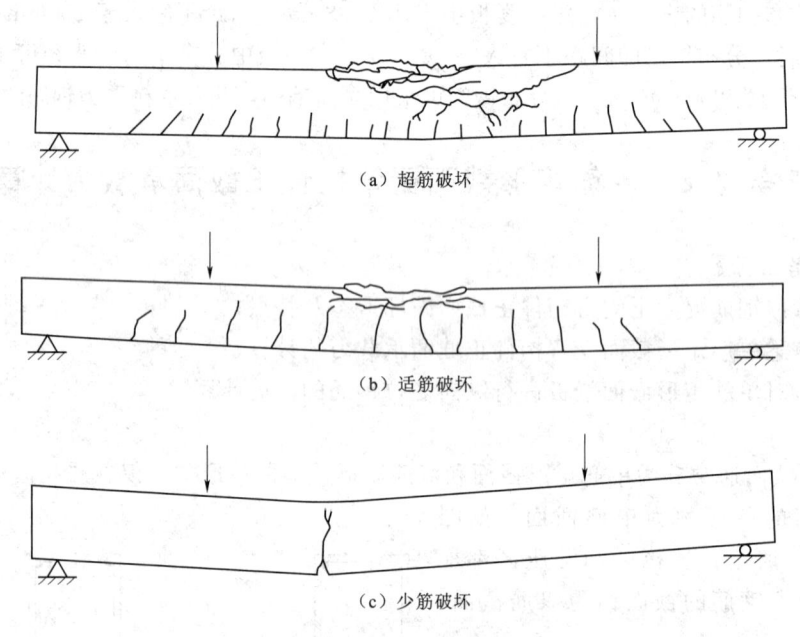

（a）超筋破坏

（b）适筋破坏

（c）少筋破坏

图 7.12 梁正截面破坏形态

超筋构件的承载力控制于受压混凝土的抗压能力，过多的配筋量并不能增加截面承载力，反而使受拉钢筋的强度得不到充分发挥，既不安全也不经济，实际工程设计中不允许采用超筋梁。

2. 适筋破坏

当构件配筋量 ρ 适中时，梁的受力从加载到破坏，正截面的应力应变完整地经历了三个阶段。受拉钢筋先达到屈服强度，发生很大的塑性变形，裂缝和挠度都有显著的开展，最后受压区混凝土被压碎，构件破坏。如图 7.12（b）所示，这种有明显预兆的破坏，属于塑性破坏，作为设计依据。

3. 少筋破坏

当梁内配筋过少（ρ 很小）时，则可能形成少筋破坏。其特征是一旦受拉区混凝土出现裂缝，钢筋应力突增并很快达到屈服强度，甚至超过屈服强度而进入强化阶段，如果钢筋数量极少，也可能被拉断。虽然受压区混凝土还未压碎，但由于构件的裂缝和变形都很大 [图 7.12（c）]，对于一般的板、梁实际上已不能正常工作，因此也就认为构件破坏了。少筋梁破坏是突然的，属脆性破坏，其承载力很低，取决于混凝土抗拉强度，工程设计中应避免设计成少筋梁。

任务7.2 单筋矩形截面受弯构件正截面承载力计算

7.2.2 基本假定

（1）平截面假定：梁受力变形后，截面仍保持平面。
（2）不考虑受拉区混凝土参与工作，拉力全部由钢筋承担。
（3）受压区混凝土的应力应变关系采用理想化的应力应变曲线。
（4）对有明显屈服点的钢筋的应力应变曲线简化为理想的弹塑性曲线。

7.2.3 基本公式

7.2.3.1 计算简图

计算单筋矩形截面受弯构件正截面承载力时，采用的是适筋梁第三阶段末的应力图形。经基本假定和等效矩形应力图形的简化，其承载力计算简图如图7.13所示。

7.2.3.2 基本公式

根据计算简图，由平衡条件可得

$$\sum M_{A_s}=0, \quad M_u=f_c bx\left(h_0-\frac{x}{2}\right) \tag{7.2}$$

$$\sum F_x=0, \quad f_c bx=f_y A_s \tag{7.3}$$

按照承载能力极限状态的要求 $KS \leqslant R$，可得出 $KM \leqslant M_u$，式（7.2）改写为

$$KM \leqslant M_u = f_c bx\left(h_0-\frac{x}{2}\right) \tag{7.4}$$

式中 K——承载力安全系数；
   M——弯矩设计值；
   M_u——截面极限弯矩值；
   f_c——混凝土轴心抗压强度设计值，按附录1附表1-2取用；
   f_y——钢筋抗拉强度设计值，按附录1附表1-6取用；
   A_s——纵向受拉钢筋的截面面积；
   b——梁的截面宽度；
   h_0——梁的截面有效高度，$h_0 = h - a_s$；
   x——混凝土受压区计算高度。

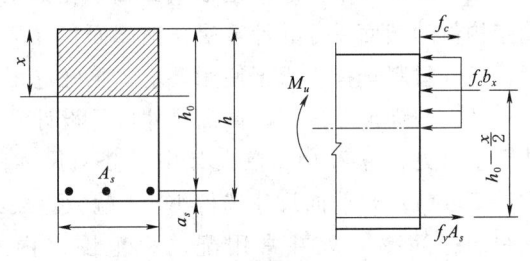

图7.13 单筋矩形截面受弯构件正截面承载力计算简图

为了计算方便，引入相对受压区高度 ξ，$\xi = x/h_0$，令 $\alpha_s = \xi(1-0.5\xi)$，式（7.3）和式（7.4）可推导为

$$f_c b\xi h_0 = f_y A_s \tag{7.5}$$

$$KM \leqslant M_u = \alpha_s f_c b h_0^2 \tag{7.6}$$

7.2.3.3 适用条件

适用于适筋构件，不适用于超筋构件和少筋构件。因此，为保证构件是适筋破坏，应满足下列条件

$$\xi \leqslant 0.85\xi_b \tag{7.7}$$

$$\rho \geqslant \rho_{\min} \tag{7.8}$$

式中 ρ_{min}——受弯构件纵向受拉钢筋最小配筋率,一般梁板可按附录3附表3-3取用;

ξ——相对受压区高度;

ξ_b——相对界限受压区计算高度,是适筋破坏与超筋破坏相对受压区高度的界限值,常用钢筋的 ξ_b 值见表7.3。

表7.3 常用钢筋的 ξ_b、α_{sb} 值及 $\alpha_{s\,max}$ 值

钢 筋 级 别	HPB300级	HRB335级	HRB400级 RRB400级
ξ_b	0.614	0.550	0.518
$\alpha_{sb}=\xi_b(1-0.5\xi_b)$	0.425	0.399	0.384
$0.85\xi_b$	0.522	0.468	0.440
$\alpha_{s\,max}=0.85\xi_b(1-0.5\times0.85\xi_b)$	0.386	0.358	0.343

7.2.3.4 实用设计计算

受弯构件正截面承载力计算,按已知条件分为截面设计和承载力复核两类。

1. 截面设计

在截面设计中,通常是根据截面承受的荷载大小计算出弯矩设计值,选用材料,确定构件的截面尺寸并计算受拉钢筋面积(又称配筋计算),设计计算步骤如下:

(1)材料选择。根据使用要求,正确选用钢筋和混凝土材料。

(2)截面尺寸选定。截面尺寸可凭设计经验或参考类似的结构而定,但应满足构造要求(见任务7.1)。在设计中,截面尺寸的选择可能有多种,截面尺寸选得大,配筋率 ρ 就小,截面尺寸选得小,ρ 就大。从经济方面考虑,截面尺寸的选择,应使求得的配筋率 ρ 处在常用配筋率范围之内。对于梁和板常用配筋率范围为:板 0.4%～0.8%;矩形截面梁 0.6%～1.5%;T形截面梁 0.9%～1.8%(相对于梁肋来讲)。

(3)内力计算。根据实际结构确定板或梁的合理计算简图,包括计算跨度、支座条件、荷载形式等的确定,按工程力学的方法计算内力。计算时应考虑永久荷载和可变荷载按承载力极限状态的基本组合。

(4)配筋计算。受弯构件正截面配筋设计计算步骤如下:

1)计算 α_s。由式(7.6)求得 $\alpha_s=\dfrac{KM}{f_c bh_0^2}$。

2)计算并验算 ξ(解方程舍去大于1的解)。$\xi=1-\sqrt{1-2\alpha_s}$;当 ξ 满足 $\xi\leqslant\xi_b$,进行下一步;如不满足,属超筋,则应加大截面尺寸,或提高混凝土的强度等级,或改用双筋矩形截面(见任务7.3)。

3)计算并检验 ρ。$\rho=\xi\dfrac{f_c}{f_y}$;当 $\rho\geqslant\rho_{min}$,进行下一步;如不满足,取 $A_s=\rho_{min}bh_0$。

4)计算 A_s。$A_s=\rho bh_0$。选配钢筋,画截面配筋图。

注意:按附录2附表2-1,选择钢筋直径、根数时,要求实际配的钢筋截面面

积,一般应等于或略大于计算所需的钢筋截面面积;若小于计算截面面积,则相对差值应不超过5%。梁、板的设计,除按上述公式计算外,还要考虑诸如梁、板的尺寸,材料,配筋等构造要求(任务7.1)。

2. 承载力复核

已知构件截面尺寸(b、h),受拉钢筋截面面积A_s,材料设计强度f_c、f_y,要求复核构件正截面承载力。复核步骤如下:

1)计算ρ。$\rho = A_s/bh_0$。

2)当$\rho \geqslant \rho_{\min}$,计算$\xi = \rho f_y / f_c$;当$\rho < \rho_{\min}$时,属少筋破坏,应减小截面尺寸,调整混凝土强度等级,重新计算。

3)当$\xi \leqslant 0.85\xi_b$时,$M_u = f_c bh_0^2 \xi(1-0.5\xi)$;当$\xi > 0.85\xi_b$时,属超筋破坏,取$\xi = 0.85\xi_b$,此时$M_u = M_{u\max} f_c bh_0^2 0.85\xi_b (1-0.5 \times 0.85\xi_b) = \alpha_{s\max} f_c bh_0^2$。

4)承载力复核:当$KM \leqslant M_u$,满足承载力要求;当$KM > M_u$,不满足承载力要求。

7.2.4 工程实例分析

项目实例1:某3级水工建筑物的简支梁,处于二类环境条件,梁的计算跨度$l_0 = 6\text{m}$,截面尺寸为$b \times h = 200\text{mm} \times 500\text{mm}$,承受均布荷载$g_{k1} = 8\text{kN/m}$(不包括自重),可变荷载$q_k = 10\text{kN/m}$,采用C20混凝土,HRB335级钢筋,试计算该截面所需的钢筋截面面积。

解:(1)基本资料:由C20混凝土,HRB335级钢筋,查得$f_c = 9.6\text{N/mm}^2$,$f_y = 300\text{N/mm}^2$;3级建筑物,查得$K = 1.2$,由二类环境条件,查得保护层厚度$c = 35\text{mm}$,估计钢筋放单排,取$a_s = 45\text{mm}$,则截面的有效高度$h_0 = 500 - 45 = 455\text{(mm)}$。

(2)计算跨中弯矩设计值。

$$g_k = g_{k1} + g_{k2} = 8 + 25 \times 0.2 \times 0.5 = 10.5 \text{(kN/m)}$$

$$M = \frac{(g+q)l_0^2}{8} = \frac{(1.05g_k + 1.2q_k)l_0^2}{8}$$
$$= (1.05 \times 10.5 + 1.2 \times 10) \times 6.0^2 \div 8$$
$$= 103.61 \text{(kN·m)}$$

(3)配筋计算。

$$\alpha_s = \frac{KM}{f_c bh_0^2} = \frac{1.2 \times 103.61 \times 10^6}{9.6 \times 200 \times 455^2} = 0.313$$

$$\xi = 1 - \sqrt{1-2\alpha_s} = 1 - \sqrt{1-2 \times 0.313} = 0.388 < 0.85\xi_b = 0.468$$

$$\rho = \xi \frac{f_c}{f_y} = 0.388 \times \frac{9.6}{300} = 1.242\% > \rho_{\min} = 0.2\%$$

$$A_s = \rho bh_0 = 1.242\% \times 200 \times 455 = 1130 \text{(mm}^2\text{)}$$

(4)钢筋配置:受拉钢筋选配$3 \oplus 22$($A_s = 1140\text{mm}^2$),截面配筋图如图7.14所示。

项目实例2:如图7.15(a)所示某钢筋混凝土结构渡槽(2级建筑物),水深$H = 2.6\text{m}$,立板(侧墙)厚度$h = 3000\text{m}$渡槽净宽$B = 3\text{m}$,采用C25混凝土,

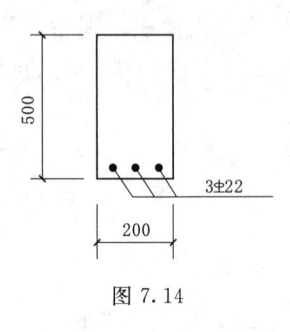

项目7 钢筋混凝土受弯构件承载力计算

HPB300 级钢筋。试计算槽身立板的钢筋。

解：(1) 基本资料：由 C25 混凝土，HPB235 级钢筋，查得 $f_c=11.9\text{N/mm}^2$，$f_y=270\text{N/mm}^2$；2 级建筑物，查得 $K=1.2$，由二类环境条件，查得保护层厚度 $c=35\text{mm}$，板中钢筋放单排，取 $a_s=35+5=40\text{(mm)}$，则截面的有效高度 $h_0=300-40=260\text{(mm)}$。

(2) 内力计算。渡槽立板（侧墙）与底板整体浇筑，可将立板简化为固定在槽底板上的悬臂板，承受三角形的

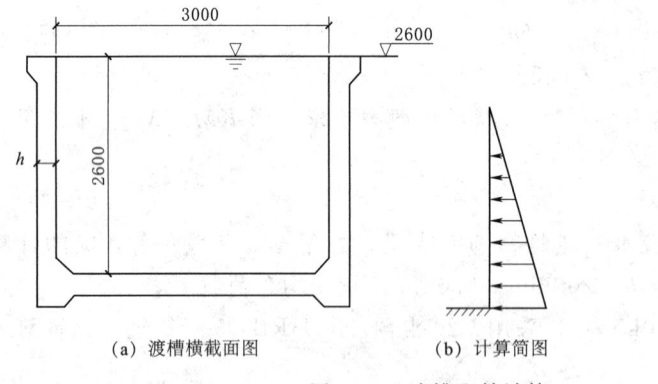

图 7.14

图 7.15　渡槽配筋计算

水压力作用。取单宽 1m 的板计算，即 $b=1000\text{mm}$。

根据力学知识

$$M=1.1\gamma_水 H^3 b/6=1.1\times10\times2.6^3\times1/6=32.22(\text{kN}\cdot\text{m})$$

(3) 配筋计算。

$$\alpha_s=\frac{KM}{f_c b h_0^2}=\frac{1.2\times32.22\times10^6}{11.9\times1000\times260^2}=0.048$$

$$\xi=1-\sqrt{1-2\alpha_s}=1-\sqrt{1-2\times0.048}=0.049<0.85\xi_b=0.522$$

$$\rho=\xi\frac{f_c}{f_y}=0.049\times\frac{11.9}{270}=0.278\%>\rho_{\min}=0.2\%$$

$$A_s=\rho b h_0=0.216\%\times1000\times260=561.6(\text{mm}^2)$$

(4) 钢筋配置：受拉钢筋选配 Φ12@150（$A_s=754\text{mm}^2$），截面配筋图如图 7.16 所示。

项目实例 3：图 7.17 为某水闸（3 级水工建筑物）底板配筋图，采用 C20 混凝土，HPB300 级钢筋；该底板跨中截面每米宽度承受设计弯矩值 $M=730\text{kN}\cdot\text{m}$，试复核此闸底板正截面受弯承载力。

图 7.16

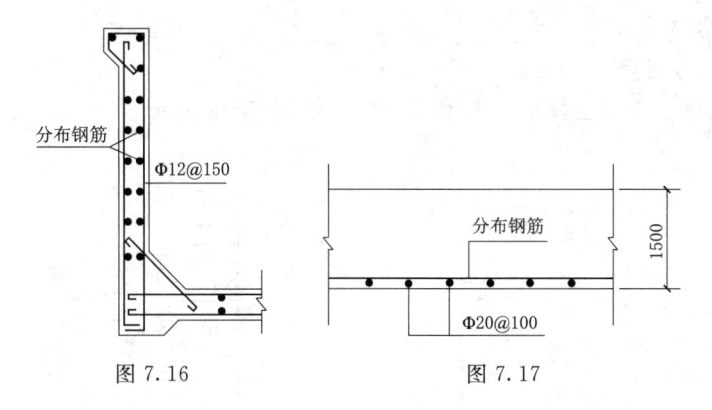

图 7.17

解：(1) 基本资料：由 C20 混凝土，HPB235 级钢筋，查得 $f_c=9.6\text{N/mm}^2$，$f_y=210\text{N/mm}^2$；3 级建筑物，查得 $K=1.2$，受拉钢筋选配 Φ20@100（$A_s=3142\text{mm}^2$），由二类环境条件，取保护层厚度 $c=40\text{mm}$，板中钢筋放单排，取 $a_s=40+20/2=50(\text{mm})$，则截面的有效高度 $h_0=1500-50=1450(\text{mm})$，取底板宽度 $b=1000\text{mm}$。

(2) 承载力复核。

$$\rho=\frac{A_s}{bh_0}=\frac{3142}{1000\times1450}=0.217\%>\rho_{\min}=0.2\%$$

$$\xi=\rho\frac{f_y}{f_c}=0.217\%\times\frac{270}{9.6}=0.061<0.85\xi_b=0.522$$

$M_u=f_cbh_0^2\xi(1-1.5\xi)=9.6\times1000\times1450^2\times0.061\times(1-0.5\times0.061)$
$=1193.67(\text{kN}\cdot\text{m})$

$KM=1.2\times730=876<M_u=1193.67\text{kN}\cdot\text{m}$，承载力满足要求。

任务 7.3　双筋矩形截面受弯构件正截面承载力计算

【任务目标】
1. 掌握双筋矩形截面的适用条件；
2. 熟悉双筋矩形截面受弯构件正截面承载力的计算；
3. 能对双筋矩形截面梁进行纵向受力钢筋的配筋计算。

双筋矩形截面配筋计算流程图（思维导图）

7.3.1　双筋矩形截面正截面承载力计算要点

双筋截面一般在下面几种情况下采用：

（1）当梁承受弯矩较大，即 $KM>M_{u\max}$（$\xi>0.8\xi_b$），且截面尺寸及混凝土强度等级受到限制不宜改变时。

（2）在不同的荷载组合下，构件可能承受异号弯矩的作用。

（3）结构或构件因构造需要，在截面受压区已预先配置了一定数量的钢筋。

（4）在抗震地区，一般宜配置受压钢筋。

7.3.2 基本公式

1. 计算应力图形

双筋矩形截面正截面承载力计算应力图形如图 7.18 所示。

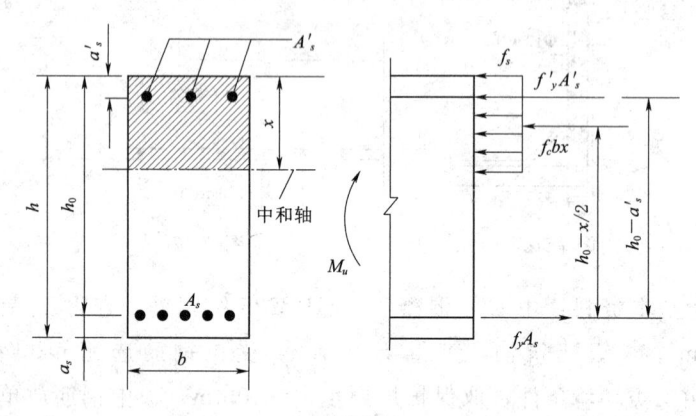

图 7.18

2. 基本公式

由平衡条件得

$$KM \leqslant M_u = f_c bx\left(h_0 - \frac{x}{2}\right) + f'_y A'_s (h_0 - a'_s) \tag{7.9}$$

引入 a_s 可得

$$KM \leqslant M_u = a_s f_c b h_0^2 + f'_y A'_s (h_0 - a'_s) \tag{7.10}$$

$$f_y A_s = f_c bx + f'_y A'_s \tag{7.11}$$

式中 f'_y ——钢筋抗压强度设计值,按附录1附表1-6取用。

3. 适用条件

(1) 避免发生超筋破坏:$\xi \leqslant 0.85\xi_b$ 或 $x \leqslant 0.85\xi_b h_0$。

(2) 保证受压钢筋应力达到抗压强度:$x \geqslant 2a'_s$。

(3) 当 $x < 2a'_s$ 时,构件破坏时受压钢筋的应力达不到 f'_y,《水工混凝土结构设计规范》规定取 $x=2a'_s$,即假定受压钢筋合力点与混凝土压应力的合力点重合,按下式计算

$$KM \leqslant M_u = f_y A_s (h_0 - a'_s) \tag{7.12}$$

对于双筋截面受拉钢筋一般均能满足最小配筋率的要求,可不进行验算。

7.3.3 实用设计计算

7.3.3.1 截面设计

双筋截面的设计一般有两种情况。

1. 第一种情况（A_s、A'_s 均未知）

已知弯矩设计值 M、截面尺寸 $b \times h$、混凝土和钢筋的强度等级,求受拉钢筋和受压钢筋的截面面积 A_s、A'_s。

计算步骤如下:

(1) 先验算是否需配置受压钢筋。计算 $\alpha_s = \dfrac{KM}{f_c b h_0^2}$ 及 $\xi = 1 - \sqrt{1 - 2\alpha_s}$,满足公式

$\xi \leqslant 0.85\xi_b$（或当 α_s 满足 $\alpha_s \leqslant \alpha_{s\max}$），按单筋矩形截面进行配筋计算；当 $\xi > 0.85\xi_b$（或当 α_s 满足 $\alpha_s > \alpha_{s\max}$），按双筋矩形截面进行配筋计算。

（2）$\xi > 0.85\xi_b$，按双筋截面设计计算。此时，根据充分利用受压区混凝土抗压，使总用钢量（$A_s + A_s'$）最小的原则，取 $\xi = 0.85\xi_b$，即 $\alpha_s = \alpha_{s\max}$。

（3）按式（7.10）和式（7.11）求钢筋面积 A_s、A_s'，即

$$A_s' = \frac{KM - \alpha_{s\max} f_c b h_0^2}{f_y'(h_0 - a_s')}$$

$$A_s = \frac{1}{f_y}(0.85\xi_b f_c b h_0 + f_y' A_s')$$

2. 第二种情况（A_s' 已知，A_s 未知）

已知弯矩设计值 M、截面尺寸 $b \times h$、混凝土和钢筋的强度等级、受压钢筋截面面积 A_s'，求受拉钢筋的截面面积 A_s。

计算步骤如下：

（1）由式（7.10）计算 α_s、ξ，即

$$\alpha_s = \frac{KM - f_y' A_s'(h_0 - a_s')}{f_c b h_0^2}$$

$$\xi = 1 - \sqrt{1 - 2\alpha_s}$$

（2）验算 ξ，并计算 x，若 $\xi > 0.85\xi_b$，说明已配置的受压钢筋 A_s' 数量不足，发生超筋破坏，应增加其数量，此时按第一种情况重新计算 A_s'，若 $\xi \leqslant 0.85\xi_b$，则计算 x。

（3）验算 $x \geqslant 2a_s'$ 并计算 A_s。

若 $x \geqslant 2a_s'$，则

$$A_s = \frac{1}{f_y}(f_c b x + f_y' A_s')$$

若 $x < 2a_s'$，则

$$A_s = \frac{KM}{f_y(h_0 - a_s')}$$

7.3.3.2 承载力复核

已知截面尺寸 $b \times h$、混凝土和钢筋的强度等级、受压钢筋和受拉钢筋截面面积 A_s'、A_s，复核正截面受弯承载力。

计算步骤：先由式（7.11）计算受压区高度 x。

$$x = \frac{A_s f_y - A_s' f_y'}{f_c b}$$

（1）$x > 0.85\xi_b h_0$，发生超筋破坏。取 $\xi = 0.85\xi_b$，即 $\alpha_s = \alpha_{s\max}$，此时

$$M_u = \alpha_{s\max} f_c b h_0^2 + f_y' A_s'(h_0 - a_s')$$

（2）$x \leqslant 0.85\xi_b h_0$，发生适筋破坏。此时，若 $x \geqslant 2a_s'$，则

$$M_u = f_c b x(h_0 - x/2) + f_y' A_s'(h_0 - a_s')$$

若 $x < 2a_s'$，则

$$M_u = f_y A_s(h_0 - a_s')$$

（3）复核条件：$KM \leqslant M_u$，满足要求；$KM > M_u$，不满足要求。

7.3.4 工程实例分析

项目实例 1：已知某 3 级水电站的矩形截面简支梁，一类环境条件，截面 $b \times h = 200\text{mm} \times 500\text{mm}$。使用期间承受弯矩设计值 $M = 160\text{kN} \cdot \text{m}$，采用 C20 混凝土，HRB335 级钢筋，试配置钢筋。

解：（1）基本资料：由 C20 混凝土，HRB335 级钢筋，查得 $f_c = 9.6\text{N/mm}^2$，$f_y = 300\text{N/mm}^2$；3 级建筑物，查得 $K = 1.2$，由一类环境条件，查得保护层 $c = 30\text{mm}$，因弯矩较大，估计受拉钢筋要排成两排，取 $a_s = 65\text{mm}$，则截面的有效高度 $h_0 = 500 - 65 = 435(\text{mm})$。

（2）验算是否需要配双筋。

$$\alpha_s = \frac{KM}{f_c b h_0^2} = \frac{1.2 \times 160 \times 10^6}{9.6 \times 200 \times 435^2} = 0.528 > \alpha_{s\max} = 0.358$$

故须按双筋截面配筋。

（3）计算受压钢筋截面面积 A_s'。为了充分利用混凝土的抗压强度，取 $\xi = 0.85\xi_b$，即 $\alpha_s = \alpha_{s\max}$，对于 HRB335 级钢筋，$0.85\xi_b = 0.468$，$\alpha_{s\max} = 0.358$。受压钢筋 $f_y' = 300\text{N/mm}^2$，受压区 $a_s' = 40\text{mm}$。

$$A_s' = \frac{KM - \alpha_{s\max} f_c b h_0^2}{f_y'(h_0 - a_s')}$$

$$= \frac{1.2 \times 160 \times 10^6 - 0.358 \times 9.6 \times 200 \times 435^2}{300 \times (435 - 40)} = 522(\text{mm}^2)$$

（4）计算受拉钢筋截面面积 A_s。

$$A_s = \frac{1}{f_y}(f_c \xi b h_0 + f_y' A_s')$$
$$= (9.6 \times 0.468 \times 200 \times 435 + 300 \times 522)/300$$
$$= 1825(\text{mm}^2)$$

（5）钢筋配置：受拉钢筋选配 5Φ22（$A_s = 1901\text{mm}^2$），受压钢筋选配 2Φ20（$A_s' = 628\text{mm}^2$），截面配筋图如图 7.19 所示。

项目实例 2：上例简支梁，若在受压区已配置受压钢筋 3Φ20（$A_s' = 942\text{mm}^2$），如图 7.20 所示。试求受拉钢筋截面面积 A_s。

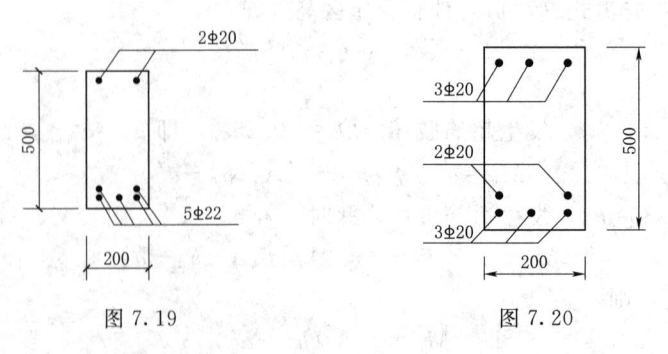

图 7.19　　　　图 7.20

解：由上例知 $a_s = 65\text{mm}$，$a_s' = 40\text{mm}$，$h_0 = 500 - 65 = 435(\text{mm})$。

$$a_s = \frac{KM - f'_y A'_s (h_0 - a'_s)}{f_c b h_0^2}$$

$$= \frac{1.2 \times 160 \times 10^6 - 300 \times 942 \times (435 - 40)}{9.6 \times 200 \times 435^2} = 0.221$$

$$\xi = 1 - \sqrt{1 - 2a_s} = 0.253 < 0.85\xi_b = 0.468$$

$$x = \xi h_0 = 0.253 \times 435 = 110 (\mathrm{mm}) > 2a'_s = 80 (\mathrm{mm})$$

$$A_s = \frac{1}{f_y}(f_c b x + f'_y A'_s) = (9.6 \times 200 \times 110 + 300 \times 942)/300 = 1646 (\mathrm{mm}^2)$$

受拉钢筋选配 3Φ22＋2Φ20（$A_s = 1768 \mathrm{mm}^2$），如图 7.20 所示。

任务 7.4　T 形截面受弯构件正截面承载力计算

【任务目标】
1. 掌握 T 形截面两种类型的判别条件。
2. 熟悉 T 形截面受弯构件正截面承载力的计算。
3. 能对 T 形截面梁进行纵向受力钢筋的配筋计算。

7.4.1　T 形截面正截面承载力计算要点

7.4.1.1　T 形截面的特点

矩形截面的受拉区混凝土在承载力计算时，由于开裂而不计其作用，若去掉其中一部分，将钢筋集中放置，就成了 T 形截面，如图 7.21 所示并不降低其受弯承载力，却能节省混凝土，减轻结构自重。

T 形梁由梁肋和位于受压区的翼缘两部分组成。若翼缘位于受压区，受压区为 T 形，则按 T 形梁计算；若翼缘位于受拉区的倒 T 形截面，由于受拉区的翼缘混凝土开裂，不起作用，仍按矩形截面梁计算。因此，决定是否按 T 形截面计算，不能只看外形，应当看受压区的形状是否为 T 形。如图 7.22 所示的工字形、Ⅱ形、箱形及空心截面，它们的受压区与 T 形截面相同，均可按 T 形截面计算。

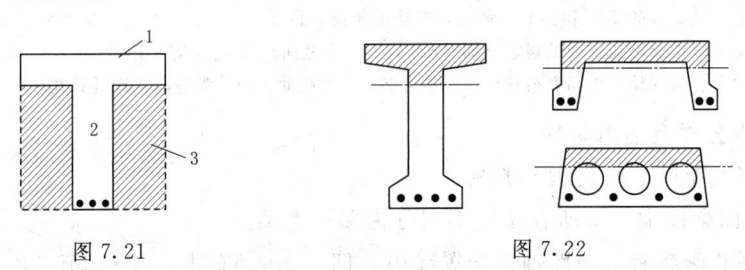

图 7.21
1—翼缘；2—梁肋；3—去掉混凝土

图 7.22

T 形截面受压区较大，混凝土足够承担压力，不需加受压钢筋，一般都是单筋截面。

根据试验和理论分析，T形截面受力后，压应力沿翼缘的分布是不均匀的，压应力由梁肋中部向两边逐渐减小[图 7.23（a）]，当翼缘很大，远离梁肋的一部分翼缘几乎不承受压力，因而在计算时不能将这一部分也作为翼缘的一部分。为简化计算，可合理确定翼缘的计算宽度，用 b'_f 表示[图 7.23（b）]。在这个宽度范围内，翼缘承受均匀压应力，这个范围以外的翼缘则认为不参与工作。

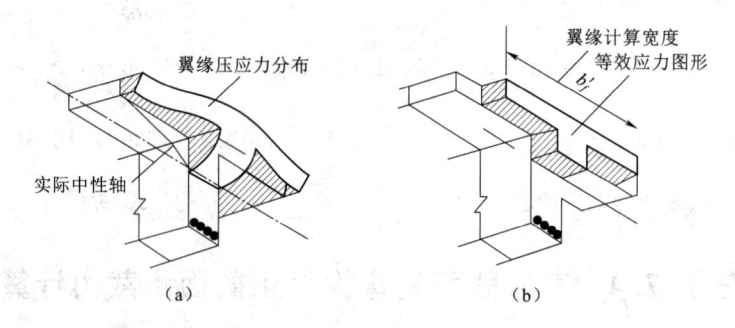

图 7.23　T形截面受压区实际应力和计算应力图形

7.4.1.2 翼缘的计算宽度

翼缘的计算宽度主要与梁的工作情况（是整体肋形梁还是独立梁）、梁的计算跨度 l_0、翼缘高度 h'_f 等因素有关。《水工混凝土结构设计规范》中规定的翼缘计算宽度，见表 7.4（表中符号见图 7.24），计算时，取表中各项的最小值。

表 7.4　　　　T形及倒L形截面受弯构件翼缘计算宽度

项次	考虑情况		T形截面		倒L形截面
			肋形梁（板）	独立梁	肋形梁（板）
1	按计算跨度 l_0 考虑		$l_0/3$	$l_0/3$	$l_0/6$
2	按梁肋净距 S_n 考虑		$b+s_n$	—	$b+s_n/2$
3	按翼缘高度 h'_f 考虑	$h'_f/h_0 \geq 0.1$	—	$b+12h'_f$	—
		$0.05 \leq h'_f/h_0 < 0.1$	$b+12h'_f$	$b+6h'_f$	$b+5h'_f$
		$h'_f/h_0 < 0.05$	$b+12h'_f$	b	$b+5h'_f$

注　1. 表中 b 为梁的腹板宽度。
　　2. 如肋形梁在梁跨内设有间距小于纵肋间距的横肋时，则可不遵守表中项次 3 规定。
　　3. 对加腋（托承）的 T 形和倒 L 形截面，当受压加腋的高度 $h_h \geq h'_f$ 且加腋的宽度 $b_h \leq 3h_h$ 时，其翼缘计算宽度可按表中项次 3 的规定分别增加 $2h_h$（T形截面）和 h_h（倒L形截面）。
　　4. 独立梁受压区的翼缘板面在荷载作用下如可能产生沿纵肋方向的裂缝时，则计算宽度取用肋宽 b。

7.4.2　基本公式及适用条件

1. T形截面的计算类型和判别

T形截面梁按中性轴所在位置不同分为两种类型。

第一类T形截面：中性轴位于翼缘内，即 $x \leq h'_f$（图 7.25）；第二类T形截面：中性轴位于梁肋内，即 $x > h'_f$（图 7.26）。

两类T形截面的判别：当 $x = h'_f$ 时，中性轴位于翼缘与梁肋的分界处，为两类T形截面的分界，故

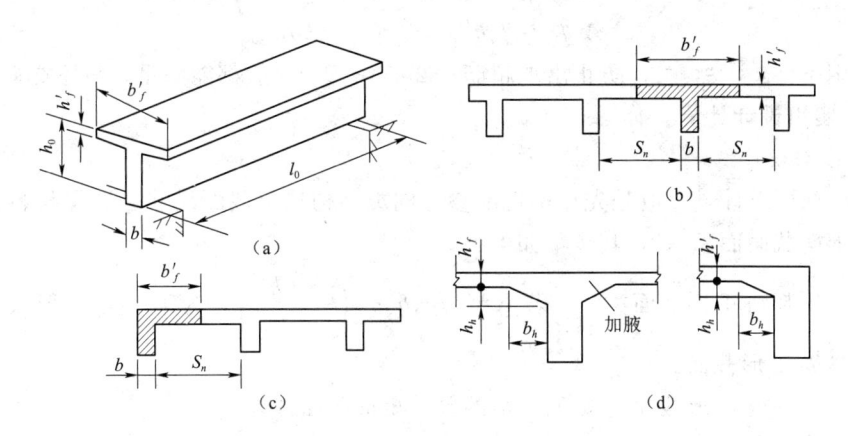

任务7.4 T形截面受弯构件正截面承载力计算

图 7.24

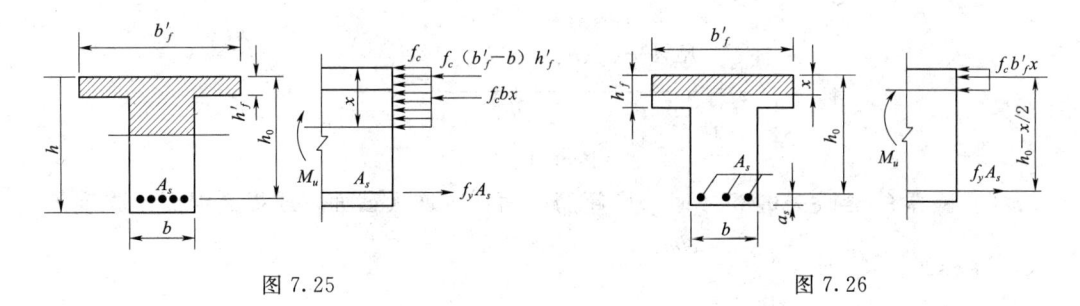

图 7.25   图 7.26

$$KM \leqslant f_c b'_f h'_f \left(h_0 - \frac{h'_f}{2}\right) \tag{7.13}$$

或
$$A_s f_y \leqslant f_c b'_f h'_f \tag{7.14}$$

时,属第一类T形截面($x \leqslant h'_f$);否则属第二类T形截面($x > h'_f$)。截面设计时用式(7.13)来判别,承载力复核时用式(7.14)来判别。

2. 第一类T形截面

因 $x \leqslant h'_f$,中性轴位于翼缘内,混凝土受压区形状为矩形,故按 $b'_f \times h$ 的单筋矩形截面计算。计算应力图形如图7.25所示。

平衡条件

$$KM \leqslant M_u = f_c b'_f x \left(h_0 - \frac{x}{2}\right) \tag{7.15}$$

$$A_s f_y = f_c b'_f x \tag{7.16}$$

适用条件:①$\rho \geqslant \rho_{\min}$,$\rho = A_s/bh_0$(式中 b 采用肋宽);②$\xi \leqslant 0.85 \xi_b$,此条件一般均能满足,可不必验算。

3. 第二类T形截面

因 $x > h'_f$,中性轴通过肋部,受压区为T形,其应力图形如图7.26所示。

平衡条件

$$KM \leqslant f_c b'_f x \left(h_0 - \frac{x}{2}\right) + f_c (b'_f - b) h'_f \left(h_0 - \frac{h'_f}{2}\right) \tag{7.17}$$

123

$$A_s f_y = f_c b'_f x + f_c (b'_f - b) h'_f \tag{7.18}$$

适用条件：①$\xi \leqslant \xi_b$，防止出现超筋；②$\rho \geqslant \rho_{min}$，一般都能满足，故不必验算。

7.4.3 实用设计计算

1. 截面设计

T形截面设计，一般是先按构造或参考同类结构拟定截面尺寸，选择材料。需计算受拉钢筋截面面积 A_s，其步骤如下：

（1）先判别T形截面类型。若 $KM \leqslant f_c b'_f h'_f \left(h_0 - \dfrac{h'_f}{2}\right)$，为第一类T形截面；否则为第二类T形截面。

（2）第一类T形截面，按 $b'_f \times h$ 的单筋矩形截面计算。

（3）第二类T形截面计算如下：

1) 计算 α_s、ξ。

$$\alpha_s = \dfrac{KM - f_c (b'_f - b) h'_f \left(h_0 - \dfrac{h'_f}{2}\right)}{f_c b h_0^2}$$

$$\xi = 1 - \sqrt{1 - 2\alpha_s}$$

2) 验算 ξ。当 $\xi > 0.85\xi_b$ 时，属超筋截面，应增大截面，或提高混凝土强度等级；当 $\xi \leqslant 0.85\xi_b$ 时，$A_s = \dfrac{f_c \xi b h_0 + f_c (b'_f - b) h'_f}{f_y}$。

3) 选配钢筋，画配筋图。

2. 承载力复核

承载力复核的关键是确定 M_u。

若 $A_s f_y \leqslant f_c b'_f h'_f$ 时，为第一类T形截面，按 $b'_f \times h$ 单筋矩形截面进行复核。

若 $A_s f_y > f_c b'_f h'_f$ 时，为第二类T形截面，计算如下：

（1）计算 x。

$$x = \dfrac{A_s f_y - f_c (b'_f - b) h'_f}{f_c b}$$

（2）验算 x，计算 M_u。当 $x > 0.85\xi_b h_0$ 时，取 $x = 0.85\xi_b h_0$，有

$$M_u = \alpha_{s\max} f_c b h_0^2 + f_c (b'_f - b) h'_f \left(h_0 - \dfrac{h'_f}{2}\right)$$

当 $x \leqslant 0.85\xi_b h_0$ 时，有

$$M_u = f_c b x (h_0 - x/2) + f_c (b'_f - b) h'_f \left(h_0 - \dfrac{h'_f}{2}\right)$$

（3）验算条件：当 $KM \leqslant M_u$ 时，满足承载力要求；当 $KM > M_u$ 时，不满足承载力要求。

7.4.4 工程实例分析

项目实例1：已知一T形截面简支梁如图 7.27 所示。设计荷载 $P = 48\text{kN}$，2级

建筑物，一类环境条件，采用C20混凝土，HPB300级钢筋，试计算纵向受力钢筋截面面积。

解：(1) 资料：$f_c=9.6\text{N/mm}^2$，$f_y=270\text{N/mm}^2$，$K=1.20$，$b'_f=400\text{mm}$，$h'_f=80\text{mm}$，$b=200\text{mm}$，$h=500\text{mm}$。

(2) 确定翼缘的计算宽度：吊车梁为独立T形梁，估计钢筋单排，取 $a_s=40\text{mm}$，则截面的有效高度 $h_0=500-40=460(\text{mm})$。

$$\frac{h'_f}{h_0}=\frac{80}{460}=0.17>0.1$$

$$b+12h'_f=200+12\times 80=1160(\text{mm})$$

$$\frac{l_0}{3}=\frac{6000}{3}=2000(\text{mm})$$

翼缘的实际宽度为400mm，取上述的较小值，故 $b'_f=400\text{mm}$。

(3) 内力计算（忽略自重影响）。弯矩设计值

$$M=2P=2\times 48=96(\text{kN}\cdot\text{m})$$

(4) 鉴别T形梁类型。

$$KM=1.2\times 96=115.2(\text{kN}\cdot\text{m})$$

$$f_c b'_f h'_f\left(h_0-\frac{h'_f}{2}\right)=9.6\times 400\times 80\times(460-80/2)=129024(\text{N}\cdot\text{m})=129.024(\text{kN}\cdot\text{m})$$

$KM<f_c b'_f h'_f\left(h_0-\dfrac{h'_f}{2}\right)$，该梁属于第一类T形梁（$x<h'_f$）。

(5) 配筋计算。

$$\alpha_s=\frac{KM}{f_c b'_f h_0^2}=\frac{115.2\times 10^6}{9.6\times 400\times 460^2}=0.142$$

$$\xi=1-\sqrt{1-2\alpha_s}=1-\sqrt{1-2\times 0.142}=0.154$$

$$A_s=\frac{1}{f_y}(f_c\xi b'_f h_0)=9.6\times 0.154\times 400\times 460/270=1008(\text{mm}^2)$$

$$\rho=\frac{A_s}{bh_0}=\frac{1295}{200\times 460}=1.41\%>\rho_{\min}=0.15\%$$

选配受拉区钢筋 3φ22（$A_s=1140\text{mm}^2$），钢筋配置如图7.27所示。

项目实例2：已知一吊车梁（3级建筑物），计算跨度 $l_0=6000\text{mm}$，在使用阶段跨中截面承受弯矩设计值 $M=450\text{kN}\cdot\text{m}$，梁截面尺寸如图7.28所示，$b=300\text{mm}$，$h=700\text{mm}$，翼缘计算宽度 $b'_f=600\text{mm}$，$h'_f=120\text{mm}$，采用C20混凝土，HRB335级钢筋，试求纵向受力钢筋截面面积。

解：(1) 资料：C20混凝土，$f_c=9.6\text{N/mm}^2$；HRB335级钢筋，$f_y=300\text{N/mm}^2$。

(2) 确定翼缘的计算宽度：吊车梁为独立T形梁，估计钢筋排双排，取 $a_s=60\text{mm}$，则截面的有效高度 $h_0=700-65=635(\text{mm})$。翼缘的计算宽度为600mm，$b'_f=600\text{mm}$。

图 7.27　　　　　　　　　　　图 7.28

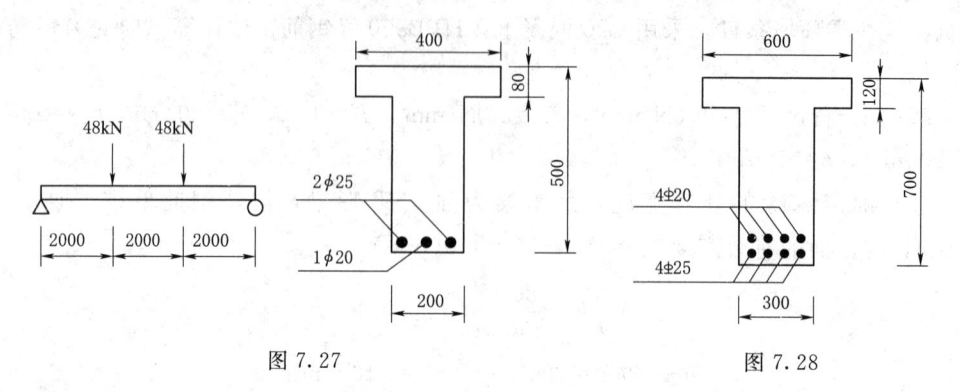

(3) 鉴别 T 形梁类型。
$$KM = 1.2 \times 450 = 540(\text{kN} \cdot \text{m})$$
$$f_c b'_f h'_f \left(h_0 - \frac{h'_f}{2}\right) = 9.6 \times 600 \times 120 \times (635 - 120/2) = 397440(\text{N} \cdot \text{m}) = 397.44(\text{kN} \cdot \text{m})$$
$KM > f_c b'_f h'_f \left(h_0 - \dfrac{h'_f}{2}\right)$，该梁属于第二类 T 形梁（$x > h'_f$）。

(4) 配筋计算。
$$\alpha_s = \frac{KM - f_c(b'_f - b)h'_f\left(h_0 - \dfrac{h'_f}{2}\right)}{f_c b h_0^2}$$
$$= \frac{540 \times 10^6 - 9.6 \times (600 - 300) \times 120 \times \left(635 - \dfrac{120}{2}\right)}{9.6 \times 300 \times 635^2}$$
$$= 0.294$$
$$\xi = 1 - \sqrt{1 - 2\alpha_s} = 1 - \sqrt{1 - 2 \times 0.294} = 0.358$$
$$A_s = \frac{1}{f_y}[f_c \xi b h_0 + f_c(b'_f - b)h'_f]$$
$$= (9.6 \times 0.358 \times 300 \times 635 + 9.6 \times 300 \times 120)/300$$
$$= 3334.4(\text{mm}^2)$$

选配受拉区钢筋 4Φ25 + 4Φ20（$A_s = 3221\text{mm}^2$），钢筋配置如图 7.28 所示。

任务 7.5　受弯构件斜截面承载力计算

【任务目标】
1. 熟悉受弯构件斜截面受剪破坏的三种形态及特点。
2. 熟悉受弯构件斜截面承载力的计算。
3. 能对受弯构件进行配箍计算。

7.5.1　受弯构件的斜截面受剪破坏形态

一般把只产生弯矩的区段称为纯弯段，在纯弯段内构件沿正截面破坏；既有弯矩

任务7.5 受弯构件斜截面承载力计算

又有剪力的区段称为剪弯段,在剪弯段内,构件将产生斜裂缝,沿斜截面破坏。

为了避免受弯构件沿斜截面破坏,保证斜截面承载力,梁应具有合理的截面尺寸、材料;配置适当的抗剪钢筋,即腹筋。腹筋包括箍筋和弯起钢筋(又称斜筋),箍筋一般与梁轴线垂直,斜筋则由正截面抗弯的纵向钢筋直接弯起而成,腹筋、纵向钢筋和架立筋构成了梁的钢筋骨架(图7.29)。

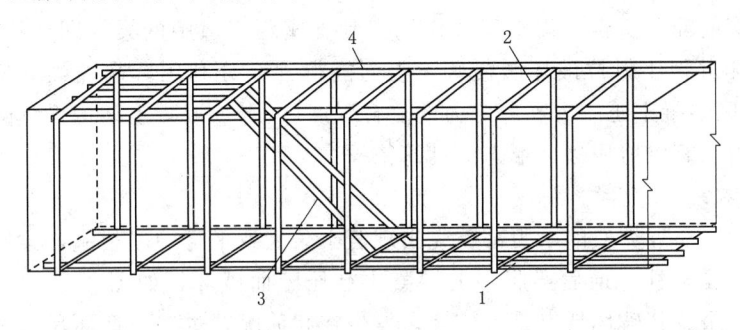

图 7.29
1—纵筋;2—箍筋;3—弯起钢筋(斜筋);4—架立筋

试验表明,影响斜截面承载力的因素很多,如截面尺寸大小、混凝土的强度等级、荷载种类、剪跨比$\lambda(\lambda=a/h_0)$和配箍率ρ_{sv}、纵筋数量、支承条件等。配箍率ρ_{sv}反映了箍筋配置量的多少,其计算式为

$$\rho_{sv}=\frac{A_{sv}}{bs} \tag{7.19}$$

式中 s——箍筋沿梁轴向间距;

A_{sv}——设置在同一截面内箍筋的面积。若单肢箍筋面积为A_{sv1},肢数为n时,$A_{sv}=nA_{sv1}$。

试验表明,受弯构件斜截面的破坏形态随影响因素的不同而不同,但主要有下列三种破坏形态(图7.30):

1. 斜拉破坏

在剪弯段内,斜裂缝一旦出现,便迅速向集中荷载作用点延伸,形成临界裂缝,直至整个截面裂通,使梁斜拉为两部分而破坏,如图7.30(a)所示。其破坏特点是:整个破坏过程迅速而突然,往往只有一条裂缝,主要发生在腹筋配置很少、集中力至支座的距离较大的梁中(即剪跨比较大,$\lambda>3$),破坏具有明显的脆性。发生此破坏的梁抗剪能力V_u主要取决于混凝土的抗拉强度f_t。

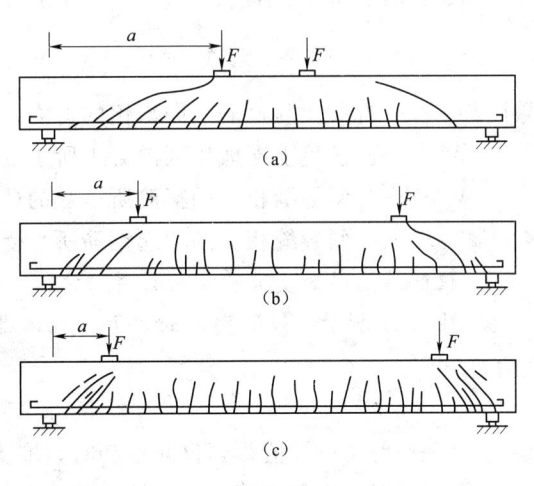

图 7.30

2. 剪压破坏

在剪弯段内，先出现垂直裂缝和几根微细的斜裂缝。随着荷载的增加，其中一根形成临界裂缝，临界裂缝向荷载作用点缓慢发展，但仍能保留一定的受压区混凝土截面不裂通，与临界裂缝相交的箍筋相继屈服，直到临界裂缝顶端的混凝土在压应力和剪应力作用下，被压碎而破坏，如图 7.30（b）所示。其破坏特点是：破坏过程缓慢，多出现在腹筋配置适当、集中荷载作用点到支座距离适中的梁（即剪跨比适中，$1<\lambda\leqslant 3$），破坏过程比斜拉破坏缓慢些，腹筋能得到充分利用。这种梁的抗剪能力 V_u 取决于剪压区混凝土压应力和剪应力的复合强度。《水工混凝土结构设计规范》规定斜截面承载力计算以剪压破坏形态为计算依据。

3. 斜压破坏

在剪弯段内，靠近支座的梁腹部首先出现若干条大致平行的斜裂缝，梁腹被分隔成若干个倾斜的受压柱，最后梁腹中的混凝土被压碎而破坏，如图 7.30（c）所示，此时腹筋尚未屈服。其破坏特点是：破坏多发生在腹筋配置过多、截面尺寸太小、集中荷载距支座较近的受弯构件中（即剪跨比较小，$\lambda\leqslant 1$），破坏没有明显的脆性，设计中应当避免。其抗剪承载力 V_u 取决于混凝土的轴心抗压强度 f_c。

上述三种破坏形态，就承载力而言，抗剪承载力最大的是斜压破坏，其次是剪压破坏，斜拉破坏最小。就破坏性质而言，三者均属脆性破坏，其中斜拉破坏更为明显。规范采用了不同的方法来保证斜截面承载力，对于斜拉破坏，通常用最小配箍率和箍筋构造来控制；对于斜压破坏，用限制截面尺寸的条件来控制；对于剪压破坏，则通过斜截面的抗剪承载力计算来控制。

7.5.2 受弯构件的斜截面受剪承载力计算

进行斜截面受剪承载力设计与正截面承载力设计相似，用配置一定量的腹筋来防止斜拉破坏及采用截面限制条件的方法来防止斜压破坏，而主要的剪压破坏形态则给出计算公式。

7.5.2.1 基本计算公式

如图 7.31 所示，钢筋混凝土 V_u 主要由三部分组成，即

$$V_u=V_{cs}+V_{sb}=V_c+V_{sv}+V_{sb} \tag{7.20}$$

式中　V_{cs}——混凝土与箍筋共同承担的剪力；

V_c——斜裂缝上端剪压区混凝土所承受的剪力；

V_{sv}——与斜裂缝相交的箍筋所承受的剪力；

V_{sb}——与斜裂缝相交的弯起钢筋所承受的剪力，即 T_{sb} 沿竖向分力。

1. 仅配箍筋梁的受剪承载力计算公式

如图 7.31 所示，仅配箍筋时，$T_{sb}=0$，即 V_{sb} 等于零，此时，$V_u=V_{cs}$，从而承载力要求

$$KV\leqslant V_{cs} \tag{7.21}$$

式中　V——剪力设计值，当仅配箍筋时，取支座边缘截面的最大剪力值；

V_{cs}——混凝土与箍筋共同承担的剪力。

(1) 对承受一般荷载的矩形、T 形和工字形截面的受弯构件，其计算公式为

$$V_{cs}=0.7f_t bh_0+1.25f_{yv}\frac{A_{sv}}{s}h_0 \qquad (7.22)$$

式中 b——矩形截面的宽度或 T 形、工字形截面的腹板宽度；

h_0——截面的有效高度；

f_{yv}——箍筋抗拉强度设计值；

f_t——混凝土的轴心抗拉强度设计值；

s——箍筋的间距；

图 7.31

A_{sv}——配置在同一截面内箍筋各肢的全部截面面积，$A_{sv}=nA_{sv1}$，n 为在同一截面内箍筋的肢数，A_{sv1} 为单肢箍筋的截面面积。

(2) 对于集中荷载作用下的矩形截面独立梁（包括作用有多种荷载，且集中荷载对支座截面或节点边缘所产生的剪力值占总剪力值 75% 以上的情况），其计算公式为

$$V_{cs}=0.5f_t bh_0+f_{yv}\frac{A_{sv}}{s}h_0 \qquad (7.23)$$

$$\lambda=a/h_0 \qquad (7.24)$$

式中 λ——计算剪跨比；

a——集中荷载作用点至支座截面或节点边缘的距离。

当 $\lambda<1.4$ 时，取 $\lambda=1.4$；当 $\lambda>3$ 时，取 $\lambda=3$。

2. 配有箍筋和弯起钢筋（斜筋）的梁承载力计算公式承载力要求

$$KV\leqslant V_u, V_u=V_{cs}+V_{sb}$$

即

$$KV\leqslant V_u=V_c+V_{sv}+V_{sb}$$

$$V_{sb}=T_{sb}\sin\alpha=f_y A_{sb}\sin\alpha$$

式中 A_{sb}——同一弯起平面内弯起钢筋截面面积；

α——斜截面上弯起钢筋与构件纵向轴线的夹角，一般取 45°；当梁高 $h\geqslant$ 700mm 时，可取 $\alpha=60°$。

7.5.2.2 基本公式适用条件

1. 防止斜压破坏的条件——截面尺寸限制

《水工混凝土结构设计规范》根据工程实践经验和试验结果分析，规定了梁截面尺寸应满足下列要求：

当 $h_w/b\leqslant 4.0$ 时，对一般梁要求

$$KV\leqslant 0.25f_c bh_0 \qquad (7.25)$$

式中 V——支座边缘截面的最大剪力值；

b——矩形截面的宽度，T 形或工字形截面的腹板宽度；

h_w——截面的腹板高度，矩形截面取有效高度 $h_w=h_0$；T 形截面取有效高度减去翼缘的高度 $h_w=h_0-h'_f$；工字形截面取腹板净高 $h_w=h_0-h'_f-h_f$。

当 $h_w/b\geqslant 6.0$ 时，要求

$$KV \leqslant 0.2 f_c b h_0 \tag{7.26}$$

当 $4.0 < h_w/b < 6.0$ 时，按直线内插法计算。

在设计时，若不满足上述要求时，应加大截面尺寸或提高混凝土强度等级，直到满足为止。

2. 防止斜拉破坏的条件——最小配箍率和箍筋的最大间距

试验表明，箍筋配置过少，一旦裂缝出现，由于箍筋的抗剪作用不足，就会发生斜拉破坏，《水工混凝土结构设计规范》规定箍筋的配置应满足最小配箍率要求

$$\rho_{sv} = \frac{A_{sv}}{bs} \geqslant \rho_{sv\min} \tag{7.27}$$

式中 $\rho_{sv\min}$——箍筋最小配筋率，对于 HPB300 级钢筋，$\rho_{sv\min}=0.15\%$；对于 HRB335 级钢筋，$\rho_{sv\min}=0.1\%$。

当满足了最小配箍率要求后，如果腹筋配置得太稀，即间距过大，有可能在两根腹筋之间出现斜裂缝，这时腹筋将不能发挥作用（图 7.32）。为此《水工混凝土结构设计规范》规定了箍筋的最小直径（见任务 7.1）和最大间距 $s_{\max}$（表 7.1）。对于箍筋，两根箍筋之间距离应满足 $s \leqslant s_{\max}$ 要求；对于弯起钢筋间距，是指前一排弯筋的下弯点到后一排弯筋的上弯点之间的梁轴投影距离 $s \leqslant s_{\max}$。在任何情况下，腹筋间距都不得大于表 7.1 中的 $s_{\max}$ 数值；在支座处，从支座算起的第一排弯筋和第一根箍筋离开支座边缘的距离 s_1 也不得大于 $s_{\max}$。

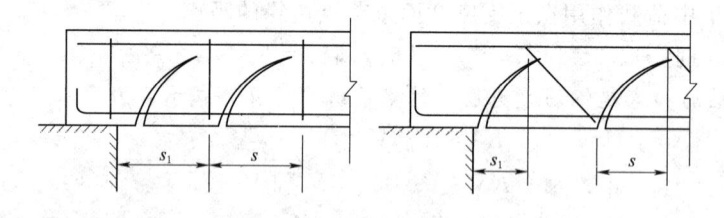

图 7.32

s_1—支座边缘至第一根箍筋或弯筋的距离；s—箍筋或弯筋的间距

7.5.3 斜截面受剪承载力计算步骤

1. 作梁的剪力图

确定斜截面承载力计算截面和相应的剪力值 V，剪力值 V 按净跨计算。

2. 验算截面尺寸

按式（7.25）或式（7.26）进行验算。不满足时，则需增大 b、h 或提高混凝土等级。

3. 确定是否按计算配置腹筋

若 $KV \leqslant V_c = 0.7 f_t b h_0$（一般荷载）或 $KV \leqslant V_c = 0.5 f_t b h_0$（集中荷载为主），则按构造要求配置腹筋，否则必须按计算配置腹筋。

4. 腹筋计算

（1）只配箍筋。根据 $KV \leqslant V_{cs}$ 条件，以式（7.22）或式（7.23）计算 A_{sv}/s，然后选配箍筋肢数 n、单肢箍筋面积 A_{sv1}，最后确定箍筋间距 s，s 应满足 $s \leqslant s_{\max}$，同

时还应满足 $\rho_{sv} \geqslant \rho_{svmin}$。

(2) 既配箍筋又配弯筋。按构造要求先选 d、n、s，应满足要求 $\rho_{sv} \geqslant \rho_{svmin}$，再利用式（7.22）或式（7.23）计算 V_{cs}，当 $KV \leqslant V_{cs}$ 时，说明箍筋已满足受剪承载力要求，不需配弯筋；当 $KV > V_{cs}$ 时，说明箍筋不满足受剪承载力要求，需按计算配置弯筋。

弯筋计算式为

$$A_{sb} = \frac{KV - V_{cs}}{f_y \sin\alpha} \tag{7.28}$$

如图 7.33 所示，计算第一排弯筋时，剪力 V 取支座边缘处剪力值，以后每排取前一排弯筋弯起点的剪力值。弯筋的排数与 V、V_{cs} 有关，最后一排弯筋的弯起点应落在 V_{cs}/K 的控制区中，弯筋间距必须满足 $s \leqslant s_{max}$ 要求。

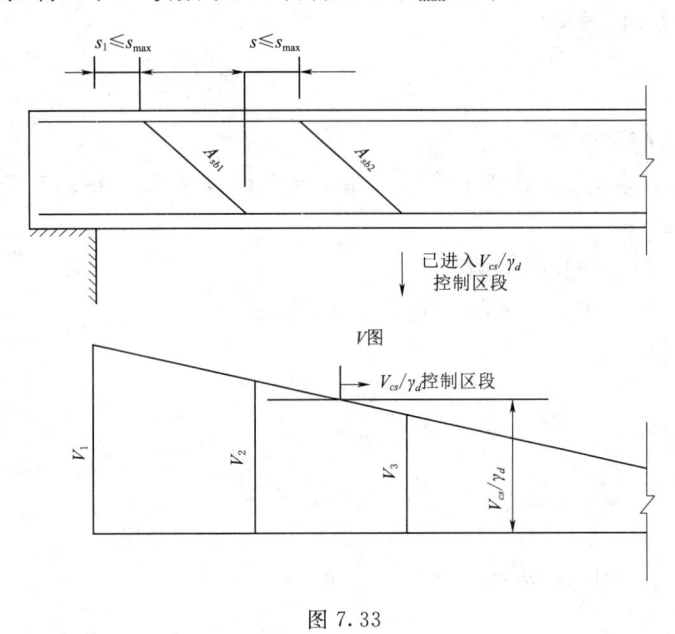

图 7.33

7.5.4 工程实例分析

项目实例 1：某矩形截面简支梁，截面尺寸 $b \times h = 200\text{mm} \times 500\text{mm}$，在均布荷载作用下承受剪力设计值 $V = 150\text{kN}$，根据正截面承载力计算已配置纵向受力钢筋 3Φ20。采用 C20 混凝土，HRB335 级的纵向受力钢筋，HPB300 级箍筋，若采用仅配箍筋方法配置腹筋，试计算箍筋数量。

解：(1) 资料：$f_c = 9.6\text{N/mm}^2$，$f_t = 1.1\text{N/mm}^2$，$f_y = 300\text{N/mm}^2$，$f_{yv} = 270\text{N/mm}^2$。

(2) 验算截面尺寸：$h_0 = h - a_s = 500 - 40 = 460(\text{mm})$（取 $a_s = 40\text{mm}$），则

$$h_w/b = h_0/b = 460/200 = 2.3 < 4.0$$

$0.25 f_c b h_0 = 0.25 \times 9.6 \times 200 \times 460 = 220800(\text{N}) = 220.8(\text{kN}) > KV = 1.2 \times 150 = 180(\text{kN})$

故截面尺寸满足抗剪要求。

(3) 验算是否按计算配置腹筋。

$0.7f_tbh_0 = 0.7 \times 1.1 \times 200 \times 460 = 70840(\text{N}) = 70.84(\text{kN}) < KV = 1.2 \times 150 = 180(\text{kN})$

应按计算配置腹筋。

(4) 腹筋计算。当仅配箍筋时，由 $KV \leqslant V_{cs}$，$V_{cs} = 0.7f_tbh_0 + 1.25f_{yv}\dfrac{A_{sv}}{s}h_0$ 得

$$\dfrac{A_{sv}}{s} \geqslant \dfrac{KV - 0.7f_tbh_0}{1.25f_{yv}h_0} = \dfrac{180 \times 10^3 - 0.7 \times 1.1 \times 200 \times 460}{1.25 \times 270 \times 460} = 0.703$$

若选用 $\phi 8$ 箍筋，$n=2$，$A_{sv1}=50.3\text{mm}^2$，则

$$s \leqslant \dfrac{A_{sv}}{0.904} = \dfrac{2 \times 50.3}{0.703} = 143 < S_{max} = 200\text{mm}$$

取用 $s=140\text{mm}$，即采用 $\phi 8@140$ 的箍筋。

(5) 验算最小配箍率。

$$\rho_{sv} = \dfrac{A_{sv}}{bs} = \dfrac{2 \times 50.3}{200 \times 100} = 0.5\% \geqslant \rho_{sv\min}$$

即满足最小配箍筋要求。

项目实例 2：在上例中，条件不变，取 $l_0 = 6.0\text{m}$，按既配箍筋又配弯筋，求腹筋数量。

解：步骤 (1)～(3) 同上例。

(4) 腹筋计算。按构造选取 $\phi 8@150$ 双肢箍筋。

1) 验算配箍率。

$$\rho_{sv} = \dfrac{A_{sv}}{bs} = \dfrac{2 \times 50.3}{200 \times 150} = 0.335\% \geqslant \rho_{sv\min}$$

满足要求。

2) 计算 V_{cs}。

$$V_{cs} = 0.7f_tbh_0 + 1.25f_{yv}\dfrac{A_{sv}}{s}h_0$$

$$= 0.7 \times 1.1 \times 200 \times 460 + 1.25 \times 270 \times \dfrac{2 \times 50.3}{150} \times 460$$

$$= 174.96 \times 10^3 = 174.96(\text{kN}) < KV = 1.2 \times 150 = 180(\text{kN})$$

3) 弯筋计算。

$$A_{sb} = \dfrac{KV - V_{cs}}{f_y\sin\alpha} = \dfrac{180 \times 10^3 - 174.96 \times 10^3}{300 \times 0.707} = 23.76(\text{mm}^2)$$

从纵筋中弯起 $1\underline{\Phi}20$，$A_{sb}=314\text{mm}^2 > 150.75\text{mm}^2$，弯起点处的剪力值：取弯起点距支座边缘距离为 $200+500-2\times25=650(\text{mm})$，且均布荷载 $g = 2V/l = 150 \times 2/6 = 50(\text{kN/m})$，则该处剪力为

$$V_2 = 150 - 50 \times 0.65 = 117.5(\text{kN}) < V_{cs}/K = 174.96/1.2 = 145.8(\text{kN})$$

故不需再弯起第二排弯筋。

项目 8　钢筋混凝土受压构件承载力计算

【知识目标】
1. 了解受压构件的分类。
2. 掌握钢筋混凝土柱的构造要求。
3. 熟悉轴心受压构件正截面承载力的计算。
4. 熟悉偏心受压构件正截面承载力的计算。
5. 熟悉对称配筋的大偏压构件承载力的计算。
6. 了解偏心受压构件的斜截面承载力计算。

【技能目标】
1. 能根据钢筋混凝土柱的构造要求正确指导施工。
2. 能根据轴心受压柱的轴力设计值合理设计截面和选配钢筋。
3. 能根据对称配筋计算原理合理选配大偏压构件的受力钢筋。
4. 能根据偏心受压构件的斜截面受剪承载力计算公式配置箍筋。
5. 能正确绘制与识读各种柱的结构施工图。

任务 8.1　受压构件的分类与构造要求

【任务目标】
1. 了解受压构件的分类。
2. 掌握受压构件的一般构造要求。

8.1.1　受压构件的分类

水利工程中,常见的受压构件有水闸工作桥支柱、渡槽的支承排架、桥墩、水电站厂房的立柱、桁架结构的上弦杆以及拱式渡槽的支承拱圈等。

按照轴向压力作用位置的不同,受压构件可分为轴心受压构件和偏心受压构件两种类型,如图 8.1 所示。当轴向压力 N 通过截面的重心时为轴心受压构件;轴向压力 N 偏离构件截面重心或构件同时承受轴心压力 N 和弯矩 M 作用时,则为偏心受压构件。

严格地说,实际工程中真正的轴心受力构件是不存在的。由于混凝土的非均匀性、钢筋的偏位、构件尺寸的施工误差,都会或多或少导致轴向力产生偏心。当偏心很小在设计中可略去不计时,可当作轴心受压构件计算。

8.1.2　受压构件的一般构造

1. 截面形式及尺寸

轴心受压构件一般采用方形或圆形截面;偏心受压构件常采用矩形截面,截面长

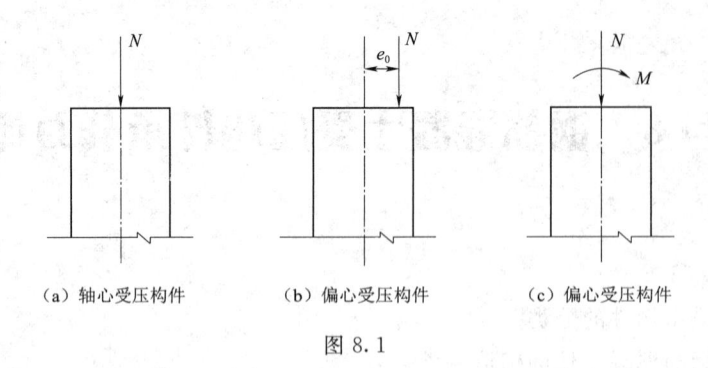

(a) 轴心受压构件　　　　(b) 偏心受压构件　　　　(c) 偏心受压构件

图 8.1

边布置在弯矩作用方向，长短边尺寸比一般为 1.5～2.5。

受压构件截面尺寸与长度相比不宜太小，因为构件越细长，纵向弯曲的影响越大，承载力降低得越多，不能充分利用材料的强度。水工建筑中现浇立柱其边长不宜小于 300mm，否则施工缺陷所引起的影响就较为严重。为施工方便，截面尺寸应符合模数要求。边长在 800mm 以下时以 50mm 为模数，800mm 以上时以 100mm 为模数。

2. 混凝土材料等级

混凝土强度等级对受压构件的承载力影响较大，为了减小截面尺寸并节省钢材，宜采用强度等级较高的混凝土，如 C25、C30 或更高。若截面尺寸不是由强度条件确定时（如闸墩、桥墩），也可采用 C15 混凝土。

3. 纵向钢筋

受压构件内配置的钢筋一般可用 HRB335 级或 HRB400 级钢筋。对受压钢筋来说，不宜采用高强钢筋，这是因为钢筋的抗压强度受到混凝土极限压应变限制，不能充分发挥其高强作用。受压钢筋也不宜采用冷拉钢筋，因为钢筋冷拉后抗压强度并不提高。

受压构件的纵向钢筋，其数量不能过少，纵向钢筋太少，构件破坏时呈脆性。《水工混凝土结构设计规范》规定，当构件截面尺寸由强度条件确定时，轴心受压柱全部纵向受力钢筋的配筋率不得小于规定的最小配筋率；偏心受压柱的受压钢筋或受拉钢筋的配筋率不得小于规定的最小配筋率，数值见附录 3 附表 3-3。纵向钢筋也不宜过多，配筋过多既不经济，也不便于施工，常用配筋率在 0.8%～2% 范围内。若荷载较大及截面尺寸受限制时，配筋率可适当提高，但全部纵向钢筋配筋率不宜超过 5%。

纵向钢筋直径 d 不宜小于 12mm。过小则钢筋骨架柔性大，施工不便，通常在 12～32mm 范围内选择。同时，方形柱和矩形柱截面中的纵筋不少于 4 根，每边不少于 2 根。

轴心受压柱的纵向受力钢筋应沿周边均匀布置；偏心受压柱的纵向受力钢筋则沿截面短边均匀布置。

现浇立柱的纵向钢筋间净距不应小于 50mm，其最大间距（中距）也不应大于 350mm。当偏心受压柱的长边大于或等于 600mm 时，应在长边中间设置直径为 10～

16mm 的纵向构造钢筋，其间距不大于 500mm，并相应地设置附加箍筋或连接拉筋。混凝土保护层厚度的要求同受弯构件，由环境条件确定，一般不小于 25mm。

4. 箍筋

为了防止纵向钢筋受压时向外弯凸和防止混凝土保护层横向胀裂剥落，尚应配置箍筋。柱中箍筋应做成封闭式，与纵筋绑扎或焊接形成整体骨架。

箍筋一般采用 I 级钢筋，其直径不小于 $d/4$（d 为纵向钢筋的最大直径），且不应小于 6mm；采用 LL550 级冷轧带肋钢筋时，其直径不小于 $d/5$，且不应小于 5mm。

箍筋的间距不应大于构件截面的短边尺寸 b，且不应大于 400mm；同时在绑扎骨架中不宜大于 $15d$，在焊接骨架中不宜大于 $20d$（d 为纵向钢筋的最小直径）。当纵向钢筋采用绑扎接头时，搭接长度范围内的箍筋应加密，间距 s 不应大于 $10d$，且不大于 200mm。

当柱中全部纵向钢筋配筋率超过 3% 时，箍筋直径不宜小于 8mm，且应焊成封闭环式，此时箍筋间距不应大于 $10d$（d 为纵向钢筋的最小直径），且不应大于 200mm。

当柱每边的纵向受力钢筋多于 3 根，或当截面短边尺寸不大于 400mm 但纵向钢筋多于 4 根时，应设置附加箍筋，以防止中间纵向钢筋的曲凸。其布置的原则是尽可能使每根纵筋均处于箍筋的转角处，在纵筋布置较密的情况下，允许纵筋每隔一根位于箍筋的转角处。矩形截面柱的箍筋形式如图 8.2 所示。

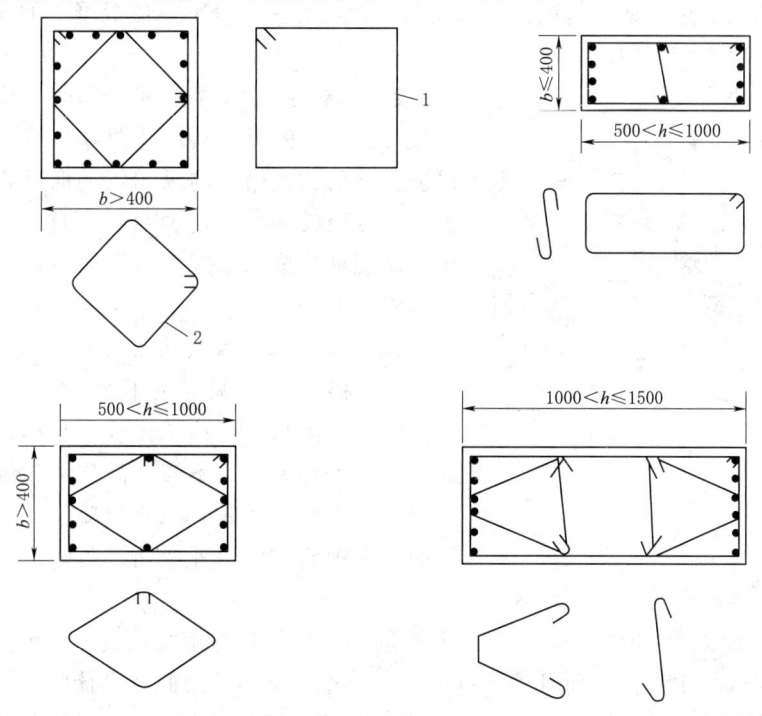

图 8.2
1—基本箍筋；2—附加箍筋

任务 8.2 轴心受压构件正截面承载力计算

【任务目标】
1. 了解轴心受压短柱和长柱的破坏特点。
2. 熟悉轴心受压构件正截面承载力的计算。
3. 能根据轴心受压柱的轴力设计值合理设计截面和选配钢筋。

8.2.1 试验分析

1. 轴心受压短柱的试验研究

钢筋混凝土轴心受压构件试验时，选用配有纵向钢筋和箍筋的短柱为试件，缓慢地进行加载。根据试验观察，短柱的破坏形态可分为三个阶段。

第一阶段为弹性阶段。在加载过程中，由于钢筋与混凝土之间存在黏结力，混凝土与钢筋始终保持共同变形，整个截面的应变是均匀分布的，两种材料的压应变保持一致，应力的值基本上符合两者弹性模量之比。

第二阶段为塑性阶段。随着荷载逐渐增大，混凝土塑性变形开始发展，其变形模量降低，当柱子变形越来越大时，混凝土的应力却增加得越来越慢，而钢筋的应力增加却越来越快，两者的应力比值不再符合弹性模量之比。若荷载长期持续作用，混凝土将发生徐变变形，钢筋与混凝土之间会产生应力重新分配，使混凝土的应力有所减小，钢筋的应力则增加。

第三阶段为破坏阶段。当轴向力加载达到柱子破坏荷载的90%时，柱子出现与荷载方向平行的纵向裂缝[图8.3 (a)]，混凝土保护层剥落，箍筋间的纵向钢筋向外弯凸，混凝土被压碎而破坏[图8.3 (b)]，这时，混凝土的应力达到轴心抗压强度，钢筋应力也达到受压时的屈服强度。

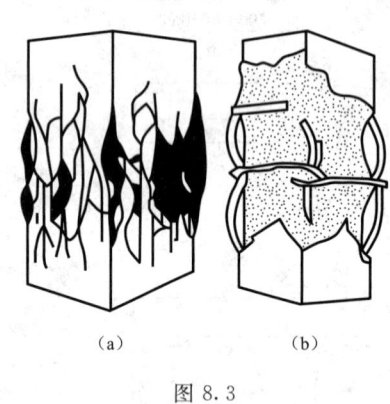

图 8.3

2. 轴心受压长柱的试验研究

上述破坏情况只是对长细比较小的短柱而言。由试验可知：当柱子比较细长时，发现柱子的破坏并不是承载力不够，而是由于纵向失稳所造成的。当柱破坏时，凹侧混凝土被压碎，箍筋间的纵向钢筋受压向外弯曲，凸侧则由受压突然变为受拉，出现受拉裂缝（图8.4）。

若将截面尺寸、混凝土强度等级和配筋相同的长柱与短柱比较，就可发现长柱承受的破坏荷载小于短柱，而且柱子越细长，则小得越多。因此在设计中必须考虑因纵向失稳对柱子承载力的影响，故用稳定系数 φ 表示长柱承载力较短柱降低的程度，影响 φ 值的主要因素为柱的长细比 l_0/b（b 为矩形截面柱短边尺寸，l_0 为柱的计算长度），见表8.1。

任务8.2 轴心受压构件正截面承载力计算

表8.1　　　　　　　　　钢筋混凝土轴心受压构件的稳定系数 φ

l_0/b	≤8	10	12	14	16	18	20	22	24	26	28
l_0/i	≤28	35	42	48	55	62	69	76	83	90	97
φ	1.0	0.98	0.95	0.92	0.87	0.81	0.75	0.70	0.65	0.60	0.56
l_0/b	30	32	34	36	38	40	42	44	46	48	50
l_0/i	104	111	118	125	132	139	146	153	160	167	174
φ	0.52	0.48	0.44	0.40	0.36	0.32	0.29	0.26	0.23	0.21	0.19

注　表中 l_0 为构件计算长度,按表8.2计算;b 为矩形截面的短边尺寸;i 为截面最小回转半径。在求稳定系数 φ 时,需确定受压构件的计算长度 l_0,l_0 与构件的两端支承情况有关,可由表8.2查得。实际工程中,支座情况并非理想的固定或不移动铰支座,应根据具体情况具体分析。

表8.2　　　　　　　　　　　构件的计算长度 l_0

构件及两端约束情况		计算长度 l_0
直杆	两端固定	$0.5l$
	一端固定,另一端为不移动的铰	$0.7l$
	两端均为不移动的铰	$1.0l$
	一端固定,另一端自由	$2.0l$

当 $l_0/b \leqslant 8$ 时,$\varphi=1$,可不考虑纵向弯曲,称为短柱;而当 $l_0/b>8$ 时,为长柱,φ 值随 l_0/b 的增大而减小。也就是说,柱子越细长,受压后越容易发生纵向弯曲而导致失稳,构件承载力降低越多,材料强度不能充分利用。因此,对一般建筑物中的柱子,常限制 $l_0/b \leqslant 30$ 及 $l_0/h \leqslant 25$（b 为矩形截面的短边尺寸,h 为长边尺寸）。

8.2.2 普通箍筋柱的计算

1. 基本公式

根据上述受力分析可知,普通箍筋受压柱正截面承载力,由混凝土和钢筋两部分受压承载力组成（图8.5）,可按下式计算

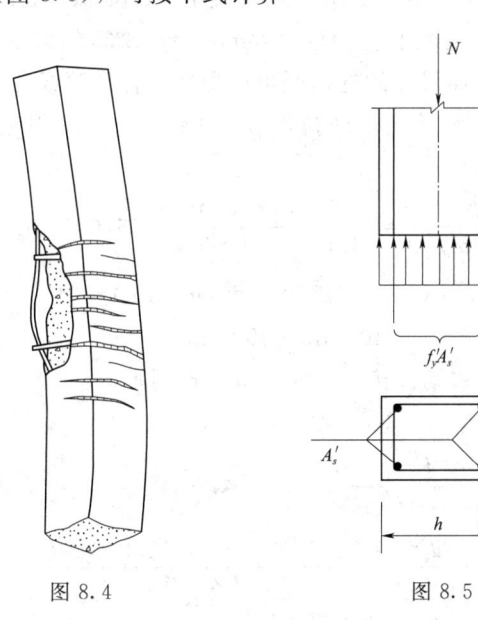

图8.4　　　　　　　　　　图8.5

$$KN \leqslant N_u = \varphi(f_c A + f'_y A'_s) \tag{8.1}$$

式中　N——轴向力设计值；

　　　K——承载力安全系数；

　　　φ——钢筋混凝土轴心受压构件稳定系数（见表8.1）；

　　　A——构件截面面积（当配筋率$\rho'>3\%$时，式中A应改用净截面面积A_c，$A_c = A - A'_s$）；

　　　N_u——截面破坏时的极限轴向力；

　　　f_c——混凝土的轴心抗压强度设计值；

　　　A'_s——全部纵向钢筋的截面面积；

　　　f'_y——纵向钢筋的抗压强度设计值。

2. 截面设计

柱截面尺寸可由构造要求或参照同类结构确定。然后根据构件的长细比由表8.1查出φ值，再按下式计算钢筋截面面积

$$A'_s = \frac{KN - \varphi f_c A}{\varphi f'_y} \tag{8.2}$$

钢筋面积A'_s求得后，可验算配筋率ρ'（$\rho' = A'_s/A$）是否合适（柱子合适配筋率在0.8%～2.0%之间）。如果ρ'过小或过大，说明截面尺寸选择不当，可重新选择。

3. 承载力复核

承载力复核时，构件的计算长度、截面尺寸、材料强度、纵向钢筋用量均为已知，故只需将有关数据代入式（8.1）即可求出构件所能承担的轴向力设计值。

8.2.3　工程实例分析

项目实例：一现浇钢筋混凝土轴心受压柱，柱高6.4m，两端为不动铰支座，承受的轴心压力设计值$N=1950$kN，采用C25混凝土，HRB335级钢筋。试设计该柱。

解：(1) 基本资料：C25混凝土$f_c=11.9$N/mm，HRB335级钢筋$f'_y=300$N/mm²。

(2) 初拟截面尺寸。截面尺寸的选择既可以根据工程经验或参考类似结构，也可用以下选择合适配筋率的方法确定，即暂取$\rho'=1\%$，$\varphi=1$，根据式（8.2）得出构件近似截面面积，即

$$A = \frac{KN}{\varphi(f_c + \rho' f'_y)} = \frac{1.2 \times 1950 \times 10^3}{11.9 + 0.01 \times 300} = 157047 (\text{mm}^2)$$

$$b = \sqrt{A} = \sqrt{157047} = 396 (\text{mm})$$

拟定柱截面形状为正方形，$b \times h = 400\text{mm} \times 400\text{mm}$。

(3) 求φ。柱两端为不移动铰接：$l_0 = l = 6.4$m，则

$$l_0/b = 6400/400 = 16, \quad \varphi = 0.87$$

(4) 求A'_s：
$$A'_s = \frac{KN - \varphi f_c A}{\varphi f'_y}$$
$$= \frac{1.2 \times 1950 \times 10^3 - 0.87 \times 11.9 \times 400 \times 400}{0.87 \times 300}$$
$$= 2618.8 (\text{mm}^2)$$

$$\rho' = A_s'/A = 2618.8/160000 = 1.64\%$$

说明截面尺寸选择合理,不需要调整。

选用 $4 \underline{\Phi} 20 + 4 \underline{\Phi} 22$($A_s' = 2778\text{mm}^2$)纵向受力钢筋,箍筋选用 $\Phi 8@200$,如图 8.6 所示。

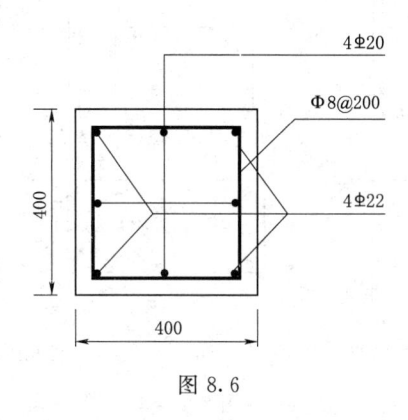

图 8.6

任务 8.3 偏心受压构件的承载力计算

【任务目标】
1. 了解大、小偏心受压构件的破坏特点。
2. 熟悉偏心受压构件正截面承载力的计算。
3. 能根据对称配筋计算原理合理选配大偏压构件的受力钢筋。
4. 了解偏心受压构件的斜截面承载力计算公式。

8.3.1 偏心受压构件的类型与判别

偏心受压构件按轴向力作用位置的不同可分为单向偏心受压构件和双向偏心受压构件。本书主要介绍单向偏心受压构件。试验结果表明,偏心受压构件的破坏可归纳为两类情况:一是受拉破坏,习惯上称为大偏心受压;二是受压破坏,习惯上称为小偏心受压。

1. 大偏心受压构件的破坏特征

当轴向力的偏心距较大,且距轴向力较远的一侧钢筋配置不是太多时,截面一侧受压,另一侧受拉。随着荷载的增加,首先在受拉区产生横向裂缝;荷载不断增加,裂缝将不断开展,混凝土压区也不断减小。破坏时,受拉钢筋先达到屈服强度,随着钢筋的塑性伸长,混凝土压区迅速减小而被压碎,受压钢筋也达到屈服强度,这种破坏称为受拉破坏,即大偏心受压破坏,其破坏过程类似于双筋受弯构件的适筋破坏。受拉破坏属于"塑性破坏"。图 8.7(a)所示为大偏心受压构件破坏时的截面应力图形。

2. 小偏心受压构件的破坏特征

当轴向力的偏心距较小,或距轴向力较远一侧钢筋配置较多时,构件截面将全部或部分受压,这类构件称为小偏心受压构件。图 8.7(b)、(c)所示为小偏心受压构件破坏时的截面应力图形。

项目8 钢筋混凝土受压构件承载力计算

(a) 大偏心受压构件破坏时的截面应力图形　　(b)(c) 小偏心受压构件破坏时的截面应力图形

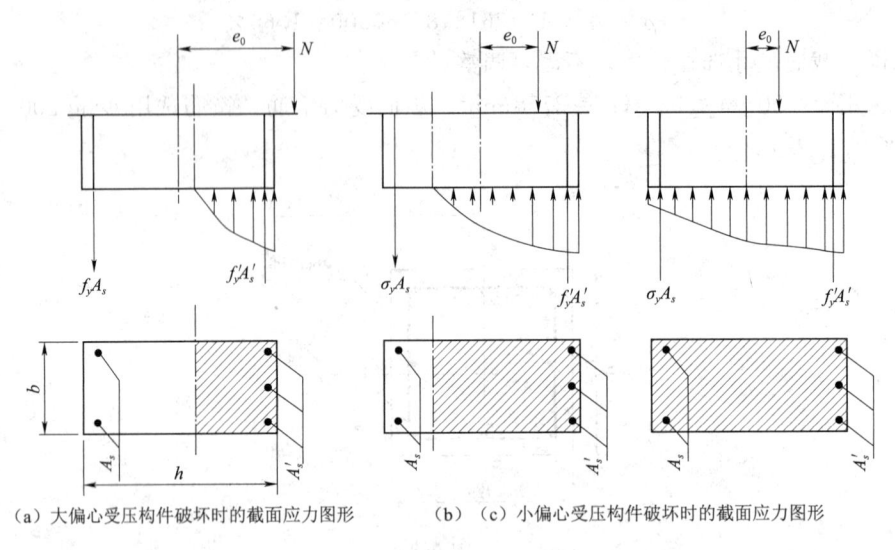

图 8.7

小偏心受压构件的破坏特征是：当截面全部受压时，靠近轴向力一侧的混凝土先被压碎，而另一侧的钢筋和混凝土应力较小，在构件破坏前不会出现横向裂缝，也达不到抗压设计强度；当部分受压时，截面会出现小部分受拉区，但应力很小，也可能出现细微的横向裂缝，但发展缓慢，在构件接近破坏时，构件中部靠近偏心力一侧，出现明显的纵向裂缝，且急剧扩展，很快这一侧混凝土便被压碎；与此同时，受压较大一侧的纵向钢筋 A'_s 也达到抗压屈服强度；而另一侧的纵向钢筋可能受拉，也可能受压，但一般都不会屈服。这种破坏称为受压破坏，即小偏心受压破坏，其破坏过程类似于受弯构件的超筋破坏。受压破坏属于"脆性破坏"，在设计中应予避免。

3. 大、小偏心受压的界限

大偏心受压构件破坏的主要特征是破坏时受拉纵筋首先屈服，然后受压区混凝土被压碎；而小偏心受压构件破坏的主要特征是受压较大一侧混凝土首先被压碎。由此，界限破坏的特征为：当距偏心力较远一侧受拉钢筋发生屈服的同时，距偏心力较近一侧压区混凝土也达到极限压应变而被压碎，这和受弯构件中适筋梁与超筋梁的界限破坏特征完全相同。所以，仍然可以采用界限相对受压区高度 ξ_b 来作为判断截面属于大偏心受压还是小偏心受压的界限指标。即

当 $\xi \leqslant \xi_b$ 时，截面属于大偏心受压；当 $\xi > \xi_b$ 时，截面属于小偏心受压。当钢筋面积未知时，不能用此条件判别。根据理论分析，可按以下条件判别：$\eta e_0 > 0.3h_0$ 为大偏压；$\eta e_0 \leqslant 0.3h_0$ 为小偏压。

这里，界限相对受压区高度 ξ_b 的取值方法与受弯构件完全相同。

8.3.2 偏心距增大系数

钢筋混凝土偏心受压构件在荷载作用下，将产生纵向弯曲变形，由于弯曲变形引起的附加偏心距会使构件的侧向挠度进一步增大，以致轴向力对长柱跨中截面重心的实际偏心距不再是初始偏心距 e_0，而是增大后的 $e_0 + f$（图8.8）。偏心距的增大使构

任务 8.3 偏心受压构件的承载力计算

件截面上的弯矩也相应的随之增大,从而构件承载力降低。显然,长细比越大,其附加挠度也越大,承载力降低得也就越多。因此,在计算钢筋混凝土偏心受压构件时,应考虑长细比对承载力降低的影响。

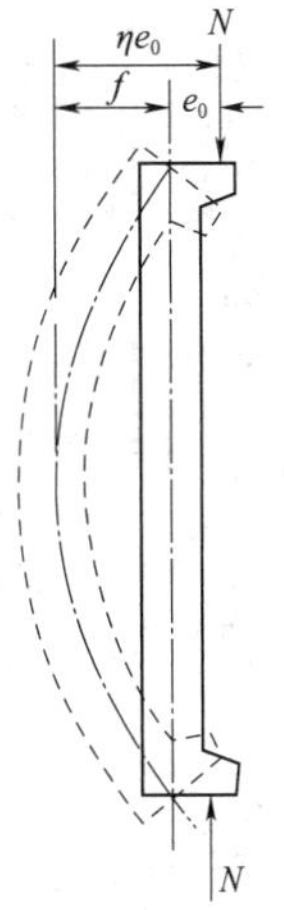

《水工混凝土结构设计规范》采用的方法是将初始偏心距 e_0 乘以一个大于1的偏心距增大系数 η,即

$$e_0 + f = \left(1 + \frac{f}{e_0}\right) e_0 = \eta e_0 \tag{8.3}$$

$$\eta = 1 + \frac{f}{e_0} \tag{8.4}$$

式中 η——偏心距增大系数,根据偏心受压构件试验挠曲线的实测结果和理论分析,《水工混凝土结构设计规范》给出了偏心距增大系数 η 的计算公式为

图 8.8

$$\eta = 1 + \frac{1}{1400 \frac{e_0}{h_0}} \left(\frac{l_0}{h}\right)^2 \zeta_1 \zeta_2 \tag{8.5}$$

$$\zeta_1 = \frac{0.5 f_c A}{KN} \tag{8.6}$$

$$\zeta_2 = 1.15 - 0.01 \frac{l_0}{h} \tag{8.7}$$

式中 e_0——轴向力对截面的偏心距,在式(8.5)中,当 $e_0 < h_0/30$ 时,取 $e_0 = h_0/30$;

h_0——截面有效高度;

l_0——构件的计算长度;

h——截面高度;

A——构件截面面积;

N——轴向力设计值;

ζ_1——考虑截面应变对截面曲率的影响系数,当 $\zeta_1 > 1$ 时,取 $\zeta_1 = 1$;

ζ_2——考虑构件长细比对截面曲率的影响系数,当 $l_0/h \leqslant 15$ 时,取 $\zeta_2 = 1$。

当矩形截面构件长细比 $l_0/h \leqslant 8$,可不考虑纵向弯曲的影响,取 $\eta = 1$。

8.3.3 矩形截面偏心受压构件正截面承载力计算公式

1. 大偏心受压构件的承载力计算公式及适用条件

根据大偏心受压构件的破坏特征及其破坏时的截面应力图形[图 8.7(a)],并参照受弯构件取受压区混凝土压应力图形为简化后的等效矩形应力图形,可得出图 8.9 所示的大偏心受压构件的承载力计算应力图形。

根据静力平衡条件,可建立如下基本计算公式

$$KN \leqslant N_u = f_c b x + f'_y A'_s - f_y A_s \tag{8.8}$$

$$KNe \leqslant N_u e = f_c b x \left(h_0 - \frac{x}{2}\right) + f'_y A'_s (h_0 - a'_s) \tag{8.9}$$

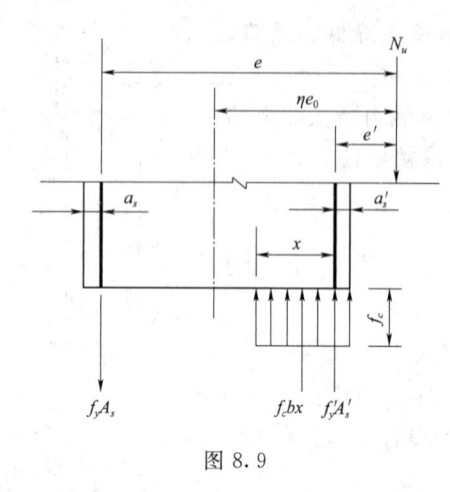

其中
$$e = \eta e_0 + \frac{h}{2} - a_s$$

式中　N——轴向压力设计值；

e——轴向压力合力作用点至钢筋 A_s 合力点的距离；

e_0——轴向压力合力作用点至截面重心的距离，$e_0 = M/N$。

式（8.8）和式（8.9）须满足下列适用条件：① $x \leqslant \xi_b h_0$ 或 $\xi \leqslant \xi_b$；② $x \geqslant 2a'_s$ 或 $\xi h_0 \geqslant 2a'_s$。

其中条件②是保证大偏心受压破坏时受压钢筋达到屈服强度的必要条件。当 $x < 2a'_s$ 时，受压钢筋的应力达不到 f'_y，其正截面承载力可按下式计算

$$KNe' \leqslant f_y A_s (h_0 - a'_s) \tag{8.10}$$

其中
$$e' = \eta e_0 - \frac{h}{2} + a'_s$$

式中　e'——轴向压力作用点至受压钢筋 A'_s 的距离。

2. 小偏心受压构件的承载力计算公式及适用条件

根据小偏心受压构件受压破坏的破坏特征，截面破坏时，受压较大一侧的纵筋 A'_s 能够达到抗压强度设计值；而另一侧的纵筋 A_s 则可能受拉，也可能受压，但不一定能达到其强度设计值。根据小偏心受压构件破坏时的截面应力图形［图 8.7（b）、(c)］，采用简化后的等效混凝土压应力，可得出图 8.10 所示小偏心受压构件的正截面承载力计算简图。本章对小偏心受压构件不做详细介绍，可作为选学内容。

由图 8.10，根据静力平衡条件，可建立小偏心受压构件承载力计算基本公式

$$KN \leqslant f_c bx + f'_y A'_s - \sigma_s A_s \tag{8.11}$$

$$KNe \leqslant f_c bx \left(h_0 - \frac{x}{2}\right) + f'_y A'_s (h_0 - a'_s) \tag{8.12}$$

式中　σ_s——受压破坏时的实际应力，当受拉时为正，受压时为负。

其余符号意义与大偏心受压构件承载力计算基本公式相同。

式（8.11）、式（8.12）的适用条件是：$\xi > \xi_b$。

8.3.4　矩形截面对称配筋偏心受压构件正截面承载力计算

偏心受压构件的截面配筋形式可分为对称配

图 8.9

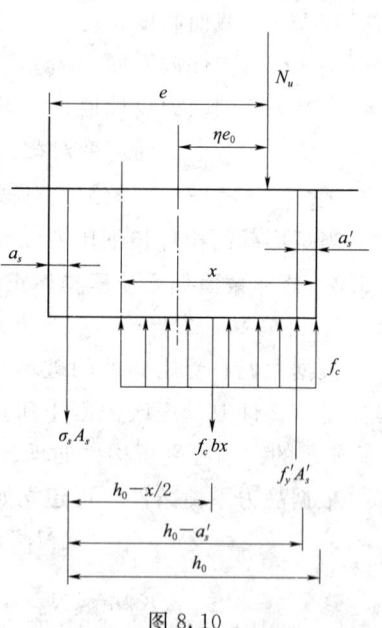

图 8.10

任务8.3 偏心受压构件的承载力计算

筋（$A_s = A'_s$）和不对称配筋（$A_s \neq A'_s$）两种。在实际结构工程中，对同一个控制截面，由于荷载作用方向可能改变，往往要分别承受正弯矩和负弯矩的作用，即在正弯矩时受压的钢筋，在负弯矩时将变成受拉钢筋。此外不对称配筋虽然比较经济，但施工不够方便，容易出差错。为便于设计和施工，一般按对称配筋进行设计。

矩形截面对称配筋偏心受压构件正截面承载力计算时，需事先确定截面尺寸、所用材料、构件的计算长度，并按力学方法确定轴向力设计值 N 及弯矩设计值 M，在此基础上，通过计算确定所需钢筋 A_s 及 A'_s 的数量。具体计算步骤可归纳如下：

1. 偏心距及偏心距增大系数计算

（1）计算偏心距。

$$e_0 = \frac{M}{N} \tag{8.13}$$

（2）确定偏心距增大系数 η：当矩形截面构件长细比 $l_0/h \leq 8$ 时，取 $\eta = 1$；否则，按式（8.5）计算 η。

2. 判别偏心受压构件类型

（1）确定压区高度。由式（8.8）并考虑对称配筋（$A_s = A'_s$），可得

$$x = \frac{KN}{f_c b} \tag{8.14}$$

（2）判别大、小偏压：若 $x \leq \xi_b h_0$，则为大偏心受压；若 $x > \xi_b h_0$，则为小偏心受压。

3. 大偏心受压时的配筋计算

若 $2a'_s \leq x \leq \xi_b h_0$，则按大偏心受压构件承载力计算公式确定 A'_s，并取 $A_s = A'_s$。由式（8.9）确定纵筋数量，即

$$A_s = A'_s = \frac{KNe - f_c bx \left(h_0 - \dfrac{x}{2}\right)}{f'_y (h_0 - a'_s)} \tag{8.15}$$

式中　e——偏心压力合力作用点至 A_s 合力点的距离，$e = \eta e_0 + \dfrac{h}{2} - a_s$。

若 $x < 2a'_s$，则由式（8.10）计算钢筋截面面积，即

$$A_s = A'_s = \frac{KNe'}{f_y (h_0 - a'_s)} \tag{8.16}$$

式中　e'——偏心压力合力作用点至 A'_s 合力点的距离，$e' = \eta e_0 - \dfrac{h}{2} + a'_s$。

纵筋的选配应根据计算需要和构造要求综合考虑。柱子中全部纵向钢筋经济合理的配筋率为 0.8%～2.0%。

4. 垂直于弯矩作用平面的承载力校核

当构件截面尺寸在两个方向不同时，则在保证弯矩作用平面的承载力后，尚需校核垂直于弯矩作用平面的承载力。此时按轴心受压构件，进行垂直于弯矩作用平面的承载力计算。

8.3.5 偏心受压构件斜截面承载力计算

偏心受压构件通常还同时承受剪力 V 的作用,当剪力较小时,可不进行斜截面受剪承载力计算,但对于剪力 V 较大的偏心受压构件,例如框架柱,则必须考虑斜截面受剪承载力问题。

偏心受压构件斜截面受剪承载力计算公式以受弯构件斜截面受剪承载力计算公式为基础,在一定范围内考虑纵向压力 N 的有利影响,从偏于安全考虑,由于 N 的存在,混凝土的受剪承载力提高值取 $0.07N$。因此偏心受压构件斜截面受剪承载力计算公式为

$$KV \leqslant V_u = V_c + V_{sv} + V_{sb} + 0.07N \tag{8.17}$$

式中 N——轴向力设计值,当 $N > 0.3f_cbh$ 时,取 $N = 0.3f_cb$。

其他符号意义同任务 7.5 所述。

为防止产生斜压破坏,偏心受压构件的截面应满足

$$KV \leqslant 0.25f_cbh \tag{8.18}$$

若剪力满足 $KV \leqslant V_c + 0.07N$,可不进行偏心受压构件斜截面受剪承载力计算,仅按构造要求配置箍筋。

8.3.6 工程实例分析

项目实例 1:矩形截面偏心受压柱,属于 3 级建筑物,一类环境,计算长度为 $l_0 = 4.2$m,截面尺寸 $b \times h = 300$mm $\times 500$mm,持久承受轴向压力标准值 $N = 570$kN,偏心距 $e_0 = 350$mm。采用 C20 混凝土,HRB335 级钢筋。试按对称配筋设计此柱钢筋。

解:(1)资料:C20 混凝土 $f_c = 9.6$N/mm^2;HRB335 级钢筋 $f_y = f'_y = 300$N/mm^2;取 $a_s = a'_s = 40$mm,则 $h_0 = h - a_s = 500 - 40 = 460$(mm)。

(2)偏心距 e_0 及偏心距增大系数 η 的确定。

$l_0/h = 4200/500 = 8.4 > 8$,应考虑纵向弯曲的影响。

$e_0 = 350$mm $> h_0/30 = 460/30 = 15.3$mm,按实际偏心距 $e_0 = 350$mm 计算。

$$\zeta_1 = \frac{0.5f_cA}{KN} = \frac{0.5 \times 9.6 \times 300 \times 500}{1.2 \times 570000} = 1.052 > 1,取 \zeta_1 = 1$$

由于 $l_0/h = 8.4 < 15$,故取 $\zeta_2 = 1$。

$$\eta = 1 + \frac{1}{1400\frac{e_0}{h_0}}\left(\frac{l_0}{h}\right)^2 \zeta_1\zeta_2 = 1 + \frac{1}{1400 \times \frac{350}{460}} \times 8.4^2 \times 1 \times 1 = 1.066$$

(3)判别大小偏压:压区高度

$$x = \frac{KN}{f_cb} = \frac{1.2 \times 570000}{9.6 \times 300} = 237.5(\text{mm}) < \xi_b h_0 = 0.55 \times 460 = 253(\text{mm})$$

所以按大偏心受压构件计算。

(4)配筋计算。

$$x = 237.5\text{mm} > 2a'_s = 80\text{mm}$$

$$e = \eta e_0 + \frac{h}{2} - a_s = 1.066 \times 350 + 500/2 - 40 = 583.18(\text{mm})$$

$$A_s = A'_s = \frac{KNe - f_c bx\left(h_0 - \frac{x}{2}\right)}{f'_y(h_0 - a'_s)}$$
$$= \frac{1.2 \times 570000 \times 583.18 - 9.6 \times 300 \times 237.5 \times (460 - 237.5/2)}{300 \times (460 - 40)} = 1313(\text{mm}^2)$$
$$> \rho_{min} bh_0 = 0.2\% \times 300 \times 460$$
$$= 276(\text{mm}^2)$$

选用 4 Φ 22（$A_s = 1521\text{mm}_2$）纵向受力钢筋，箍筋选用 Φ8@200，配筋图如图 8.11 所示。

项目实例 2：矩形截面偏心受压柱，截面尺寸 $b \times h = 400\text{mm} \times 500\text{mm}$，计算长度 $l_0 = 3.6\text{m}$，采用 C25 混凝土，HPB335 级钢筋，承受内力设计值 $N = 300\text{kN}$，$M = 120\text{kN} \cdot \text{m}$，采用对称配筋。试配置该柱钢筋。

图 8.11

解：（1）基本资料：C25 混凝土 $f_c = 11.9\text{N/mm}^2$；HRB335 级钢筋 $f_y = f'_y = 300\text{N/mm}^2$；取 $a_s = a'_s = 40\text{mm}$，则 $h_0 = h - a_s = 500 - 40 = 460(\text{mm})$。

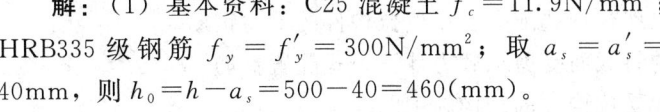

（2）偏心距 e_0 及偏心距增大系数 η 的确定。

$l_0/h = 3600/500 = 7.2 < 8$，故不需考虑纵向弯曲的影响，取 $\eta = 1$。

$$e_0 = \frac{120 \times 10^6}{300 \times 10^3} = 400(\text{mm}) > h_0/30 = 460/30 = 15.3(\text{mm})$$

按实际偏心距 $e_0 = 400\text{mm}$。

（3）判别大小偏压。

$$x = \frac{KN}{f_c b} = \frac{1.2 \times 300000}{11.9 \times 400} = 75.63(\text{mm}) < \xi_b h_0 = 0.55 \times 460 = 253(\text{mm})$$

所以按大偏心受压构件计算。

（4）配筋计算。

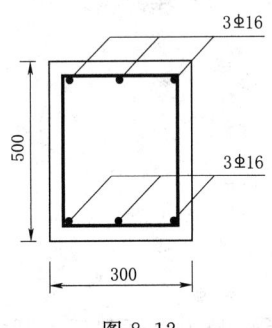

$x = 75.63\text{mm} < 2a'_s = 80\text{mm}$

$$e' = \eta e_0 - \frac{h}{2} + a_s = 1 \times 400 - 500/2 + 40 = 190(\text{mm})$$

$$A_s = A'_s = \frac{KNe'}{f_y(h_0 - a'_s)} = \frac{1.2 \times 300000 \times 190}{300 \times (460 - 40)} = 542.8(\text{mm}^2)$$

$$> \rho_{min} bh_0 = 0.2\% \times 400 \times 460 = 368(\text{mm}^2)$$

受力钢筋选用 3 Φ 16（$A_s = 603\text{mm}^2$），箍筋选用 Φ8@200，配筋图如图 8.12 所示。

图 8.12

项目 9　钢筋混凝土受拉构件承载力计算

【知识目标】
1. 了解受拉构件的分类及破坏特点。
2. 掌握轴心受拉构件正截面承载力的计算。
3. 掌握偏心受拉构件正截面承载力的计算。
4. 了解偏心受拉构件斜截面承载力的计算。

【技能目标】
1. 能根据轴心受拉构件的轴力设计值熟练进行配筋计算。
2. 能根据对称配筋计算原理合理选配大、小偏拉构件的受力钢筋。
3. 能根据偏心受拉构件的斜截面受剪承载力计算公式配置箍筋。
4. 能正确绘制与识读各种受拉构件的结构施工图。

钢筋混凝土受拉构件与受压构件相同，分轴心受拉构件与偏心受拉构件两类。当纵向拉力 N 作用在截面形心时，称为轴心受拉构件，钢筋混凝土结构中，真正的轴心受拉构件是很少的，如钢筋混凝土屋架下弦杆、高压圆形水管及圆形水池等可按轴心受拉计算。当纵向拉力 N 偏离截面形心作用时，或截面上既作用有纵向拉力 N，又有弯矩 M 的构件，称为偏心受拉构件，如钢筋混凝土矩形水池、工业厂房中双肢柱的肢杆等。

受拉构件除需要进行正截面承载力计算外，尚应根据不同情况，进行受剪计算、抗裂度或裂缝宽度验算。本章主要研究正截面承载力的计算。

任务 9.1　轴心受拉构件正截面承载力计算

【任务目标】
1. 了解轴心受拉构件的破坏特点。
2. 熟悉轴心受拉构件正截面承载力的计算。
3. 能对压力水管进行配筋计算并绘制配筋图。

9.1.1　轴心受拉构件正截面承载力的计算公式

在轴心受拉构件中，混凝土开裂前，混凝土与钢筋共同承受拉力。开裂后，开裂截面混凝土退出受拉工作，全部拉力由钢筋承担。当钢筋受拉屈服时，构件即告破坏。轴心受拉构件的受拉承载力计算公式为

$$KN \leqslant f_y A_s \tag{9.1}$$

式中　K——承载力安全系数；

N——轴向拉力设计值；
f_y——钢筋受拉强度设计值；
A_s——全部纵向钢筋截面面积。

9.1.2 工程实例分析

项目实例：如图9.1所示，某钢筋混凝土压力水管，3级建筑物。水管的内水半径 $r=800$mm，壁厚120mm，采用C20混凝土和HRB335级钢筋，正常使用情况下内水压强标准值 $p_k=0.2$MPa，试进行配筋计算。

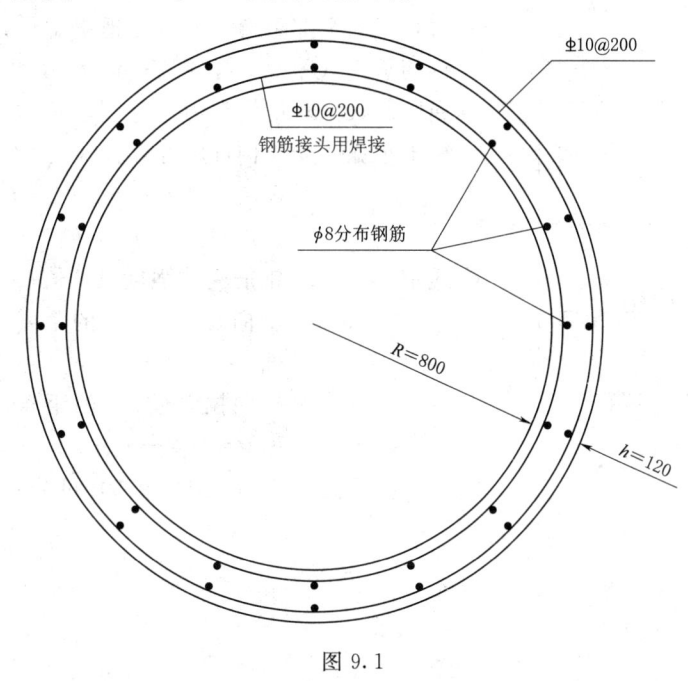

图9.1

解：（1）基本资料：HRB335级钢筋，$f_y=300\text{N/mm}^2$；$p_k=0.2$MPa。
（2）内力计算：管壁单位长度（取 $b=1000$mm）内承受的轴向拉力计算值为
$$N=1.2p_k rb=1.2\times 0.2\times 800\times 1000=192000(\text{N})$$
（3）配筋计算。
$$A_s=KN/f_y=1.2\times 192000/300=768(\text{mm}^2)$$
管壁内外层各配置 ⌴10@200（$A_s=786\text{mm}^2$），配筋图如图9.1所示。

任务9.2 偏心受拉构件承载力计算

【任务目标】
1. 了解大、小偏心受拉构件的判别条件。
2. 熟悉小偏心受拉构件正截面承载力的计算。
3. 熟悉大偏心受拉构件正截面承载力的计算。
4. 能根据对称配筋计算原理合理选配偏心受拉构件的受力钢筋。

5. 了解偏心受拉构件的斜截面承载力计算公式。

偏心受拉构件的计算，按纵向力 N 作用的位置不同，分为两种情况：大偏心受拉构件和小偏心受拉构件。

9.2.1 小偏心受拉构件承载力计算及工程实例

当纵向力 N 作用在钢筋 A_s 合力点及 A_s' 合力点之间时，为小偏心受拉构件，即 $e_0 \leqslant h - a_s'$。构件在小偏心拉力作用下，构件破坏时，截面全部裂通，混凝土退出工作，拉力完全由钢筋承担（图9.2），钢筋 A_s 及 A_s' 的拉应力达到屈服。根据对钢筋合力点分别取矩的平衡条件，可得出小偏心受拉构件的计算公式

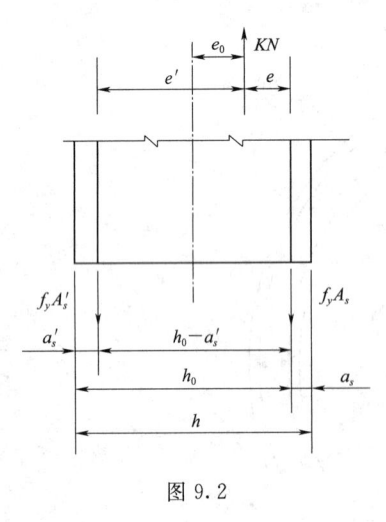

$$KNe \leqslant N_u e = f_y A_s' (h_0 - a_s') \tag{9.2}$$

$$KNe' \leqslant N_u e' = f_y A_s (h_0 - a_s') \tag{9.3}$$

式中　f_y——钢筋受拉强度设计值；

　　　e——轴向拉力至 A_s 的距离，对于矩形截面 $e = h/2 - a_s - e_0$。

　　　e'——轴向拉力至 A_s' 的距离，对于矩形截面 $e = h/2 - a_s' + e_0$。

图 9.2

根据式（9.2）、式（9.3）可分别求出钢筋 A_s 及 A_s' 的用量

$$A_s = \frac{KNe'}{f_y (h_0 - a_s')} \tag{9.4}$$

$$A_s' = \frac{KNe}{f_y (h_0 - a_s')} \tag{9.5}$$

由式（9.4）、式（9.5）可得出结论 $A_s > A_s'$，如果采用对称配筋，取公式中 A_s 的用量。

项目实例：某钢筋混凝土输水涵洞为2级建筑物，涵洞截面尺寸如图9.3所示。该涵洞采用 C20 混凝土及 HRB335 级钢筋（$f_y = 300\text{N/mm}^2$），使用期间在自重、土压力及动水压力作用下，每米涵洞长度内，控制截面 A—A 的内力计算值 $M = 36.4 \text{kN} \cdot \text{m}$，$N = 338.8 \text{kN}$，$a_s = a_s' = 60 \text{mm}$，涵洞壁厚为 550mm，试配置控制截面的钢筋。

小偏心受拉构件的配筋计算（微课）

解：（1）基本资料：$K = 1.2$，C20 混凝土，$f_c = 9.6 \text{N/mm}^2$；HRB335 级钢筋，$f_y = 300 \text{N/mm}^2$。

（2）判别偏心受拉构件类型。

$$h_0 = h - a_s = 550 - 60 = 490 (\text{mm})$$

$e_0 = M/N = 36.4/338.8 = 0.107(\text{m}) = 107(\text{mm}) < h/2 - a = 550/2 - 60 = 215(\text{mm})$

属于小偏心受拉构件。

（3）计算纵向钢筋 A_s 和 A_s'。

$$e = h/2 - a_s - e_0 = 550/2 - 60 - 107 = 108 \text{(mm)}$$
$$e' = h/2 - a'_s + e_0 = 550/2 - 60 + 107 = 322 \text{(mm)}$$

根据式（9.4）和式（9.5）得

$$A_s = \frac{KNe'}{f_y(h_0 - a'_s)} = \frac{1.2 \times 338.8 \times 10^6 \times 322}{300 \times (490 - 60)} = 1015 \text{(mm}^2\text{)}$$

$$A'_s = \frac{KNe}{f_y(h_0 - a'_s)} \frac{1.2 \times 338.8 \times 10^6 \times 108}{300 \times (490 - 60)} = 340 \text{(mm}^2\text{)} < \rho_{\min} b h_0$$
$$= 0.2\% \times 1000 \times 490 = 980 \text{(mm}^2\text{)}$$

（4）选配钢筋并绘制配筋图。由于 A_s 及 A'_s 均应满足最小配筋率的要求，并采用对称配筋，所以内外侧钢筋各选配Φ14@150（$A_s = A'_s = 1026 \text{mm}^2$），如图9.3所示。

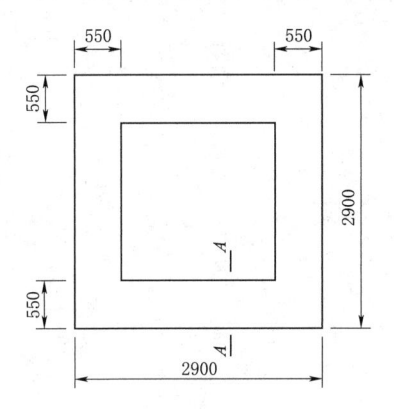

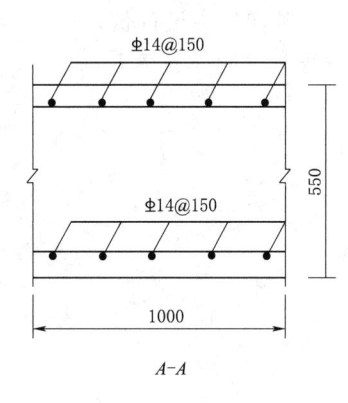

图9.3

9.2.2 大偏心受拉构件承载力计算

当纵向力 N 不作用在钢筋 A_s 的合力点及 A'_s 的合力点之间，即作用于 A_s 与 A'_s 范围以外时，为大偏心受拉构件，即 $e_0 > h/2 - a_s$。构件在偏心拉力作用下，截面部分开裂，但仍有受压区。当采用不对称配筋，在构件破坏时，钢筋 A_s 及 A'_s 的应力均能达到屈服，受压区混凝土也达弯曲抗压强度设计值，其计算应力图形如图9.4所示。

根据平衡条件，大偏心受拉构件的计算公式为

$$KN \leqslant N_u = f_y A_s - f'_y A'_s - f_c b x \tag{9.6}$$

$$KNe \leqslant N_u e = f_c b x \left(h_0 - \frac{x}{2}\right) + f'_y A'_s (h_0 - a'_s) \tag{9.7}$$

其中
$$e = e_0 - \left(\frac{h}{2} - a_s\right)$$

公式的适用条件
$$2a'_s \leqslant x \leqslant 0.85\xi_b h_0 \tag{9.8}$$

图9.4

式（9.6）、式（9.7）中含有三个未知量，需要补充条件，令 $x=0.85\xi_b h_0$ 代入求解，跟双筋矩形截面梁及大偏压构件求解类似，因此作为选学内容由读者自行完成。

9.2.3 偏心受拉构件斜截面承载力计算

偏心受拉构件同时承受较大的剪力作用时，需验算其斜截面受剪承载力。纵向拉力 N 的存在，使斜裂缝提前出现，甚至形成贯通全截面的斜裂缝，使截面的受剪承载力降低。纵向拉力引起的受剪承载力降低，与纵向拉力 N 几乎成正比。

《水工混凝土结构设计规范》对矩形截面偏心受拉构件的受剪承载力，采用下列公式计算

$$KV \leqslant V_c + V_{sv} + V_{sb} - 0.2N \tag{9.9}$$

式中　N——轴向拉力设计值；

其他符号意义同任务 7.5。

项目10 钢筋混凝土构件正常使用极限状态验算

【知识目标】
1. 熟悉正常使用极限状态设计表达式。
2. 掌握抗裂验算基本公式。
3. 掌握裂缝宽度验算基本公式。
4. 掌握变形验算基本公式。

【技能目标】
1. 能熟练进行混凝土构件的抗裂验算。
2. 能熟练进行混凝土构件的裂缝宽度验算。
3. 能熟练进行混凝土构件变形验算。

结构或构件应满足两种极限状态要求：一是承载能力极限状态；二是正常使用极限状态。对承受弯、压、拉、扭的构件进行承载能力极限状态计算，是为了保证结构构件的安全可靠。此外，为保证结构构件的实用性和适当的耐久性，还应进行结构正常使用极限状态的验算，包括抗裂验算、裂缝宽度验算及变形验算。

1. 抗裂验算

抗裂验算是针对在使用上要求不出现裂缝的构件而进行的验算。规范规定，应对承受水压的轴心受拉构件、小偏心受拉构件进行抗裂验算。对于产生裂缝后会引起严重渗漏的其他构件，也应进行抗裂验算。

2. 裂缝宽度验算

裂缝宽度验算是针对在使用上允许出现裂缝的构件而进行的验算。产生裂缝的原因很多，常分为两种：一种是由于混凝土的收缩或温度变形引起的；另一种则是由荷载引起的。对于前一种裂缝，主要是采取控制混凝土浇筑质量，改善水泥性能，选择集料成分，改进结构形式，设置伸缩缝等措施解决，不需进行裂缝宽度计算。本章所指的裂缝均指由荷载引起的裂缝。

由于混凝土的抗拉强度很低，构件截面上的拉应力常常大于混凝土的抗拉强度，构件就出现裂缝。如果裂缝过宽，则会降低混凝土的抗渗性和抗冻性，进而影响结构的耐久性。因此，需要限制裂缝的宽度，进行裂缝宽度验算。规范根据结构构件所处环境的类别规定了最大裂缝宽度的允许值，见表10.1。

3. 变形验算

变形验算是针对使用上需控制挠度值的结构构件而进行的验算。如吊车梁或门机轨道梁等构件，变形过大时会妨碍吊车或门机的正常行驶；闸门顶梁变形过大时会使闸门顶梁与胸墙底梁之间止水失效。对于这类有严格限制变形要求的构件以及截面尺

表 10.1 钢筋混凝土结构构件最大裂缝宽度限值

钢筋混凝土结构		预应力混凝土结构	
环境条件类别	$\omega_{\lim}$/mm	裂缝控制等级	$\omega_{\lim}$/mm
一	0.40	三	0.20
二	0.30	二	—
三	0.25	一	—
四	0.20		
五	0.15		

寸特别单薄的装配式构件，就需要进行变形验算，以控制构件的变形。规范根据受弯构件类型规定了允许挠度值，见表 10.2。

表 10.2 受弯构件的挠度允许值 [f]

构 件 类 型		挠度限值
吊车梁	手动吊车	$l_0/500$
	电动吊车	$l_0/600$
渡槽槽身	$l_0 \leqslant 10\text{m}$	$l_0/400$
	$l_0 > 10\text{m}$	$l_0/400$ ($l_0/500$)
工作桥及启闭机下大梁		$l_0/400$ ($l_0/450$)
屋盖、楼盖及楼梯构件	$l_0 < 6\text{m}$	$l_0/200$ ($l_0/250$)
	$6\text{m} \leqslant l_0 \leqslant 12\text{m}$	$l_0/300$ ($l_0/350$)
	$l_0 > 12\text{m}$	$l_0/400$ ($l_0/450$)

注 1. 表中 l_0 为构件的计算跨度。计算悬臂构件的挠度限值时，l_0 按实际悬臂长度的 2 倍取用。
　　2. 如果构件制作时预先起拱，且使用上也允许，则在验算挠度时，可将计算所得的挠度值减去起拱值。
　　3. 表中括号内的数值适用于对挠度有较高要求的构件。

超出正常使用极限状态产生的后果不像超出承载能力极限状态所产生的后果那么严重，所以正常使用极限状态验算所要求的目标可靠指标小于承载能力极限状态的可靠度指标。在进行正常使用极限状态验算时，荷载和材料强度取用标准值，而不是设计值。

任务 10.1 抗 裂 验 算

【任务目标】
1. 掌握轴心受拉构件抗裂验算公式。
2. 熟悉提高构件抗裂能力的措施。
3. 能对压力水管进行抗裂验算。

抗裂验算是针对在使用上要求不出现裂缝的构件而进行的计算，故构件受拉区混凝土将裂未裂时的极限状态为抗裂验算的依据。规范规定，按荷载标准组合作用，构件中混凝土的最大拉应力不超过混凝土的抗拉应力允许值 $\alpha_{ct}f_{tk}$，f_{tk} 是混凝土轴心抗拉强度标准值，α_{ct} 是混凝土拉应力限制系数。

10.1.1 轴心受拉构件抗裂验算及实例分析

当钢筋混凝土轴心受拉构件处于将裂未裂的临界状态时，混凝土的拉应力达到其轴心抗拉强度标准值 f_{tk}，拉应变达到极限拉应变，图 10.1 为轴心受拉构件抗裂验算的应力图形。

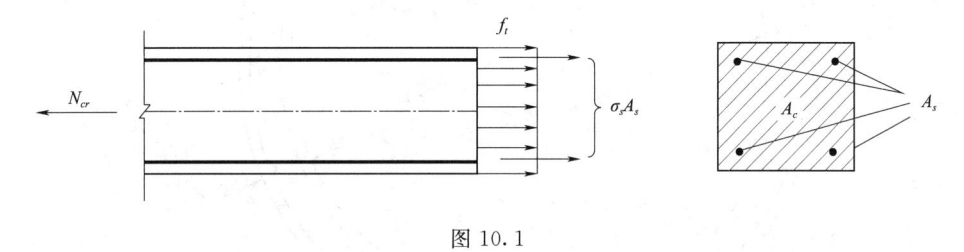

图 10.1

由平衡条件得

$$N_{cr} = f_{tk}A_c + \sigma_s A_s \tag{10.1}$$

式中 N_{cr}——截面抵抗的临界轴向拉力；

A_c——混凝土截面面积。

构件未裂时，钢筋与混凝土变形相同，应变相等，钢筋的拉应力是混凝土拉应力的 α_E 倍。引入 $\alpha_E = E_s/E_c$，得到公式

$$N_{cr} = f_{tk}A_c + \sigma_s A_s = f_{tk}A_c + \alpha_E f_{tk}A_s = f_{tk}A_0 \tag{10.2}$$

式中 E_c——混凝土的弹性模量，可查附录 1 表 1-3；

E_s——钢筋的弹性模量，可查附录 1 表 1-8。

在正常使用极限状态验算时，为满足目标可靠指标的要求，引入拉应力限值系数 α_{ct}，所以轴心受拉构件在荷载标准值组合下，应按式（10.3）进行抗裂验算。

$$N_k \leqslant \alpha_{ct} f_{tk} A_0 \tag{10.3}$$

式中 N_k——按荷载标准值计算的轴向拉力值；

f_{tk}——混凝土轴心抗拉强度标准值；

α_{ct}——混凝土拉应力限制系数，对荷载效应的标准组合，α_{ct} 取为 0.85；

A_0——换算截面面积，$A_0 = A_c + \alpha_E A_s$。

受弯构件、偏心受拉以及偏心受压构件的抗裂验算作为选学部分内容，本书不做介绍。

项目实例：某压力水管内半径 $r = 800\text{mm}$，管壁厚 120mm，采用 C20 混凝土和 HRB335 级钢筋，水管内水压力标准值 $p_k = 0.2\text{MPa}$，2 级建筑物，配筋如图 10.2 所示，试进行抗裂验算。

解：（1）基本资料。忽略管壁自重的影响，并考虑管壁厚度远小于水管半径，则可认为水管承受沿环向的均匀拉应力，所以压力水管承受内水压力时为轴心受拉构件。混凝土强度 $f_{tk} = 1.54\text{N/mm}^2$。对荷载效应的标准组合，可取 $\alpha_{ct} = 0.85$，查得 $A_s = 786\text{mm}^2$。

图 10.2

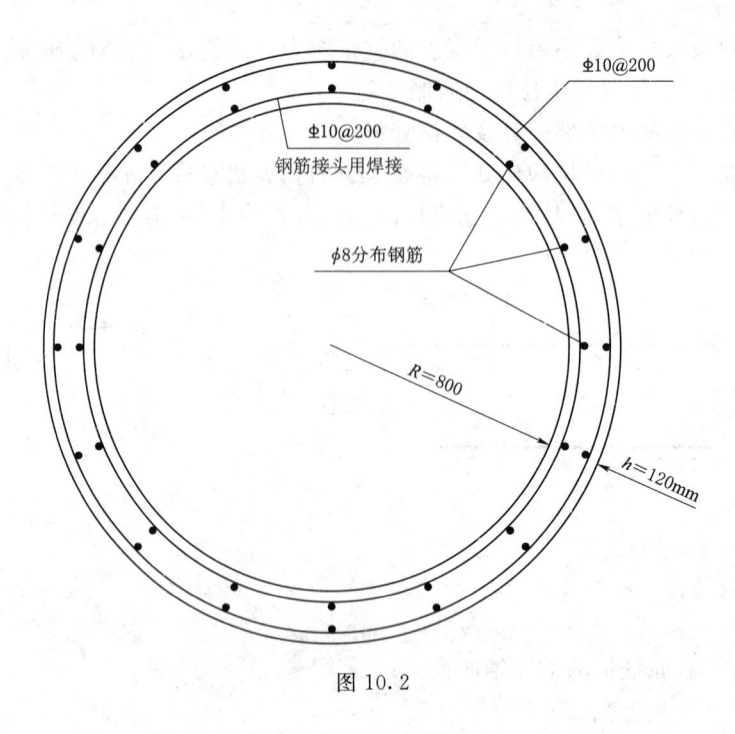

(2) $N_k = p_k rb = 0.2 \times 800 \times 1000 = 160000(\text{N})$

$A_0 = bh + \alpha_E A_s = 1000 \times 120 + 2.0 \times 10^5 \times 786/(2.55 \times 10^4) = 126165(\text{mm}^2)$

$\alpha_{ct} f_{tk} A_0 = 0.85 \times 1.54 \times 126165 = 165150(\text{N}) > N_k = 160000\text{N}$

满足抗裂要求。

10.1.2 提高抗裂能力的措施

根据式（10.2）可知，对于钢筋混凝土构件的抗裂能力而言，钢筋所起的作用不大，如果取混凝土的极限拉应变，即混凝土即将开裂时钢筋的应力也只能达到 20～30MPa，可见此时钢筋的应力很低。若采用增加钢筋用量的办法来提高构件的抗裂能力是不经济、不合理的。根据式（10.3），提高构件抗裂能力的主要方法是加大构件截面尺寸、提高混凝土强度等级。最有效的方法是在混凝土中掺入钢纤维或采用预应力混凝土结构。

任务 10.2 裂缝宽度验算

【任务目标】
1. 掌握裂缝宽度实用计算公式。
2. 熟悉减小裂缝宽度的措施。
3. 能对轴心受拉构件和受弯构件进行裂缝宽度验算。

10.2.1 裂缝的产生和开展

混凝土的抗拉强度很低，当构件受拉区外边缘混凝土的拉应力达到其抗拉强度时，由于混凝土的塑性变形，尚不会马上开裂，但当受拉区外边缘混凝土在构件抗弯最薄弱的截面达到其极限拉应变时，就会在垂直于拉应力方向形成第一批（一条或若干条）裂缝。有时也可能在几个截面上同时出现一批裂缝。在裂缝截面上混凝土不再承受拉力而转由钢筋来承担，钢筋应力将突然增大、应变也突增。加上原来受拉伸长的混凝土应力释放后又瞬间产生回缩，所以裂缝一出现就会有一定的宽度。

由于混凝土向裂缝两侧回缩受到钢筋的黏结约束，混凝土将随着远离裂缝截面而重新建立起拉应力。当荷载再有增加时，在离裂缝截面某一长度处混凝土拉应力增大到混凝土实际抗拉强度，其附近某一薄弱截面又将出现第二条裂缝。如果两条裂缝的间距小于最小间距 l_{min} 的 2 倍，则由于黏结应力传递长度不够，混凝土拉应力不可能达到混凝土的抗拉强度，将不会出现新的裂缝。因此裂缝的平均间距 l_{cr} 最终将稳定在 $l_{min} \sim 2l_{min}$。

在裂缝陆续出现后，沿构件长度方向，钢筋与混凝土的应力是随着裂缝的位置而变化（图 10.3）。同时，中性轴也随着裂缝的位置呈波浪形起伏。试验表明，对正常配筋率或配筋率较高的梁来说，大概在荷载超过开裂荷载的 50% 以上时，裂缝间距已基本趋于稳定。也就是说，此后再增加荷载，构件也不产生新的裂缝，而只是使原来的裂缝继续扩展与延伸，荷载越大，裂缝越宽。随着荷载的逐步增加，裂缝间的混凝土逐渐脱离受拉工作，钢筋应力逐渐趋于均匀。

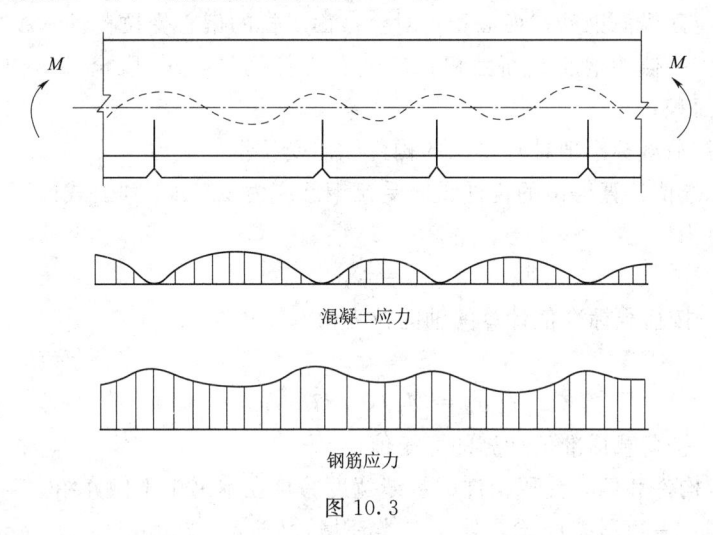

图 10.3

10.2.2 裂缝宽度计算的实用方法及工程实例

由于混凝土质量的不均匀，裂缝的间距大小不一，每条裂缝开展的宽度有大有小。所以衡量裂缝宽度是否超过允许值，应以最大宽度为准。规范规定，对于使用上要求限制裂缝宽度的钢筋混凝土构件，按荷载效应标准组合所求得的最大裂缝宽度 ω_{max} 不应超过表 10.1 规定的允许值。

对于矩形截面、T 形及 I 形截面的钢筋混凝土受拉、受弯和偏心受压构件，按荷载效应的标准组合的最大裂缝宽度按下式计算

项目 10　钢筋混凝土构件正常使用极限状态验算

$$\omega_{\max}=\alpha\frac{\sigma_{sk}}{E_s}\left(30+c+0.07\frac{d}{\rho_{te}}\right) \tag{10.4}$$

其中
$$\rho_{te}=\frac{A_s}{A_{te}}$$

式中　α——考虑构件受力特征和部分荷载长期作用的综合影响系数，对受弯和偏心受压构件取 $\alpha=2.1$，对偏心受拉构件取 $\alpha=2.4$，对轴心受拉构件取 $\alpha=2.7$；

E_s——钢筋的弹性模量，可查附录 1 表 1-8；

c——混凝土保护层厚度，当 $c>65$mm 时，取 $c=65$mm；

d——受拉钢筋直径，mm，当钢筋选用不同直径时，式中的 d 改用换算直径，$d=4A_s/u$，其中 u 为纵向受拉钢筋截面总周长，mm；

ρ_{te}——有效受拉钢筋截面面积，当 $\rho_{te}<0.03$ 时，取 $\rho_{te}=0.03$；

A_{te}——有效受拉混凝土截面面积，对受弯、偏心受拉及大偏心受压构件，取其重心与受拉钢筋 A_s 重心相一致的混凝土面积，即 $A_s=2a_sb$，对轴心受拉柱，$A_{te}=2a_sl_s$，其中 l_s 为沿截面周边配置的受拉钢筋重心连线的总长度；

A_s——受拉区纵向钢筋截面面积，对受弯、偏心受拉及大偏心受压柱，A_s 取受拉区纵向钢筋截面面积；对全截面受拉的偏心受拉构件，A_s 取拉应力较大一侧的钢筋截面面积；对轴心受拉构件，A_s 取全部纵向钢筋的截面面积；

σ_{sk}——按荷载标准值计算得出的构件纵向受拉钢筋应力。

按荷载标准值计算得出的构件纵向受拉钢筋应力 σ_{sk} 由下列公式计算。

轴心受拉构件
$$\sigma_{sk}=N_k/A_s$$

式中　N_k——按荷载标准值计算的轴向拉力值。

受弯构件
$$\sigma_{sk}=M_k/(0.87h_0A_s)$$

式中　M_k——按荷载标准值计算的弯矩值。

偏心受拉构件和偏心受压构件的裂缝宽度验算在本书中不做介绍。

项目实例：一矩形截面梁，处于二类环境，$b\times h=250$mm$\times 600$mm，采用 C30 混凝土，配置 HRB335 级纵向受拉钢筋 4⌀22（$A_s=1521$mm^2）。承受均布荷载作用，按荷载标准组合计算的弯矩 $M_k=130$kN·m。试验算其裂缝宽度是否满足控制要求。

解：查表得，C30 混凝土 $f_{tk}=2.01$N/mm^2；HRB335 级钢筋 $E_s=2.0\times 10^5$N/mm^2；二类环境 $c=35$mm，$\omega_{\lim}=0.3$mm，$d=22$mm，$a_s=c+d/2=35+22/2=46$(mm)，$h_0=h-a_s=600-46=554$(mm)。

$$\rho_{te}=\frac{A_s}{A_{te}}=\frac{A_s}{2a_sb}=\frac{1521}{2\times 46\times 250}=0.066>0.03$$

$$\sigma_{sk} = \frac{M_k}{0.87 h_0 A_s} = \frac{130 \times 10^6}{0.87 \times 554 \times 1521} = 177.33 (\text{N/mm}^2)$$

梁为受弯构件，$\alpha = 2.1$，则

$$\omega_{\max} = \alpha \frac{\sigma_{sk}}{E_s} \left(30 + c + 0.07 \frac{d}{\rho_{te}} \right)$$

$$= 2.1 \times \frac{177.33}{2.0 \times 10^5} \times \left(30 + 35 + 0.07 \times \frac{22}{0.066} \right)$$

$$= 0.16 (\text{mm}) < \omega_{\lim} = 0.3 \text{mm}$$

因此满足裂缝宽度控制要求。

10.2.3 减小裂缝宽度的措施

当计算所得的最大裂缝宽度 $\omega_{\max}$ 超过规范规定的允许值时，则认为不满足裂缝宽度的要求，应采取相应措施，以减小裂缝宽度。根据式（10.4）可以得出，可适当减小钢筋直径；采用变形钢筋；必要时适当增加配筋量，降低使用阶段的钢筋应力。对于抗裂和限制裂缝宽度而言，最有效的方法是采用预应力混凝土结构。

任务 10.3 变 形 验 算

【任务目标】

1. 掌握抗弯刚度的计算公式。
2. 熟悉提高构件抗弯刚度的措施。
3. 能对受弯构件进行变形验算。

梁的挠度验算（微课）

水工建筑物中结构尺寸一般较大，变形能满足要求。但对于严格限制变形的构件，仍要进行变形验算。如吊车梁变形过大会妨碍吊车正常行驶；闸门顶梁变形过大会使闸门顶和胸墙底梁之间止水失效。

钢筋混凝土梁的变形计算仍采用材料力学中求变形的方法，只是钢筋混凝土梁的抗弯刚度 EI（水工规范中用 B 表示），不是一个常量。钢筋混凝土受弯构件的挠度计算实质上是确定抗弯刚度 B。构件在荷载效应标准组合下的刚度 B 可按《水工混凝土结构设计规范》公式确定，即

$$B = 0.65 B_s \tag{10.5}$$

式中 B_s——荷载效应标准组合下受弯构件的短期刚度，$\text{N} \cdot \text{mm}^2$。

10.3.1 短期刚度的计算

（1）对于不出现裂缝的构件短期刚度 B_s 按下式计算：

$$B_s = 0.85 E_c I_0 \tag{10.6}$$

式中 B_s——不出现裂缝的短期刚度；

E_c——混凝土弹性模量；

I_0——换算截面对其重心轴的惯性矩，可根据《水工混凝土结构设计规范》查阅公式。

（2）允许出现裂缝的构件短期刚度按下式计算：

$$B_s = (0.025 + 0.28\alpha_E\rho)(1 + 0.55r'_f + 0.12r_f)E_c b h_0^3 \tag{10.7}$$

式中　B_s——出现裂缝的短期刚度；

　　　ρ——纵向受拉钢筋配筋率，$\rho = \dfrac{A_s}{bh_0}$，b 为截面肋宽；

　　　r'_f——受压翼缘面积与腹板面积的比值，$r'_f = \dfrac{(b'_f - b)h'_f}{bh_0}$；

　　　r_f——受拉翼缘面积与腹板面积的比值，$r_f = \dfrac{(b_f - b)h_f}{bh_0}$。

10.3.2　受弯构件挠度验算及工程实例

由于梁各截面的弯矩不同，故各截面的抗弯刚度都不相等。考虑到支座附近的弯矩较小区段虽然刚度较大，但它对全梁变形的影响不大，故《水工混凝土结构设计规范》规定了钢筋混凝土受弯构件的挠度计算的"最小刚度原则"，即对等截面构件，可假定各同号弯矩区段内的刚度相等，并取用该区段内最大弯矩处的刚度。

有了刚度的计算公式及"最小刚度原则"后，按荷载效应的标准组合求出受弯构件的长期刚度后，将其代入材料力学的变形公式即可计算挠度。求得的挠度值不应超过规范规定的允许值，即

$$f_{\max} = s\dfrac{M_K l_0^2}{B} \leqslant [f] \tag{10.8}$$

式中　$f_{\max}$——按荷载效应的标准组合下所对应的长期刚度 B 进行计算求得的挠度值；

　　　$[f]$——《水工混凝土结构设计规范》规定的标准组合下挠度限制，见表10.2；

　　　s——与荷载形式、支承条件有关的系数，承受均布荷载的简支梁跨中挠度取 5/48，跨中承受一集中荷载作用的简支梁的跨中挠度取 1/12。

项目实例：一矩形截面梁，处于二类环境，$b \times h = 250\text{mm} \times 600\text{mm}$，采用 C30 混凝土，配置 HRB335 级纵向受拉钢筋 4Φ22（$A_s = 1521\text{mm}^2$）。承受均布荷载作用，按荷载标准组合计算的弯矩 $M_k = 130\text{kN}\cdot\text{m}$。梁的跨度 $l_0 = 6\text{m}$，挠度限值为 $l_0/200$，试验算其挠度。

解：$A_s = 1521\text{mm}^2$，$E_c = 3 \times 10^4 \text{N/mm}^2$，$E_s = 2 \times 10^5 \text{N/mm}^2$。

（1）计算短期刚度 B_s。

$$\rho = \dfrac{A_s}{bh_0} = \dfrac{1521}{250 \times 554} = 1.1\%$$

$$\alpha_E = \dfrac{E_s}{E_c} = \dfrac{2.0 \times 10^5}{3 \times 10^4} = 6.67$$

由矩形截面得到：$r'_f = r_f = 0$，则

$$\begin{aligned}B_s &= (0.025 + 0.28\alpha_E\rho)(1 + 0.55r'_f + 0.12r_f)E_c bh_0^3 \\ &= (0.025 + 0.28 \times 6.67 \times 1.1\%) \times 3 \times 10^4 \times 250 \times 554^3 \\ &= 5.808 \times 10^{13}\end{aligned}$$

(2) 计算长期刚度 B。
$$B = 0.65 B_s = 0.65 \times 5.808 \times 10^{13}$$
$$= 3.775 \times 10^{13}$$

(3) 计算最大挠度,并判断挠度是否符合要求。梁的跨中最大挠度
$$f_{\max} = s \frac{M_k l_0^2}{B} = \frac{5}{48} \times \frac{130 \times 10^6 \times 6000^2}{3.775 \times 10^{13}} = 12.9 (\mathrm{mm}) < [f] = l_0/200$$
$$= 6000/200 = 30(\mathrm{mm})$$

故该梁满足刚度要求。

10.3.3 提高构件抗弯刚度的措施

若验算挠度不能满足要求,则表示构件的抗弯刚度不足,应采取措施后重新验算。理论上讲,提高混凝土强度等级,增加纵向钢筋的数量,选用合理的截面形状(如 T 形、I 形等)都能提高梁的弯曲刚度,但其效果并不明显,最有效的措施是增加梁的截面高度。

附 录

附录1 材料强度的标准值、设计值及材料弹性模量

一、混凝土的强度标准值、设计值和弹性模量

构件设计时，混凝土强度标准值、设计值及弹性模量应分别按附表1-1、附表1-2、附表1-3采用。

附表1-1　　　　　　　　混凝土强度标准值　　　　　　　单位：N/mm²

强度种类	符号	混凝土强度等级									
		C15	C20	C25	C30	C35	C40	C45	C50	C55	C60
轴心抗压	f_{ck}	10.0	13.4	16.7	20.1	23.4	26.8	29.6	32.4	35.5	38.5
轴心抗拉	f_{tk}	1.27	1.54	1.78	2.01	2.20	2.39	2.51	2.64	2.74	2.85

附表1-2　　　　　　　　混凝土强度设计值　　　　　　　单位：N/mm²

强度种类	符号	混凝土强度等级									
		C15	C20	C25	C30	C35	C40	C45	C50	C55	C60
轴心抗压	f_c	7.2	9.6	11.9	14.3	16.7	19.1	21.1	23.1	25.3	27.5
轴心抗拉	f_t	0.91	1.10	1.27	1.43	1.57	1.71	1.80	1.89	1.96	2.04

注　计算现浇的钢筋混凝土柱时，如截面的长边或直径小于300mm，则表中强度设计值应乘以系数0.8。

附表1-3　　　　　　　　混凝土弹性模量 E_c　　　　　　　单位：N/mm²

混凝土强度等级	弹性模量	混凝土强度等级	弹性模量	混凝土强度等级	弹性模量	混凝土强度等级	弹性模量
C10	1.75×10^4	C25	2.80×10^4	C40	3.25×10^4	C55	3.55×10^4
C15	2.20×10^4	C30	3.00×10^4	C45	3.35×10^4	C60	3.60×10^4
C20	2.55×10^4	C35	3.15×10^4	C50	3.45×10^4		

二、钢筋强度标准值、设计值及弹性模量

构件设计时，钢筋抗拉抗压强度标准值、设计值及弹性模量应分别按附表1-4、附表1-5、附表1-6、附表1-7、附表1-8取用。

附录1 材料强度的标准值、设计值及材料弹性模量

附表1-4　　普通钢筋强度标准值　　单位：N/mm²

牌号	符号	公称直径 d/mm	屈服强度标准值 f_{yk}	极限强度标准值 f_{stk}
HPB300	ϕ	6～14	300	420
HRB335	Φ	6～14	335	455
HRB400 HRBF400 RRB400	Φ Φ^F Φ^R	6～50	400	540
HRB500 HRBF500	Φ Φ^F	6～50	500	630

附表1-5　　钢丝、钢绞线强度标准值　　单位：N/mm²

种　类			f_{ptk}
碳素钢丝		$\phi4$、$\phi5$	1470、1570、1670、1770
		$\phi6$	1570、1670
		$\phi7$、$\phi8$、$\phi9$	1470、1570
刻痕钢丝		$\phi5$、$\phi7$	1470、1570
钢绞线	二股	$(2\phi5)d=10$ $(2\phi6)d=12$	1720
	三股	$(3\phi5)d=10.8$ $(3\phi6)d=12.9$	1720
	七股	$(7\phi3)d=9.0$	1670、1770
		$(7\phi4)d=12.0$	1570、1670
		$(7\phi5)d=15.0$	1470、1570
		$d=9.5$	1860
		$d=11.1$	1860
		$d=12.7$	1860
		$d=15.2$	1720、1820、1860

注　1. 碳素钢丝和刻痕钢丝系指 GB 5223—95《预应力混凝土用钢丝》中的消除应力的高强度圆形钢丝。
　　2. 钢绞线直径 d 系指钢绞线截面的外接圆直径，即公称直径。
　　3. 根据国家标准，同一规格的钢丝（钢绞线）有不同的强度级别，因此表中对同一规格的钢丝（钢绞线）列出了相应的 f_{ptk} 值，在设计中可自行选定。

附表1-6　　普通钢筋强度设计值　　单位：N/mm²

牌　号	抗拉强度设计值 f_y	抗压强度设计值 f'_y
HPB300	270	270
HRB335	300	300
HRB400、HRBF400、RRB400	360	360
HRB500、HRBF500	435	435

附表1-7　　　　　　　　钢丝、钢绞线强度设计值　　　　　　单位：N/mm²

种类	符号	f_{py}			f'_{py}
碳素钢丝	φ4～φ9	$f_{ptk}=1770$	ϕ^s	1200	400
		$f_{ptk}=1670$		1130	
		$f_{ptk}=1570$		1070	
		$f_{ptk}=1470$		1000	
刻痕钢丝	φ5、φ7	$f_{ptk}=1570$	ϕ^k	1070	360
		$f_{ptk}=1470$		1000	
钢绞线	二股	$f_{ptk}=1720$	ϕ^f	1170	360
	三股	$f_{ptk}=1720$		1170	360
	七股	$f_{ptk}=1860$		1260	360
		$f_{ptk}=1770$		1210	
		$f_{ptk}=1720$		1170	
		$f_{ptk}=1670$		1130	
		$f_{ptk}=1570$		1070	
		$f_{ptk}=1470$		1000	

注　当碳素钢丝、刻痕钢丝、钢绞线的强度标准值不符合表1-5的规定时，其强度设计值应进行换算。

附表1-8　　　　　　　　钢筋弹性模量　　　　　　　　　　单位：N/mm²

牌号或种类	E_s
HPB300	2.1×10^5
HRB335、HRB400、HRB500 钢筋 HRBF335、HRBF400、HRBF500 钢筋 RRB400 钢筋 预应力螺纹钢筋	2.0×10^5
消除应力钢丝、中强度预应力钢丝	2.05×10^5
钢绞线	1.95×10^5

附录2 钢筋的计算截面面积及公称质量表

附表2-1 钢筋的计算截面面积及公称质量表

直径/mm	一根 A_s	二根 A_s	三根 A_s	三根 b	四根 A_s	四根 b	五根 A_s	五根 b	六根 A_s	六根 b	七根 A_s	八根 A_s	九根 A_s	单根钢筋公称质量/(kg/m)
3	7.1	14.1	21.2		28.3		35.3		42.4		49.5	56.5	63.6	0.055
4	12.6	25.1	37.7		50.3		62.8		75.4		88	100.5	113.1	0.099
5	19.6	39	59		79		98		118		137	157	177	0.154
6	28.3	57	85		113		141		170		198	226	254	0.222
6.5	33.2	66	100		133		166		199		232	265	299	0.260
8	50.3	101	151		201		251		302		352	402	452	0.395
8.2	52.8	106	158		211		264		317		370	422	475	0.432
10	78.5	157	236	150	314		393		471		550	628	707	0.617
12	113.1	226	339	180	452	200	565	250	679		792	904	1018	0.888
14	153.9	308	462	180	616	200	770	250	924	300	1078	1232	1385	1.210
16	201.1	402	603	180	804	220	1005	250	1206	300	1407	1608	1810	1.580
18	254.5	509	763	180	1018	220	1272	300	1527	350	1781	2036	2290	2.000
20	314.2	628	942	200/180	1257	250	1571	300	1885	350	2199	2513	2827	2.470
22	380.1	760	1140	200/180	1521	300/250	1901	300	2281	350	2661	3041	3421	2.980
25	490.9	982	1473	200	1964	300	2454	350/300	2945	400/350	3436	3927	4418	3.850
28	615.8	1232	1847	220/200	2463	300	3079	400/350	3695	450/400	4310	4926	5542	4.830
32	804.2	1608	2413	250/220	3217	350/300	4021	450/350	4826	500/450	5630	6434	7238	6.310
36	1017.9	2036	3054		4072		5089		6107		7125	8143	9161	7.990
40	1256.6	2513	3770		5027		6283		7540		8796	10053	11310	9.870

注 表中 b 行中斜线上为梁上面钢筋排成一行时的最小宽度;斜线下为梁下面钢筋排成一行时的最小宽度。

附 录

附表 2-2 钢筋不同间距时每米板宽中的钢筋截面面积

钢筋间距/mm	6	6/8	8	8/10	10	10/12	12	12/14	14	14/16	16	16/18	18	20	22	25
70	404	561	718	920	1122	1369	1616	1907	2199	2536	2872	3254	3635	4488	5430	7012
75	377	524	670	859	1047	1278	1508	1780	2053	2367	2681	3037	3393	4189	5068	6545
80	353	491	628	805	982	1198	1414	1669	1924	2218	2513	2847	3181	3927	4752	6136
85	333	462	591	758	924	1127	1331	1571	1811	2088	2365	2680	2994	3696	4472	5775
90	314	436	559	716	873	1065	1257	1484	1710	1972	2234	2531	2827	3491	4224	5454
95	298	413	529	678	827	1009	1190	1405	1620	1868	2116	2398	2679	3307	4001	5167
100	283	393	503	644	785	958	1131	1335	1539	1775	2011	2278	2545	3142	3801	4909
110	257	357	457	585	714	871	1028	1214	1399	1614	1828	2071	2313	2856	3456	4462
120	236	327	419	537	654	798	942	1113	1283	1480	1676	1899	2121	2618	3168	4091
125	226	314	402	515	628	767	905	1068	1232	1420	1608	1822	2036	2513	3041	3927
130	217	302	387	495	604	737	870	1027	1184	1366	1547	1752	1957	2417	2924	3776
140	202	280	359	460	561	684	808	954	1100	1268	1436	1627	1818	2244	2715	3506
150	188	262	335	429	524	639	754	890	1026	1183	1340	1518	1696	2094	2534	3272
160	177	245	314	403	491	599	707	834	962	1110	1257	1424	1590	1963	2376	3068
170	166	231	296	379	462	564	665	785	906	1044	1183	1340	1497	1848	2236	2887
180	157	218	279	358	436	532	628	742	855	985	1117	1266	1414	1745	2112	2727
190	149	207	265	339	413	504	595	703	810	934	1058	1199	1339	1653	2001	2584
200	141	196	251	322	393	479	565	668	770	888	1005	1139	1272	1571	1901	2454
220	129	178	228	293	357	436	514	607	700	807	914	1036	1157	1428	1728	2231
240	118	164	209	268	327	399	471	556	641	740	838	949	1060	1309	1584	2045
250	113	157	201	258	314	383	452	534	616	710	804	911	1018	1257	1521	1963
260	109	151	193	248	302	369	435	514	592	682	773	858	979	1208	1462	1888
280	101	140	180	230	280	342	404	477	550	634	718	814	909	1122	1358	1753
300	94	131	168	215	262	319	377	445	513	592	670	759	848	1047	1267	1636
320	88	123	157	201	245	299	353	417	481	554	630	713	795	982	1188	1534
330	86	119	152	195	238	290	343	405	466	538	609	690	771	952	1152	1487

注 表中钢筋直径有写成分式如 6/8，系指 $\phi 6$、$\phi 8$ 钢筋间隔配置。

附录3 一般常用基本规定

一、混凝土保护层最小厚度

纵向受力钢筋的混凝土保护层厚度（从钢筋外边缘算起）不应小于钢筋直径及附表3-1所列的数值，同时也不应小于粗骨料最大粒径的1.25倍。

附表3-1　　　　　　　　　混凝土保护层最小厚度　　　　　　　　单位：mm

项次	构件类别	环境条件类别 一	二	三	四
1	板、墙	20	25	30	45
2	梁、柱、墩	30	35	45	55
3	截面厚度≥3m的底板及墩墙		40	50	60

注　1. 直接与土壤接触的结构底层钢筋，保护层厚度应适当增大。
　　2. 有抗冲耐磨要求的结构面层钢筋，保护层厚度应适当增大。
　　3. 混凝土强度等级不低于C20且浇筑质量有保证的预制构件或薄板，保护层厚度可按表中数值减小5mm。
　　4. 钢筋表面涂塑或结构外表面敷设永久性涂料或面层时，保护层厚度可适当减小。
　　5. 钢筋端头保护层不应小于15mm。
　　6. 严寒和寒冷地区受冻的部位，保护层厚度还应符合GB/T 50662—2011《水工建筑物抗冰冻设计规范》的规定。

二、受拉钢筋的最小锚固长度

在支座锚固的纵向受拉钢筋，当计算中充分利用其强度时，伸入支座的锚固长度不应小于附表3-2中规定的数值。纵向受压钢筋的锚固长度不应小于表列数值的0.7倍。

附表3-2　　　　　　　　受拉钢筋的最小锚固长度 l_a

钢筋类型	混凝土强度等级 C15	C20	C25	C30	C35	≥C40
HPB300级钢筋	40d	35d	30d	25d	25d	20d
HRB335级钢筋	—	40d	35d	30d	30d	25d
HRB400级、RRB400级钢筋	—	50d	40d	35d	35d	30d

注　1. 表中d为钢筋直径。
　　2. 月牙肋钢筋直径大于25mm时，l_a应按表中数值增加5d。
　　3. 当混凝土在凝固过程中易受扰动（如滑模施工）时，l_a宜适当加长。
　　4. 构件顶层水平筋（其下浇筑的新混凝土厚度大于1m时）的l_a宜按表中数值乘以1.2。
　　5. 钢筋间距大于180mm，保护层厚度大于80mm时，l_a可按表中数值乘以0.8。
　　6. 纵向受拉的Ⅰ、Ⅱ、Ⅲ级钢筋的l_a不应小于250mm或20d；纵向受拉的冷轧带肋钢筋的l_a不应小于200mm。
　　7. 表中Ⅰ级钢筋的l_a值不包括端部弯钩长度。

三、钢筋混凝土构件的纵向受力钢筋基本最小配筋率 $\rho_{0,min}$

钢筋混凝土构件的纵向受力钢筋的配筋率不应小于附表3-3规定的数值。

附表 3-3　　钢筋混凝土构件纵向受力钢筋基本最小配筋率 ρ_{min}　　（%）

项次	分　类	钢　筋　等　级		
		HPB300	HRB335	HRB400、RRB400
1	受弯或偏心受拉构件的受拉钢筋 梁 板	 0.25 0.20	 0.20 0.15	 0.20 0.15
2	轴向受压柱的全部纵向钢筋	0.60	0.60	0.55
3	偏心受压构件的受拉或受压钢筋 柱、梁肋 墩墙、板拱	 0.25 0.20	 0.20 0.15	 0.20 0.15

注　1. 项次 1、3 中相应的配筋率是指钢筋截面面积与构件肋宽乘以有效高度的混凝土面积的比值，即 $\rho = \dfrac{A_s}{bh_0}$ 或 $\rho' = \dfrac{A'_s}{bh_0}$；项次 2 中相应的配筋率是指全部纵向钢筋截面面积与柱截面面积之比值。

　　2. 温度、收缩等因素对结构产生的影响较大时，最小配筋率应适当增大。

附录 4 型钢规格表

热轧等边角钢（GB/T 706—2016）

符号意义：
- b —— 边宽度；
- d —— 边厚度；
- r_1 —— 边端内圆弧半径；
- r —— 内圆弧半径；
- I —— 惯性矩；
- i —— 惯性半径；
- z_0 —— 重心距离；
- W —— 截面系数。

附表 4-1

角钢号数	尺寸/mm b	d	r	截面面积/cm²	理论重量/(kg/m)	外表面积/(m²/m)	x-x I_x/cm⁴	i_x/cm	W_x/cm³	x_0-x_0 I_{x_0}/cm⁴	i_{x_0}/cm	W_{x_0}/cm³	y_0-y_0 I_{y_0}/cm⁴	i_{y_0}/cm	W_{y_0}/cm³	x_1-x_1 I_{x_1}/cm⁴	z_0/cm
2	20	3	3.5	1.132	0.889	0.078	0.40	0.59	0.29	0.63	0.75	0.45	0.17	0.39	0.20	0.81	0.60
		4		1.459	1.145	0.077	0.50	0.58	0.36	0.78	0.73	0.55	0.22	0.38	0.24	1.09	0.64
2.5	25	3	3.5	1.432	1.124	0.098	0.82	0.76	0.46	1.29	0.95	0.73	0.34	0.49	0.33	1.57	0.73
		4		1.859	1.459	0.097	1.03	0.74	0.59	1.62	0.93	0.92	0.43	0.48	0.40	2.11	0.76
3.0	30	3	4.5	1.749	1.373	0.117	1.46	0.91	0.68	2.31	1.15	1.09	0.61	0.59	0.51	2.71	0.85
		4		2.276	1.786	0.117	1.84	0.90	0.87	2.92	1.13	1.37	0.77	0.58	0.62	3.63	0.89
3.6	36	3	4.5	2.109	1.656	0.141	2.58	1.11	0.99	4.09	1.39	1.61	1.07	0.71	0.76	4.68	1.00
		4		2.756	2.163	0.141	3.29	1.09	1.28	5.22	1.38	2.05	1.37	0.70	0.93	6.25	1.04
		5		3.382	2.654	0.141	3.95	1.08	1.56	6.24	1.36	2.45	1.65	0.70	1.09	7.84	1.07
4.0	40	3	5	2.359	1.852	0.157	3.59	1.23	1.23	5.69	1.55	2.01	1.49	0.79	0.96	6.41	1.09
		4		3.086	2.422	0.157	4.60	1.22	1.60	7.29	1.54	2.58	1.91	0.79	1.19	8.56	1.13
		5		3.791	2.976	0.156	5.53	1.21	1.96	8.76	1.52	3.01	2.30	0.78	1.39	10.74	1.17
4.5	45	3	5	2.659	2.088	0.177	5.17	1.40	1.58	8.20	1.76	2.58	2.14	0.90	1.24	9.12	1.22
		4		3.486	2.736	0.177	6.65	1.38	2.05	10.56	1.74	3.32	2.75	0.89	1.54	12.18	1.26
		5		4.292	3.369	0.176	8.04	1.37	2.51	12.74	1.72	4.00	3.33	0.88	1.81	15.25	1.30
		6		5.076	3.985	0.176	9.33	1.36	2.95	14.76	1.70	4.64	3.89	0.88	2.06	18.36	1.33

续表

角钢号数	尺寸/mm b	尺寸/mm d	尺寸/mm r	截面面积/cm²	理论重量/(kg/m)	外表面积/(m²/m)	I_x/cm⁴	i_x/cm	W_x/cm³	I_{x_0}/cm⁴	i_{x_0}/cm	W_{x_0}/cm³	I_{y_0}/cm⁴	i_{y_0}/cm	W_{y_0}/cm³	I_{x_1}/cm⁴	z_0/cm
5	50	3	5.5	2.971	2.332	0.197	7.18	1.55	1.96	11.37	1.96	3.22	2.98	1.00	1.57	12.50	1.34
		4		3.897	3.059	0.197	9.26	1.54	2.56	14.70	1.94	4.16	3.82	0.99	1.96	16.69	1.38
		5		4.803	3.770	0.196	11.21	1.53	3.13	17.79	1.92	5.03	4.64	0.98	2.31	20.90	1.42
		6		5.688	4.465	0.196	13.05	1.52	3.68	20.68	1.91	5.85	5.42	0.98	2.63	25.14	1.46
5.6	56	3	6	3.343	2.624	0.221	10.19	1.75	2.48	16.14	2.20	4.08	4.24	1.13	2.02	17.56	1.48
		4		4.390	3.446	0.220	13.18	1.73	3.24	20.92	2.18	5.28	5.46	1.11	2.52	23.43	1.53
		5		5.415	4.251	0.220	16.02	1.72	3.97	25.42	2.17	6.42	6.61	1.10	2.98	29.33	1.57
		8		8.367	6.568	0.219	23.63	1.68	6.03	37.37	2.11	9.44	9.89	1.09	4.16	47.24	1.68
6.3	63	4	7	4.978	3.907	0.248	19.03	1.96	4.13	30.17	2.46	6.78	7.89	1.26	3.29	33.35	1.70
		5		6.143	4.822	0.248	23.17	1.94	5.08	36.77	2.45	8.25	9.57	1.25	3.90	41.73	1.74
		6		7.288	5.721	0.247	27.12	1.93	6.00	43.03	2.43	9.66	11.20	1.24	4.46	50.14	1.78
		8		9.515	7.469	0.247	34.46	1.90	7.75	54.56	2.40	12.25	14.33	1.23	5.47	67.11	1.85
		10		11.657	9.151	0.246	41.09	1.88	9.39	64.85	2.36	14.56	17.33	1.22	6.36	84.31	1.93
7	70	4	8	5.570	4.372	0.275	26.39	2.18	5.14	41.80	2.74	8.44	10.99	1.40	4.17	45.74	1.86
		5		6.875	5.397	0.275	32.21	2.16	6.32	51.08	2.73	10.32	13.34	1.39	4.95	57.21	1.91
		6		8.160	6.406	0.275	37.77	2.15	7.48	59.93	2.71	12.11	15.61	1.38	5.67	68.73	1.95
		7		9.424	7.398	0.275	43.09	2.14	8.59	68.35	2.69	13.81	17.82	1.38	6.34	80.29	1.99
		8		10.667	8.373	0.274	48.17	2.12	9.68	76.37	2.68	15.43	19.98	1.37	6.98	91.92	2.03
7.5	75	5	9	7.367	5.818	0.295	39.97	2.33	7.32	63.30	2.92	11.94	16.63	1.50	5.77	70.56	2.04
		6		8.797	6.905	0.294	46.95	2.31	8.64	74.38	2.90	14.02	19.51	1.49	6.67	84.55	2.07
		7		10.160	7.976	0.294	53.57	2.30	9.93	84.96	2.89	16.02	22.18	1.48	7.44	98.71	2.11
		8		11.503	9.030	0.294	59.96	2.28	11.20	95.07	2.88	17.93	24.86	1.47	8.19	112.97	2.15
		10		14.126	11.089	0.293	71.98	2.26	13.64	113.92	2.84	21.48	30.05	1.46	9.56	141.71	2.22
8	80	5	9	7.912	6.211	0.315	48.79	2.48	8.34	77.33	3.13	13.67	20.25	1.60	6.66	85.36	2.15
		6		9.397	7.376	0.314	57.35	2.47	9.87	90.98	3.11	16.08	23.72	1.59	7.65	102.50	2.19
		7		10.860	8.525	0.314	65.58	2.46	11.34	104.07	3.10	18.40	27.09	1.58	8.58	119.70	2.23
		8		12.303	9.658	0.314	73.49	2.44	12.83	116.60	3.08	20.61	30.39	1.57	9.46	136.97	2.27
		10		15.126	11.874	0.313	88.43	2.42	15.64	140.09	3.04	24.76	36.77	1.56	11.08	171.74	2.35
9	90	6	10	10.637	8.350	0.354	82.77	2.79	12.61	131.26	3.51	20.63	34.28	1.80	9.95	145.87	2.44
		7		12.301	9.656	0.354	94.83	2.78	14.54	150.47	3.50	23.64	39.18	1.78	11.19	170.30	2.48
		8		13.944	10.946	0.353	106.47	2.76	16.42	168.97	3.48	26.55	43.97	1.78	12.35	194.80	2.52
		10		17.167	13.476	0.353	128.58	2.74	20.07	203.90	3.45	32.04	53.26	1.76	14.52	244.07	2.59
		12		20.306	15.940	0.352	149.22	2.71	23.57	236.21	3.41	37.12	62.22	1.75	16.49	293.76	2.67

附录4 型钢规格表

续表

角钢号数	尺寸/mm b	尺寸/mm d	尺寸/mm r	截面面积/cm²	理论重量/(kg/m)	外表面积/(m²/m)	$x-x$ I_x/cm⁴	$x-x$ i_x/cm	$x-x$ W_x/cm³	x_0-x_0 I_{x_0}/cm⁴	x_0-x_0 i_{x_0}/cm	x_0-x_0 W_{x_0}/cm³	y_0-y_0 I_{y_0}/cm⁴	y_0-y_0 i_{y_0}/cm	y_0-y_0 W_{y_0}/cm³	x_1-x_1 I_{x_1}/cm⁴	z_0/cm
10	100	6	12	11.932	9.366	0.393	114.95	3.01	15.68	181.98	3.90	25.74	47.92	2.00	12.69	200.07	2.67
		7		13.796	10.830	0.393	131.86	3.09	18.10	208.97	3.89	29.55	54.74	1.99	14.26	233.54	2.71
		8		15.638	12.276	0.393	184.24	3.08	20.47	235.07	3.88	33.24	61.41	1.98	15.75	267.09	2.76
		10		19.261	15.120	0.392	179.51	3.05	25.06	284.68	3.84	40.26	74.35	1.96	18.54	334.48	2.84
		12		22.800	17.898	0.391	208.90	3.03	29.48	330.68	3.81	46.80	86.84	1.95	21.08	402.34	2.91
		14		26.256	20.611	0.391	236.53	3.00	33.73	374.06	3.77	52.90	99.00	1.94	23.44	470.75	2.99
		16		29.627	23.257	0.390	262.53	2.98	37.82	414.16	3.74	58.57	110.89	1.94	25.63	539.80	2.06
11	110	7	12	15.196	11.928	0.433	177.16	3.41	22.05	280.94	4.30	36.12	73.38	2.20	17.51	310.64	2.96
		8		17.238	13.532	0.433	199.46	3.40	24.95	316.49	4.28	40.69	82.42	2.19	19.39	355.20	3.01
		10		21.261	16.690	0.432	242.19	3.38	30.60	384.39	4.25	49.42	99.98	2.17	22.91	444.65	3.09
		12		25.200	19.782	0.431	282.55	3.35	36.05	448.17	4.22	57.62	116.93	2.15	26.15	534.60	3.16
		14		29.056	22.809	0.431	320.71	3.32	40.31	508.01	4.18	65.31	133.40	2.14	29.14	625.16	3.24
12.5	125	8	14	19.750	15.504	0.492	297.03	3.88	32.52	470.89	4.88	53.28	123.16	2.50	25.86	521.01	3.37
		10		24.373	19.133	0.491	361.67	3.85	39.97	573.89	4.85	64.93	149.46	2.48	30.62	651.93	3.45
		12		28.912	22.696	0.491	423.16	3.83	41.17	671.44	4.82	75.96	174.88	2.46	35.03	783.42	3.53
		14		33.367	26.193	0.490	481.65	3.80	54.16	763.73	4.78	86.41	199.57	2.45	39.13	915.61	3.61
14	140	8	14	27.373	21.488	0.551	514.65	4.34	50.58	817.27	5.46	82.56	212.04	2.78	39.20	915.11	3.82
		10		32.512	25.522	0.551	603.68	4.31	59.80	958.79	5.43	96.85	248.57	2.76	45.02	1099.28	3.90
		12		37.567	29.490	0.550	688.81	4.28	68.75	1093.56	5.40	110.47	284.06	2.75	50.45	1284.22	3.98
		16		42.539	33.393	0.549	770.24	4.26	77.46	1221.81	5.36	123.42	318.67	2.74	55.55	1470.07	4.06
16	160	10	16	31.502	24.729	0.630	779.53	4.98	66.70	1237.30	6.27	109.36	321.76	3.20	52.76	1365.33	4.31
		12		37.441	29.391	0.630	916.58	4.95	78.98	1455.68	6.24	128.67	377.49	3.18	60.74	1639.57	4.39
		14		43.296	33.987	0.629	1048.36	4.92	90.95	1665.02	6.20	147.17	431.70	3.16	78.244	1914.68	4.47
		16		49.067	38.518	0.629	1175.08	4.89	102.63	1865.57	6.17	164.89	484.59	3.14	75.31	2190.82	4.55
18	180	12	16	42.241	33.159	0.710	1321.35	5.59	100.82	2100.10	7.05	165.00	542.61	3.58	78.41	2332.80	4.89
		14		48.896	38.388	0.709	1514.48	5.56	116.25	2407.42	7.02	189.14	625.53	3.56	88.38	2723.48	4.97
		16		55.467	43.542	0.709	1700.99	5.54	131.13	2703.37	6.98	212.40	698.60	3.55	97.83	3115.29	5.05
		18		61.955	48.634	0.708	1875.12	5.50	145.64	2988.24	6.94	234.78	762.01	3.51	105.14	3502.43	5.13
20	200	14	18	54.642	42.894	0.788	2103.55	6.20	144.70	3343.26	7.82	236.40	863.83	3.98	111.82	3734.10	5.46
		16		62.013	48.680	0.788	2366.64	6.18	163.65	3760.89	7.79	265.93	971.41	3.96	123.96	4270.39	5.54
		18		69.301	54.401	0.787	2620.64	6.16	182.22	4164.54	7.75	294.48	1076.74	3.94	135.52	4808.13	5.62
		20		76.505	60.056	0.787	2867.30	6.12	200.42	4554.55	7.72	322.06	1180.04	3.93	146.55	5347.51	5.69
		24		90.661	71.186	0.785	2338.25	6.07	236.17	5294.97	7.64	374.41	1381.53	3.90	166.55	6457.16	5.87

注 截面图中的 $r_1 = \frac{1}{3}d$ 及表中 r 值的数据用于孔型设计,不作交货条件。

附表 4-2 热轧不等边角钢 (GB/T 706—2016)

符号意义:
- B——长边宽度;
- b——短边宽度;
- d——边厚度;
- r——内圆弧半径;
- r_1——边端内圆弧半径;
- I——惯性矩;
- i——惯性半径;
- W——截面系数;
- x_0——重心距离;
- y_0——重心距离。

角钢号数	尺寸/mm B	b	d	r	截面面积/cm²	理论重量/(kg/m)	外表面积/(m²/m)	I_x/cm⁴	i_x/cm	W_x/cm³	I_y/cm⁴	i_y/cm	W_y/cm³	I_{x_1}/cm⁴	y_0/cm	I_{y_1}/cm⁴	x_0/cm	I_u/cm⁴	i_u/cm	W_u/cm³	$\tan\alpha$
2.5/1.6	25	16	3	3.5	1.162	0.912	0.080	0.70	0.78	0.43	0.22	0.44	0.19	1.56	0.86	0.43	0.42	0.14	0.34	0.16	0.392
			4		1.499	1.176	0.079	0.88	0.77	0.55	0.27	0.43	0.24	2.09	0.90	0.59	0.46	0.17	0.34	0.20	0.381
3.2/2	32	20	3		1.492	1.717	0.102	1.53	1.01	0.72	0.46	0.55	0.30	3.27	1.08	0.82	0.49	0.28	0.43	0.25	0.382
			4		1.939	1.522	0.101	1.93	1.00	0.93	0.57	0.54	0.39	4.37	1.12	1.12	0.53	0.35	0.42	0.32	0.374
4/2.5	40	25	3	4	1.890	1.484	0.127	3.08	1.28	1.15	0.93	0.70	0.49	6.39	1.32	1.59	0.59	0.56	0.54	0.40	0.386
			4		2.467	1.936	0.127	3.93	1.26	1.49	1.18	0.69	0.63	8.53	1.37	2.14	0.63	0.71	0.54	0.52	0.381
4.5/2.8	45	28	3	5	2.149	1.687	0.143	4.45	1.44	1.47	1.34	0.79	0.62	9.10	1.47	2.23	0.64	0.80	0.61	0.51	0.383
			4		2.806	2.203	0.143	5.69	1.42	1.91	1.70	0.78	0.80	12.13	1.51	3.00	0.68	1.02	0.60	0.66	0.380
5/3.2	50	32	3	5.5	2.431	1.908	0.161	6.24	1.60	1.84	2.02	0.91	0.82	12.49	1.60	3.31	0.73	1.20	0.70	0.68	0.404
			4		3.177	2.494	0.160	8.02	1.59	2.39	2.58	0.90	1.06	16.65	1.65	4.45	0.77	1.53	0.69	0.87	0.402
5.6/3.6	56	36	3	6	2.743	2.153	0.181	8.88	1.80	2.32	2.92	1.03	1.05	17.54	1.78	4.70	0.80	1.73	0.79	0.87	0.408
			4		3.590	2.818	0.180	11.45	1.79	3.03	3.76	1.02	1.37	23.39	1.82	6.33	0.85	2.23	0.79	1.13	0.408
			5		4.415	3.466	0.180	13.86	1.77	3.71	4.49	1.01	1.65	29.25	1.87	7.94	0.88	2.67	0.78	1.36	0.404
6.3/4	63	40	4	7	4.058	3.185	0.202	16.49	2.02	3.87	5.23	1.14	1.70	33.30	2.04	8.63	0.92	3.12	0.88	1.40	0.398
			5		4.993	3.920	0.202	20.02	2.00	4.74	6.31	1.12	2.71	41.63	2.08	10.86	0.95	3.76	0.87	1.71	0.396
			6		5.908	4.638	0.201	23.36	1.96	5.59	7.29	1.11	2.43	49.98	2.12	13.12	0.99	4.34	0.86	1.99	0.393
			7		6.802	5.339	0.201	26.53	1.98	6.40	8.24	1.10	2.78	58.07	2.15	15.47	1.03	4.97	0.86	2.29	0.389

附录4 型 钢 规 格 表

续表

角钢号数	尺寸/mm B	b	d	r	截面面积/cm²	理论重量/(kg/m)	外表面积/(m²/m)	x-x I_x/cm⁴	i_x/cm	W_x/cm³	y-y I_y/cm⁴	i_y/cm	W_y/cm³	x_1-x_1 I_{x_1}/cm⁴	y_0/cm	y_1-y_1 I_{y_1}/cm⁴	x_0/cm	u-u I_u/cm⁴	i_u/cm	W_u/cm³	$\tan\alpha$
7/4.5	70	45	4	7.5	4.547	3.570	0.226	23.17	2.26	4.86	7.55	1.29	2.17	45.92	2.24	12.26	1.02	4.40	0.98	1.77	0.410
			5		5.609	4.403	0.225	27.95	2.23	5.92	9.13	1.28	2.65	57.10	2.28	15.39	1.06	5.40	0.98	2.19	0.407
			6		6.647	5.218	0.225	32.54	2.21	6.95	10.62	1.26	3.12	68.35	2.32	18.58	1.09	6.35	0.98	2.59	0.404
			7		7.657	6.011	0.225	37.22	2.20	8.03	12.01	1.25	3.57	79.99	2.36	21.84	1.13	7.16	0.97	2.94	0.402
(7.5/5)	75	50	5	8	6.125	4.808	0.245	34.86	2.39	6.83	12.61	1.44	3.30	70.00	2.40	21.04	1.17	7.14	1.10	2.74	0.435
			6		7.260	5.699	0.245	41.12	2.38	8.12	14.70	1.42	3.88	84.30	2.44	25.37	1.21	8.54	1.08	3.19	0.435
			8		9.467	7.431	0.244	52.39	2.35	10.52	18.53	1.40	4.99	112.50	2.52	34.23	1.29	10.87	1.07	4.10	0.429
			10		11.590	9.098	0.244	62.71	2.33	12.79	21.96	1.38	6.04	140.80	2.60	43.43	1.36	13.10	1.06	4.99	0.423
8/5	80	50	5	8	6.375	5.005	0.255	41.49	2.56	7.78	12.82	1.42	3.32	85.21	2.60	21.06	1.14	7.66	1.10	2.74	0.388
			6		7.560	5.935	0.255	49.49	2.56	9.25	14.95	1.41	3.91	102.53	2.65	25.41	1.18	8.85	1.08	3.20	0.387
			7		8.724	6.848	0.255	56.16	2.54	10.58	16.96	1.39	4.48	119.33	2.69	29.82	1.21	10.18	1.08	3.70	0.384
			8		9.867	7.745	0.254	62.83	2.52	11.92	18.85	1.38	5.03	136.41	2.73	34.32	1.25	11.38	1.07	4.16	0.381
9/5.6	90	56	5	9	7.121	5.661	0.287	60.45	2.90	9.92	18.32	1.59	4.21	121.32	2.91	29.53	1.25	10.98	1.23	3.49	0.385
			6		8.557	6.717	0.286	71.03	2.88	11.74	21.42	1.58	4.96	145.59	2.95	35.58	1.29	12.90	1.23	4.18	0.384
			7		9.880	7.756	0.286	81.01	2.86	13.49	24.36	1.57	5.70	169.66	3.00	41.71	1.33	14.67	1.22	4.72	0.382
			8		11.183	8.779	0.286	91.03	2.85	15.27	27.15	1.56	6.41	194.17	3.04	47.93	1.36	16.34	1.21	5.29	0.380
10/6.3	100	63	6	10	9.617	7.550	0.320	99.06	3.21	14.64	30.94	1.79	6.35	199.17	3.24	50.50	1.43	18.42	1.38	5.25	0.394
			7		11.111	8.722	0.320	113.45	3.20	16.88	35.26	1.78	7.29	233.00	3.28	59.14	1.47	21.00	13.8	6.02	0.393
			8		12.584	9.878	0.319	127.37	3.18	19.08	39.39	1.77	8.21	266.32	3.32	67.88	1.50	23.50	1.37	6.78	0.391
			10		15.467	12.142	0.319	153.81	3.15	23.32	47.12	1.74	9.98	333.06	3.40	85.73	1.58	28.33	1.35	8.24	0.387
10/8	100	80	6	10	10.637	8.350	0.354	107.04	3.17	15.19	61.24	2.40	10.16	199.83	2.95	102.68	1.97	31.65	1.72	8.37	0.627
			7		12.301	9.656	0.354	122.73	3.16	17.52	70.08	2.39	11.71	233.20	3.00	119.98	2.01	36.17	1.72	9.60	0.626
			8		13.944	10.946	0.353	137.92	3.14	19.81	78.58	2.37	13.21	266.61	3.04	137.37	2.05	40.58	1.71	10.80	0.625
			10		17.167	13.476	0.353	166.87	3.12	24.24	94.65	2.35	16.12	333.63	3.12	172.48	2.13	49.10	1.69	13.12	0.622
11/7	110	70	6	10	10.637	8.350	0.354	133.37	3.54	17.85	42.92	2.01	7.90	265.78	3.53	69.08	1.57	25.36	1.54	6.53	0.403
			7		12.301	9.656	0.354	153.00	3.53	20.60	49.01	2.00	9.09	310.07	3.57	80.82	1.61	28.95	1.53	7.50	0.402
			8		13.944	10.946	0.353	172.04	3.51	23.30	54.87	1.98	10.25	354.39	3.62	92.70	1.65	32.45	1.53	8.45	0.401
			10		17.167	13.476	0.353	208.39	3.48	28.54	65.88	1.96	12.48	443.13	3.70	116.83	1.72	39.20	1.51	10.29	0.397

续表

角钢号数	尺寸/mm B	b	d	r	截面面积/cm²	理论重量/(kg/m)	外表面积/(m²/m)	I_x/cm⁴	i_x/cm	W_x/cm³	I_y/cm⁴	i_y/cm	W_y/cm³	I_{x_1}/cm⁴	y_0/cm	I_{y_1}/cm⁴	x_0/cm	I_u/cm⁴	i_u/cm	W_u/cm³	$\tan\alpha$
12.5/8	125	80	7	11	14.096	11.066	0.403	227.98	4.02	26.86	74.42	2.30	12.01	454.99	4.01	120.32	1.80	43.81	1.76	9.92	0.408
			8		15.989	12.551	0.403	256.77	4.01	30.41	83.49	2.28	13.56	519.99	4.06	137.85	1.84	49.15	1.75	11.18	0.407
			10		19.712	15.474	0.402	312.04	3.98	37.33	100.67	2.26	16.56	650.09	4.14	173.40	1.92	59.45	1.74	13.64	0.404
			12		23.351	18.330	0.402	364.41	3.95	44.01	116.67	2.24	19.43	780.39	4.22	209.67	2.00	69.35	1.72	16.01	0.400
14/9	140	90	8	12	18.038	14.160	0.453	365.64	4.50	38.48	120.69	2.59	17.34	730.53	4.50	195.79	2.04	70.83	1.98	14.31	0.411
			10		22.261	17.475	0.452	445.50	4.47	47.31	146.03	2.56	21.22	913.20	4.58	245.92	2.12	85.82	1.96	17.48	0.409
			12		26.400	20.724	0.451	512.59	4.44	55.87	169.79	2.54	24.95	1096.09	4.66	296.89	2.19	100.21	1.95	20.54	0.406
			14		30.456	23.908	0.451	594.10	4.42	64.18	192.10	2.51	28.54	1279.26	4.74	348.82	2.27	114.13	1.94	23.52	0.403
16/10	160	100	10	13	25.315	19.872	0.512	668.69	5.14	62.13	205.03	2.85	26.56	1362.89	5.24	336.59	2.28	121.74	2.19	21.92	0.390
			12		30.054	23.592	0.511	784.91	5.11	73.49	239.06	2.82	31.28	1635.56	5.32	405.94	2.36	142.33	2.17	25.79	0.388
			14		34.709	27.247	0.510	896.30	5.08	84.56	271.20	2.80	35.83	1908.50	5.40	476.42	2.43	162.23	2.16	29.56	0.385
			16		39.281	30.835	0.510	1003.04	5.05	95.33	301.60	2.77	40.24	2181.79	5.48	548.22	2.51	182.57	2.16	33.44	0.382
18/11	180	110	10	14	28.373	22.273	0.571	956.25	5.80	78.96	278.11	3.13	32.49	1940.40	5.89	447.22	2.44	166.50	2.42	26.88	0.376
			12		33.712	26.464	0.571	1124.72	5.78	93.53	325.03	3.10	38.32	2328.38	5.98	538.94	2.52	194.87	2.40	31.66	0.374
			14		38.967	30.589	0.570	1286.91	5.75	107.76	369.55	3.08	43.97	2716.60	6.06	631.95	2.59	222.30	2.39	36.32	0.372
			16		44.139	34.649	0.569	1443.06	5.72	121.64	411.85	3.06	49.44	3105.15	6.14	726.46	2.67	248.94	2.38	40.87	0.369
20/12.5	200	125	12	15	37.912	29.761	0.641	1570.90	6.44	116.73	483.16	3.57	49.99	3193.85	6.54	787.74	2.83	285.79	2.74	41.23	0.392
			14		43.867	34.436	0.640	1800.97	6.41	134.65	550.83	3.54	57.44	3726.17	6.62	922.47	2.91	326.58	2.73	47.34	0.390
			16		49.739	39.045	0.639	2023.35	6.38	152.18	615.44	3.52	64.69	4258.86	6.70	1058.86	2.99	366.21	2.71	53.32	0.388
			18		55.526	43.588	0.639	2238.30	6.35	169.33	677.19	3.49	71.74	4792.00	6.78	1197.13	3.06	404.83	2.70	59.18	0.385

注 1. 括号内型号不推荐使用;
2. 截面图中的 $r_1 = \dfrac{1}{3}d$ 及表中 r 数据用于孔型设计,不作交货条件。

172

附录4 型钢规格表

附表4-3 热轧工字钢（GB/T 706—2016）

符号意义：
h——高度；
b——腿宽度；
d——腰厚度；
t——平均腿宽度；
r——内圆弧半径；
r_1——腿端圆弧半径；
I——惯性矩；
W——截面因数；
i——惯性半径；
S——半截面的静矩。

型号	尺寸/mm h	b	d	t	r	r_1	截面面积/cm²	理论重量/(kg/m)	参考数值 I_x/cm⁴	W_x/cm³	i_x/cm	$I_x:S_x$/cm	I_y/cm⁴	W_y/cm³	i_y/cm
10	100	68	4.5	7.6	6.5	3.3	14.3	11.2	245	49	4.14	8.59	33	9.72	1.53
12.6	126	74	4	8.4	7	3.5	18.1	14.2	488.43	77.529	5.195	10.85	46.906	12.677	1.609
14	140	80	5.5	9.1	7.5	3.8	21.5	16.9	712	102	5.76	12	64.4	16.1	1.73
16	160	88	6	9.9	8	4	26.1	20.5	1130	141	6.58	13.8	93.1	21.2	1.89
18	180	94	6.5	10.7	8.5	4.3	30.6	24.1	1660	185	7.36	15.4	122	26	2
20a	200	100	7	11.4	9	4.5	35.5	27.9	2370	237	8.15	17.2	158	31.5	2.12
20b	200	102	9	11.4	9	4.5	39.5	31.1	2500	250	7.96	16.9	169	33.1	2.06
22a	220	110	7.5	12.3	9.5	4.8	42	33	3400	309	8.99	18.9	225	40.9	2.31
22b	220	112	9.5	12.3	9.5	4.8	46.4	36.4	3570	325	8.78	18.7	239	42.7	2.27
25a	250	116	8	13	10	5	48.5	38.1	5023.54	401.88	10.18	21.58	280.046	48.283	2.403
25b	250	118	10	13	10	5	53.5	42	5283.96	422.72	9.938	21.27	309.297	52.423	2.404
28a	280	122	8.5	13.7	10.5	5.3	55.45	43.4	7114.14	508.15	11.32	24.62	345.051	56.565	2.495
28b	280	124	10.5	13.7	10.5	5.3	61.05	47.9	7480	534.29	11.08	24.24	379.496	61.209	2.493

173

续表

型号	尺寸 /mm						截面面积 /cm²	理论重量 /(kg/m)	参考数值						
									x—x				y—y	
	h	b	d	t	r	r₁			I_x /cm⁴	W_x /cm³	i_x /cm	$I_x:S_x$ /cm	I_y /cm⁴	W_y /cm³	i_Y /cm
32a	320	130	9.5	15	11.5	5.8	67.05	52.7	11075.5	692.2	12.84	27.46	459.93	70.758	2.619
32b	320	132	11.5	15	11.5	5.8	73.45	57.7	11621.4	726.33	12.58	27.09	501.53	75.989	2.614
32c	320	134	13.5	15	11.5	5.8	79.95	62.8	12167.5	760.47	12.34	26.77	543.81	81.166	2.608
36a	360	136	10	15.8	12	6	76.3	59.9	15760	875	14.4	30.7	552	81.2	2.69
36b	360	138	12	15.8	12	6	83.5	65.6	16530	919	14.1	30.3	582	84.3	2.64
36c	360	140	14	15.8	12	6	90.7	71.2	17310	962	13.8	29.9	612	87.4	2.6
40a	400	142	10.5	16.5	12.5	6.3	86.1	67.6	21720	1090	15.9	34.1	660	93.2	2.77
40b	400	144	12.5	16.5	12.5	6.3	94.1	73.8	22780	1140	15.6	33.6	692	96.2	2.71
40c	400	146	14.5	16.5	12.5	6.3	102	80.1	23580	1190	15.2	33.2	727	99.6	2.65
45a	450	150	11.5	18	13.5	6.8	102	80.4	32240	1430	17.7	38.6	855	114	2.89
45b	450	152	13.5	18	13.5	6.8	111	87.4	33760	1500	17.4	38	894	118	2.84
45c	450	154	15.5	18	13.5	6.8	120	94.5	35280	1570	17.1	37.6	938	122	2.79
50a	500	158	12	20	14	7	119	93.6	46470	1860	19.7	42.8	1120	142	3.07
50b	500	160	14	20	14	7	129	101	48560	1940	19.4	42.4	1170	146	3.01
50c	500	162	16	20	14	7	139	109	50640	2080	19	41.8	1220	151	2.96
56a	560	166	12.5	21	14.5	7.3	135.25	106.2	65585.6	2343.31	22.02	47.73	1370.16	165.08	3.182
56b	560	168	14.5	21	14.5	7.3	146.45	115	68512.5	2446.69	21.63	47.17	1486.75	174.25	3.162
56c	560	170	16.5	21	14.5	7.3	157.85	123.9	71439.4	2551.41	21.27	46.66	1558.39	183.34	3.158
63a	630	176	13	22	15	7.5	154.9	121.6	93916.2	2981.47	24.62	54.17	1700.55	193.24	3.314
63b	630	178	15	22	15	7.5	167.5	131.5	98083.6	3163.38	24.2	53.51	1812.07	203.6	3.289
63c	630	180	17	22	15	7.5	180.1	141	102251.1	3298.42	23.82	52.92	1924.91	213.88	3.268

注：截面图和表中标注的圆弧半径 r、r_1 的数据用于孔型设计，不作交货条件。

附表4-4　热轧槽钢（GB/T 706—2016）

符号意义：
h——高度；
b——腿宽度；
d——腰厚度；
t——平均腿宽度；
r——内圆弧半径；
r₁——腿端圆弧半径；
I——惯性矩；
W——惯性因数；
i——惯性半径；
X₁——y-y轴与y₁-y₁轴间距。

型号	尺寸/mm						截面面积/cm²	理论重量/(kg/m)	参考数据							
	h	b	d	t	r	r₁			x-x			y-y			y₁-y₁	z₀/cm
									W_x/cm³	I_x/cm⁴	i_x/cm	W_y/cm³	I_y/cm⁴	i_y/cm	I_{y_1}/cm⁴	
5	50	37	4.5	7	7	3.5	6.93	5.44	10.4	26	1.94	3.55	8.3	1.1	20.9	1.35
6.3	63	40	4.8	7.5	7.5	3.75	8.444	6.63	16.123	50.786	2.453	4.50	11.872	1.185	28.38	1.36
8	80	43	5	8	8	4	10.24	8.04	25.3	101.3	3.15	5.79	16.6	1.27	37.4	1.43
10	100	48	5.3	8.5	8.5	4.25	12.74	10	39.7	198.3	3.95	7.8	25.6	1.41	54.9	1.52
12.6	126	53	5.5	9	9	4.5	15.69	12.37	62.137	391.466	4.953	10.242	37.99	1.567	77.09	1.59
14a	140	58	6	9.5	9.5	4.75	18.51	14.53	80.5	563.7	5.52	13.01	53.2	1.7	107.1	1.71
14b	140	60	8	9.5	9.5	4.75	21.31	16.73	87.1	609.4	5.35	14.12	61.1	1.69	120.6	1.67
16a	160	63	6.5	10	10	5	21.95	17.23	108.3	866.2	6.28	16.3	73.3	1.83	144.1	1.8
16	160	65	8.5	10	10	5	25.15	19.74	116.8	934.5	6.1	17.55	83.4	1.82	160.8	1.75
18a	180	68	7	10.5	10.5	5.25	25.69	20.17	141.4	1272.7	7.04	20.03	98.6	1.96	189.7	1.88
18	180	70	9	10.5	10.5	5.25	29.29	22.99	152.2	1369.9	6.84	21.52	111	1.95	210.1	1.84

附　录

续表

型号	尺寸/mm h	b	d	t	r	r_1	截面面积/cm²	理论重量/(kg/m)	W_x/cm³	I_x/cm⁴	i_x/cm	W_y/cm³	I_y/m⁴	i_y/cm	I_{y_1}/cm⁴	z_0/cm
20a	200	73	7	11	11	5.5	28.83	22.63	178	1780.4	7.86	24.2	128	2.11	244	2.01
20	200	75	9	11	11	5.5	32.83	25.77	191.4	1913.7	7.64	25.88	143.6	2.09	268.4	1.95
22a	220	77	7	11.5	11.5	5.75	31.84	24.99	217.6	2393.9	8.67	28.17	157.8	2.23	298.2	2.1
22	220	79	9	11.5	11.5	5.75	36.24	28.45	233.8	2571.4	8.42	30.05	176.4	2.21	326.3	2.03
25a	250	78	7	12	12	6	34.91	27.47	269.597	3369.62	9.823	30.607	175.529	2.243	322.256	2.065
25b	250	80	9	12	12	6	39.91	31.39	282.402	3530.04	9.405	32.657	196.421	2.218	353.187	1.982
25c	250	82	11	12	12	6	44.91	35.32	295.236	3690.45	9.065	35.926	218.415	2.206	384.133	1.921
28a	280	82	7.5	12.5	12.5	6.25	40.02	31.42	340.328	4764.59	10.91	35.718	217.989	2.333	387.566	2.097
28b	280	84	9.5	12.5	12.5	6.25	45.62	35.81	366.46	5130.45	10.6	37.929	242.144	2.304	427.589	2.016
28c	280	86	11.5	12.5	12.5	6.25	51.22	40.21		5496.32	10.35	40.301	267.602	2.286	426.597	1.951
32a	320	88	8	14	14	7	48.7	38.22	474.879	7598.06	12.49	46.473	304.787	2.502	552.31	2.242
32b	320	90	10	14	14	7	55.1	43.25	509.012	8144.2	12.15	49.157	336.332	2.471	592.933	2.158
32c	320	92	12	14	14	7	61.5	48.28	543.145	8690.33	11.88	52.642	374.175	2.467	643.299	2.092
36a	360	96	9	16	16	8	60.89	47.8	659.7	11874.2	13.97	63.54	455	2.73	818.4	2.44
36b	360	98	11	16	16	8	68.09	53.45	702.9	12651.8	13.63	66.85	496.7	2.7	880.4	2.37
36c	360	100	13	16	16	8	75.29	50.1	746.1	13429.4	13.36	70.02	536.4	2.67	947.9	2.34
40a	400	100	10.5	18	18	9	75.05	58.91	878.9	17577.9	15.30	78.83	592	2.81	1067.7	2.49
40b	400	102	12.5	18	18	9	83.05	65.19	932.2	18644.5	14.98	82.52	640	2.78	1135.6	2.44
40c	400	104	14.5	18	18	9	91.05	71.47	985.6	19711.2	14.71	86.19	687.8	2.75	1220.7	2.42

注　截面图和表中标注的圆弧半径 r、r_1 的数据用于孔型设计，不作交货条件。

参 考 文 献

[1] 中华人民共和国水利部. 水工混凝土结构设计规范：SL 191—2008 [S]. 北京：中国水利水电出版社，2009.
[2] 中华人民共和国住房和城乡建设部. 混凝土结构设计规范：GB 50010—2010 [S]. 北京：中国建筑工业出版社，2011.
[3] 中华人民共和国电力工业部. 水工建筑物荷载设计规范：DL 5077—1977 [S]. 北京：中国电力出版社，2002.
[4] 中国电力企业联合会. 水利水电工程结构可靠性设计统一标准：GB 50199—2013 [S]. 北京：中国计划出版社，2013.
[5] 中华人民共和国住房和城乡建设部. 钢结构设计标准：GB 50017—2017 [S]. 北京：中国建筑工业出版社，2017.
[6] 高健，陈敏志. 工程力学 [M]. 北京：北京理工大学出版社，2022.
[7] 黄功学. 水工钢筋混凝土结构 [M]. 2版. 郑州：黄河水利出版社，2020.
[8] 李翠青，阎超君，赵建东. 水工钢筋混凝土结构 [M]. 2版. 北京：中国水利水电出版社，2017.
[9] 杨恩福，张生瑞. 工程力学 [M]. 郑州：黄河水利出版社，2015.
[10] 王建伟，郭遂安. 水工钢筋混凝土结构 [M]. 郑州：黄河水利出版社，2011.
[11] 毕守一. 水工混凝土结构设计与施工 [M]. 北京：中国水利水电出版社，2010.
[12] 刘洁. 建筑力学与结构 [M]. 北京：中国水利水电出版社，2009.
[13] 罗向荣. 钢筋混凝土结构 [M]. 北京：高等教育出版社，2007.
[14] 王建伟. 建筑结构 [M]. 郑州：黄河水利出版社，2009.
[15] 叶建海，赵淑梅. 工程力学 [M]. 郑州：黄河水利出版社，2011.

目录

上篇　工程力学篇

项目1　工程力学导论 ⋯⋯⋯⋯⋯⋯⋯⋯⋯⋯⋯⋯⋯⋯⋯⋯⋯⋯⋯⋯⋯⋯⋯⋯⋯⋯⋯⋯ 1
　　任务1.1　工程力学的研究对象、内容和任务 ⋯⋯⋯⋯⋯⋯⋯⋯⋯⋯⋯⋯⋯⋯⋯⋯ 1
　　任务1.2　刚体、理想变形固体及其基本假定 ⋯⋯⋯⋯⋯⋯⋯⋯⋯⋯⋯⋯⋯⋯⋯⋯ 2

项目2　工程力学基础理论 ⋯⋯⋯⋯⋯⋯⋯⋯⋯⋯⋯⋯⋯⋯⋯⋯⋯⋯⋯⋯⋯⋯⋯⋯⋯ 3
　　任务2.1　工程力学的静力学基础 ⋯⋯⋯⋯⋯⋯⋯⋯⋯⋯⋯⋯⋯⋯⋯⋯⋯⋯⋯⋯⋯ 3
　　任务2.2　抗倾稳定计算 ⋯⋯⋯⋯⋯⋯⋯⋯⋯⋯⋯⋯⋯⋯⋯⋯⋯⋯⋯⋯⋯⋯⋯⋯⋯ 7
　　任务2.3　受力分析与受力图绘制 ⋯⋯⋯⋯⋯⋯⋯⋯⋯⋯⋯⋯⋯⋯⋯⋯⋯⋯⋯⋯⋯ 10
　　任务2.4　平面力系的合成与平衡 ⋯⋯⋯⋯⋯⋯⋯⋯⋯⋯⋯⋯⋯⋯⋯⋯⋯⋯⋯⋯⋯ 14
　　任务2.5　工程结构的平衡 ⋯⋯⋯⋯⋯⋯⋯⋯⋯⋯⋯⋯⋯⋯⋯⋯⋯⋯⋯⋯⋯⋯⋯⋯ 18
　　任务2.6　截面的几何性质 ⋯⋯⋯⋯⋯⋯⋯⋯⋯⋯⋯⋯⋯⋯⋯⋯⋯⋯⋯⋯⋯⋯⋯⋯ 21

项目3　轴向拉（压）杆件力学分析 ⋯⋯⋯⋯⋯⋯⋯⋯⋯⋯⋯⋯⋯⋯⋯⋯⋯⋯⋯⋯ 23
　　任务3.1　轴向拉（压）杆件的内力计算 ⋯⋯⋯⋯⋯⋯⋯⋯⋯⋯⋯⋯⋯⋯⋯⋯⋯ 23
　　任务3.2　轴向拉（压）杆件的应力与强度计算 ⋯⋯⋯⋯⋯⋯⋯⋯⋯⋯⋯⋯⋯⋯ 26
　　任务3.3　轴向拉（压）杆件的变形计算 ⋯⋯⋯⋯⋯⋯⋯⋯⋯⋯⋯⋯⋯⋯⋯⋯⋯ 29

项目4　受弯构件力学分析 ⋯⋯⋯⋯⋯⋯⋯⋯⋯⋯⋯⋯⋯⋯⋯⋯⋯⋯⋯⋯⋯⋯⋯⋯⋯ 31
　　任务4.1　单跨静定梁的内力计算与内力图的绘制 ⋯⋯⋯⋯⋯⋯⋯⋯⋯⋯⋯⋯⋯ 31
　　任务4.2　多跨静定梁的内力计算与内力图的绘制 ⋯⋯⋯⋯⋯⋯⋯⋯⋯⋯⋯⋯⋯ 34
　　任务4.3　梁横截面上的应力计算 ⋯⋯⋯⋯⋯⋯⋯⋯⋯⋯⋯⋯⋯⋯⋯⋯⋯⋯⋯⋯⋯ 35

项目5　组合变形 ⋯⋯⋯⋯⋯⋯⋯⋯⋯⋯⋯⋯⋯⋯⋯⋯⋯⋯⋯⋯⋯⋯⋯⋯⋯⋯⋯⋯⋯ 39
　　任务5.1　斜弯曲 ⋯⋯⋯⋯⋯⋯⋯⋯⋯⋯⋯⋯⋯⋯⋯⋯⋯⋯⋯⋯⋯⋯⋯⋯⋯⋯⋯⋯ 39
　　任务5.2　拉伸（压缩）与弯曲组合 ⋯⋯⋯⋯⋯⋯⋯⋯⋯⋯⋯⋯⋯⋯⋯⋯⋯⋯⋯⋯ 40
　　任务5.3　偏心压缩 ⋯⋯⋯⋯⋯⋯⋯⋯⋯⋯⋯⋯⋯⋯⋯⋯⋯⋯⋯⋯⋯⋯⋯⋯⋯⋯⋯ 41

下篇　钢筋混凝土结构篇

项目6　钢筋混凝土结构概论 ⋯⋯⋯⋯⋯⋯⋯⋯⋯⋯⋯⋯⋯⋯⋯⋯⋯⋯⋯⋯⋯⋯⋯⋯ 44
　　任务6.1　基础知识 ⋯⋯⋯⋯⋯⋯⋯⋯⋯⋯⋯⋯⋯⋯⋯⋯⋯⋯⋯⋯⋯⋯⋯⋯⋯⋯⋯ 44
　　任务6.2　钢筋混凝土结构的材料 ⋯⋯⋯⋯⋯⋯⋯⋯⋯⋯⋯⋯⋯⋯⋯⋯⋯⋯⋯⋯⋯ 45
　　任务6.3　钢筋混凝土结构设计计算规则 ⋯⋯⋯⋯⋯⋯⋯⋯⋯⋯⋯⋯⋯⋯⋯⋯⋯⋯ 46

项目 7 钢筋混凝土受弯构件承载力计算 …… 49
任务 7.1 受弯构件的一般构造要求 …… 49
任务 7.2 单筋矩形截面受弯构件正截面承载力计算 …… 51
任务 7.3 双筋矩形截面受弯构件正截面承载力计算 …… 54
任务 7.4 T 形截面受弯构件正截面承载力计算 …… 56
任务 7.5 受弯构件斜截面承载力计算 …… 58

项目 8 钢筋混凝土受压构件承载力计算 …… 60
任务 8.1 受压构件的分类与构造要求 …… 60
任务 8.2 轴心受压构件正截面承载力计算 …… 61
任务 8.3 偏心受压构件的承载力计算 …… 63

项目 9 钢筋混凝土受拉构件承载力计算 …… 66
任务 9.1 轴心受拉构件正截面承载力计算 …… 66
任务 9.2 偏心受拉构件承载力计算 …… 67

项目 10 钢筋混凝土构件正常使用极限状态验算 …… 69
任务 10.1 抗裂验算 …… 69
任务 10.2 裂缝宽度验算 …… 71
任务 10.3 变形验算 …… 72

上篇 工程力学篇

项目1 工程力学导论

任务1.1 工程力学的研究对象、内容和任务

【复习提要】

1.1.1 工程力学的研究对象

工程力学是研究工程结构的受力分析、承载能力的基本原理和方法的科学。工程中一般结构按宏观尺寸分为：①杆系结构；②板、壳结构；③块体结构。工程力学的研究对象主要是杆系结构。

1.1.2 杆件的几何特征

杆件是指物体的纵向（长度）尺寸远大于横截面的宽度和高度（横向）尺寸的构件。即构件的几何特征为细而长。

1.1.3 工程力学的研究内容和任务

工程力学的任务是进行结构的受力分析，分析结构的几何组成规律，解决在荷载作用下结构的强度、刚度和稳定性问题，即解决结构和构件所受荷载与其自身的承载能力这一对基本矛盾。

结构正常工作必须满足强度、刚度和稳定性的要求，即进行其承载能力计算。强度是指结构和构件抵抗破坏的能力。刚度是指结构和构件抵抗变形的能力。稳定性是指结构或构件保持原有平衡状态的能力。结构在安全正常工作的同时还应考虑经济条件，应充分发挥材料的性能，不至于产生过大的浪费，即设计结构的合理形式。

姓名：　　　　　　学号：　　　　　　日期：　　　　　　评分：

任务 1.2　刚体、理想变形固体及其基本假定

【复习提要】

1.2.1　刚体、变形固体

　　刚体——在外力作用下，大小和形状都不变的物体。

　　变形固体——受力后会产生变形的物体。

　　刚体和理想变形固体为工程力学中抽象化的两种计算模型。

1.2.2　理想变形固体的基本假定

　　①连续均匀假设；②各向同性假设；③小变形假设。工程中大多数构件在荷载作用下产生的变形量若与其原始尺寸相比很微小时，称为小变形，否则称为大变形。

　　撤去荷载可完全消失的变形称为弹性变形，撤去荷载不能恢复的变形称为塑性变形或残余变形。

　　工程力学就是把所研究的结构或构件作为连续、均匀、各向同性的理想变形固体，在弹性范围内和小变形情况下研究其承载力。

【基础】

　　1. 结构中的构件形式多种多样，可以细分为三种：其中构件的长度比其他两个尺寸（宽和高）大得多，这类构件称为_____；当构件的三个方向（长、宽、高）尺寸接近时称为_____；当构件两个方向（长和宽）的尺寸远大于另一个方向（厚度）的尺寸时，称为薄壳或薄板。教学楼的梁和柱属于_____；教学楼的楼板属于_____；挡土墙和重力坝属于_____。在简化计算中，板取_____，挡土墙和重力坝取_____作为计算单元，将其简化为杆件。

　　2. 结构正常工作必须满足强度、刚度和稳定性的要求，即进行其承载能力计算。强度是指结构和构件抵抗_____的能力；刚度是指结构和构件抵抗_____的能力；稳定性是指结构或构件保持原有_____的能力。

　　3. 工程力学有两类力学模型，分别为_____和_____，在进行受力分析和研究平衡问题时当作_____，在谈论强度、刚度和稳定性问题时当作_____。

　　4. 理想变形固体的三条基本假定分别为：_____、_____和_____。

项目2 工程力学基础理论

任务2.1 工程力学的静力学基础

【复习提要】
2.1.1 力与平衡
1. 力的基本概念

力——物体间相互的机械作用,这种作用使物体的运动状态发生改变,同时还会使物体发生变形。

力的三要素:力的大小、力的方向、力的作用点。

2. 力系的概念

力系——作用于物体上的一群力或一组力。

力系分为平面力系和空间力系。工程力学中主要分析平面力系。

等效力系——若作用于物体上的一个力系可用另一个力系来代替,而不改变力系对物体的作用效应,则这两个力系称为等效力系。

3. 平衡

平衡——物体相对于惯性参考系(常取地球)处于静止或做匀速直线运动状态时,称物体处于平衡状态。

平衡力系——如果物体在某一力系作用下保持平衡状态,则该力系称为平衡力系。

2.1.2 荷载
(1)根据荷载作用时间的长短分:①恒荷载(恒载),如结构的自重、挡土墙的土压力等;②活荷载(活载),如风荷载、雪荷载、人群荷载等。

(2)根据荷载的分布情况分:①分布荷载,如梁板的自重、渡槽侧壁所受的侧向水压力、挡土墙侧向土压力等(分布荷载的合力大小等于荷载图形的面积,方向同分布荷载,作用点通过分布荷载图形的形心);②集中荷载,如梁端对墙或柱的压力,管道对支架的压力。

(3)根据荷载作用性质分:①静荷载——缓慢地加到结构上的荷载;②动荷载——大小、方向随时间而改变的荷载。

2.1.3 静力学公理
公理1:二力平衡公理

作用于同一刚体上的两个力,使刚体保持平衡的必要与充分条件是:两个力大小相等、方向相反、作用在同一条直线上。

该公理的适用条件为：刚体。该公理说明了作用于同一刚体上的两个力的平衡条件。在两个力作用下保持平衡的构件称为二力杆。二力杆可以是曲杆也可以是直杆，二力杆上的两个力的作用线必为杆两端点的连线方向。

公理2：加减平衡力系公理

在作用于刚体的任意力系中，加上或减去平衡力系，并不改变原力系对刚体的作用效应。该公理的适用条件：刚体。该公理是力系等效代换的基础。

推论1：（力的可传性原理）作用在刚体上的力可沿其作用线移动到刚体内任一点，而不改变原力对刚体的作用效应。（适应于刚体）

公理3：力的平行四边形法则

作用于物体上同一点的两个力，可以合成一个合力。其合力作用线通过该点，合力的大小和方向由这两个力为邻边所构成的平行四边形的对角线来表示。公理的适用条件：物体。该法则既是两个共点力的合成法则，又是力的分解法则。

推论2：（三力平衡汇交定理）若一刚体受共面不平行的三个力作用而处于平衡，则这三个力的作用线必交汇于一点。（适应于刚体）

公理4：作用与反作用定律

两个物体间相互作用的力总是同时存在的，两个力大小相等、方向相反，沿同一直线，分别作用在两个物体上。该公理的适用条件：物体。该公理说明了物体间相互作用的关系。

【基础】

一、填空题

1. 力对物体的作用效果一般分为_____效应和_____效应。

2. 荷载根据作用时间的长短可分为_____和_____，结构的自重、挡土墙的土压力属于_____；风荷载、雪荷载、楼面人群荷载属于_____。

3. 荷载根据分布情况可以分为_____和分布荷载，分布荷载的大小等于荷载图形的_____，分布荷载的合力作用点通过荷载图形的_____。

4. 作用在刚体上的力可沿其作用线任意移动，而_____力对刚体的作用效果。

5. 仅在两个力作用下处于平衡的构件称为_____，它的形状可以是_____。

二、判断题

1. 作用在同一物体上的两个力，使物体处于平衡的必要和充分条件是：这两个力大小相等、方向相反、沿同一条直线。（　　）

2. 静力学公理中，二力平衡公理和加减平衡力系公理适用于刚体。（　　）

3. 静力学公理中，作用力与反作用力定律和力的平行四边形法则适用于任何物体。（　　）

4. 二力构件是指两端用铰链连接并且指受两个力作用的构件。（　　）

【实践】

【基础题2.1.1】 某素混凝土简支梁如图2.1所示，$b \times h = 250\text{mm} \times 600\text{mm}$，跨

度为 7m，已知混凝土容重 $r=22\text{kN/m}^3$，计算梁的自重大小，并将自重荷载及合力绘制在图上。

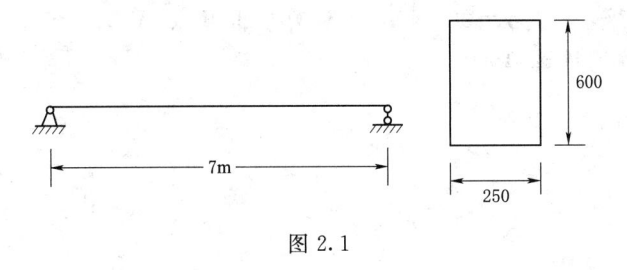

图 2.1

【提高题 2.1.2】 某钢筋混凝土简支板如图 2.2 所示，跨度为 4m，板厚 $h=100\text{mm}$，已知钢筋混凝土容重 $\gamma=25\text{kN/m}^3$。计算板的自重大小，并绘出自重荷载图形以及合力（板取 1m 宽度作为计算单元）。

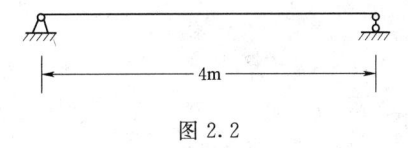

图 2.2

【挑战题 2.1.3】 某混凝土重力坝如图 2.3 所示。

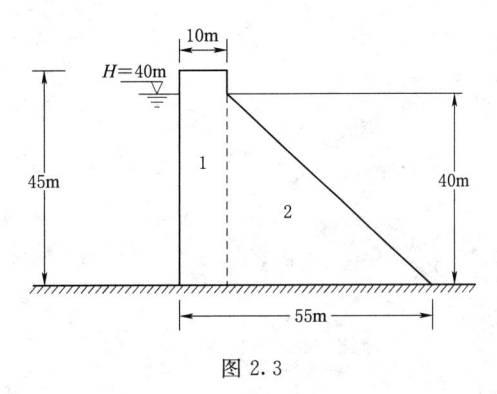

图 2.3

姓名：　　　　　学号：　　　　　日期：　　　　　评分：

（1）已知水的容重 $\gamma_水=10\text{kN}/\text{m}^3$，画出图中重力坝上游坝面上受到的水压力分布图形，计算出水压力大小并绘制在图中。

（2）已知混凝土容重 $\gamma=22\text{kN}/\text{m}^3$，计算自重 W_1、W_2，并正确绘制在图中（重力坝取 1m 长度作为计算单元）。

姓名：　　　　　学号：　　　　　日期：　　　　　评分：

任务2.2　抗倾稳定计算

【复习提要】

2.2.1　力矩

1. 力对点之矩

（1）力矩：力的大小与力臂的乘积并加以相应的正负号称为力 F 对 O 点之矩。即

$$m_O(F) = \pm Fd$$

式中正负号一般规定，力使物体绕矩心逆时针旋转时取正，反之取负。力矩单位为 N·m 或 kN·m。

（2）力矩的作用效应：转动效应。

2. 力对轴之矩

力对轴之矩等于该力在垂直于该轴的平面上的分力对轴与平面交点的矩。即

$$m_z(F) = m_O(F_{xy}) = \pm Fd$$

式中：正负号表示力 F_{xy} 使物体绕 z 轴转动的方向，可用右手法则来确定。即由右手四指表示物体绕 z 轴转动的方向，若大拇指指向与 z 轴正向相同，则为正号，反之为负号。

3. 合力矩定理

平面汇交力系的合力对平面内任一点的矩，等于力系中各分力对同一点力矩的代数和。则

$$m_O(F_R) = m_O(F_1) + m_O(F_2) + \cdots + m_O(F_n) = \sum m_O(F_i)$$

合力矩定理的应用，可简化力矩的计算，当力到点的距离比较难求时，可以将力分解，求各分力对点之矩。

2.2.2　力偶

1. 概念

由大小相等、方向相反、不共线的两个平行力组成的力系，称为力偶。用符号（F、F'）表示。力偶的二力之间的距离 d 称为力偶臂。力偶同样使物体产生转动效应。其转动效应用力偶矩来度量，记为 m。$m = \pm Fd$，式中正负号通常规定，力偶使物体逆时针转动时，力偶矩为正，反之为负。

2. 力偶的性质

（1）力偶没有合力，故不能用一个力来代替。

（2）力偶对其作用平面任一点之矩恒等于力偶矩，而与矩心位置无关。

（3）在同一平面内的两个力偶，如果它们的力偶矩大小相等、转向相同（即三要素），则这两个力偶等效。

力偶对物体的转动效应，完全取决于力偶的三要素：力偶矩的大小、力偶的转向和力偶的作用面。

【基础】

一、填空题

1. 平面内两个力偶等效的条件是这两个力偶的＿＿＿＿＿＿，＿＿＿＿＿＿；平面

姓名：　　　　　学号：　　　　　日期：　　　　　评分：

力偶平衡的充要条件是_____。

2. 力矩与力偶方向的规定均为_____。

二、选择题

1. 力偶对物体产生的运动效应为（　　）。
A. 只能使物体转动　　B. 既能使物体转动，又能使物体移动
C. 只能使物体移动　　D. 它与力对物体产生的运动效应有时相同，有时不同

2. 力偶对物体的转动效应和（　　）有关。
A. 力偶的转向　B. 力偶矩的大小　C. 力偶的作用面　D. A、B、C 都有关

3. 如图 2.4 所示，力偶对 B 点之矩为（　　）。
A. 0　　　　B. +3kN·m　　　C. -1.5kN·m　　D. -3kN·m

4. 如图 2.5 所示某刚体受三个力偶作用，则（　　）。

图 2.4

图 2.5

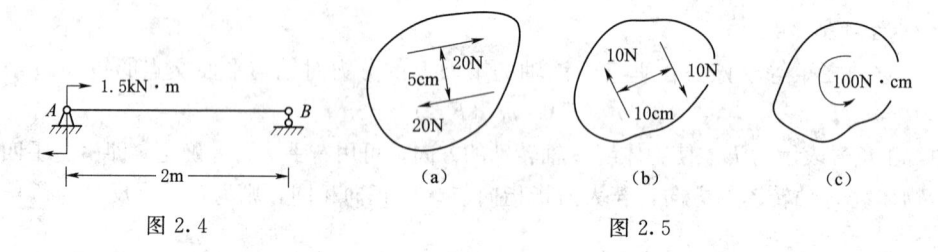

A. a、b、c 都等效　　　　　　B. a 与 b 等效
C. a 与 c 等效　　　　　　　　D. b 与 c 等效

三、判断题

1. 大小相等、方向相反的两个力组成的力系称为力偶。（　　）
2. 力偶矩的大小与矩心的位置有关，力矩的大小与矩心的位置无关。（　　）
3. 力偶只能与力偶等效。（　　）

【实践】

【基础题 2.2.1】　计算图 2.6（a）（b）（c）中力 F 对点 O 点的矩。

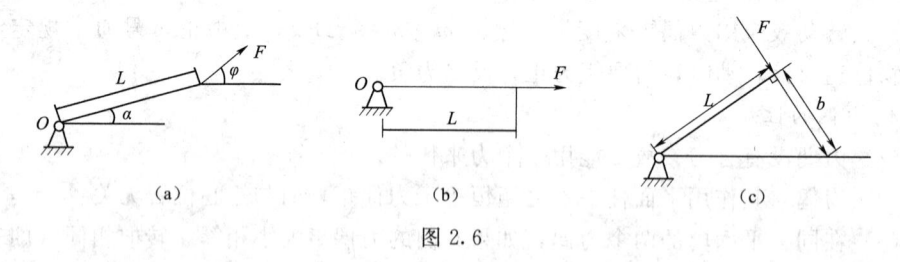

图 2.6

【提高题 2.2.2】 试分别计算图 2.7 所示闸门上的力 F 及 T 对铰 A 之矩。已知 $F=70\mathrm{kN}$，$T=35\mathrm{kN}$。

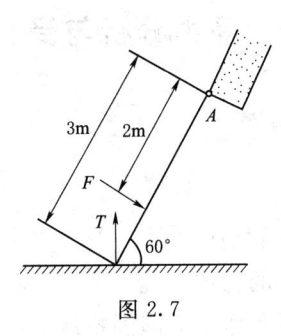

图 2.7

【挑战题 2.2.3】 如图 2.8 所示挡墙自重 $G=100\mathrm{kN}$，墙背土压力 $P=70\mathrm{kN}$，P 与水平方向所成夹角 $\alpha=30°$，试校核该挡墙的抗倾稳定性。

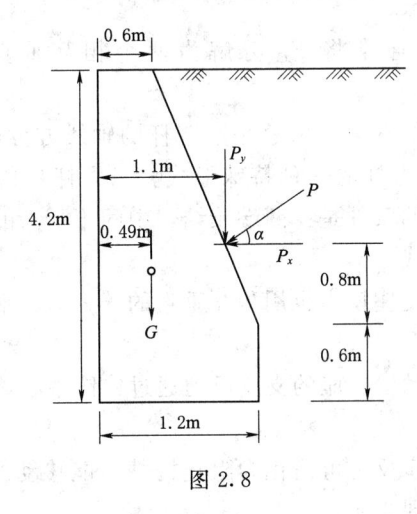

图 2.8

姓名：   学号：   日期：   评分：

任务 2.3　受力分析与受力图绘制

【复习提要】

2.3.1　约束与约束反力

1. 相关概念

（1）自由体：位移不受限制的物体。

（2）非自由体：位移受限制的物体。

（3）约束：对物体运动起限制作用的周围物体。

（4）约束反力：约束给被约束物体的反作用力，总是与约束所能阻止物体运动的方向相反。特点：大小未知；方向总是与约束限制的物体的运动（位移）方向相反；作用在物体与约束相接触的那一点。

2. 七种常见约束及约束反力分析

（1）柔性约束：其约束反力的方向必沿着柔性体的中心线背离被约束的物体，用 F_T 表示。

（2）光滑接触面约束：其约束反力的方向沿着接触面的公法线方向，指向被约束的物体，通常以 F_N 来表示。

（3）圆柱铰链约束：通常将 F_C 分解为两个相互垂直的分力 F_{Cx} 和 F_{Cy} 来表示。

（4）链杆约束：链杆的约束反力总是沿链杆的轴线方位，指向或为拉，或为压，用 F_{AB} 来表示。链杆是二力杆的一种特殊形式。二力杆是指受到两个力作用，达到平衡的杆件。判断二力杆的条件是：两端铰结，中间不受力的杆件。二力杆可以是直杆、曲线或折线杆件等形式。

（5）固定铰支座：其支座反力也用相互垂直的分力 F_{Ax} 和 F_{Ay} 来表示，方位、指向均为假设。

（6）可动铰支座：可动铰支座的支座反力通过铰链中心，垂直于支承面，其指向假定，其表示符号 F_B。

（7）固定端支座：支座反力可简化为阻止构件不能移动的两个分力 F_{Ax}、F_{Ay} 和阻止构件不能转动的反力偶矩 m_A。

2.3.2　工程受力图的绘制

1. 受力图的绘制步骤

（1）选取研究对象，并作出分离体图。

（2）画出分离所受的荷载（主动力）。

（3）画出分离体所受的约束反力。

2. 注意事项

（1）结构中有二力杆时，应优先分析二力杆。

（2）应注意作用力与反作用的分析。

姓名：　　　　　　学号：　　　　　　日期：　　　　　　评分：

（3）在对物体系统进行分析时，注意整体与部分的受力图，在同一位置处力的表示应一致。

【基础】

一、填空题

1. 柔性约束的约束反力作用在接触点，其方向为_____。

2. 固定端支座的支座反力可简化为_____、_____和_____三个分量。

3. 两端以_____与不同物体连接，中间_____的_____称为链杆约束。

4. 限制非自由体运动的物体为_____；约束反力的方向总是与约束所能阻止物体的运动趋势的方向_____；约束反力由_____力引起，且随_____力的改变而改变。

二、选择题

1. 在工程常见的几种约束中，下列只能转动、不能移动的约束是（　　）。

A. 可动铰支座

B. 固定铰支座

C. 固定端支座

D. 柔性约束

2. 限制构件任何方向的移动和转动的支座形式为（　　）。

A. 可动铰支座

B. 固定铰支座

C. 固定端支座

D. 柔性约束

3. 对于图2.9所示平衡系统，物块B的受力图正确的是（　　）。

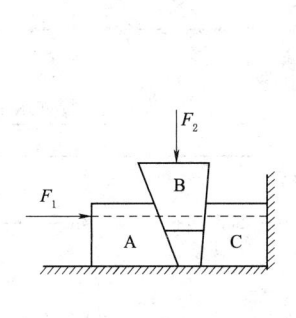

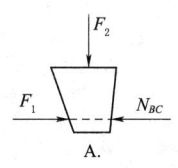

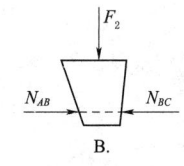

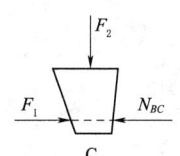

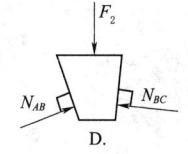

图2.9

姓名：　　　　　　学号：　　　　　　日期：　　　　　　评分：

【实践】

【基础题 2.3.1】 画出图 2.10 中物体 A 的受力图，所有接触处均为光滑接触。

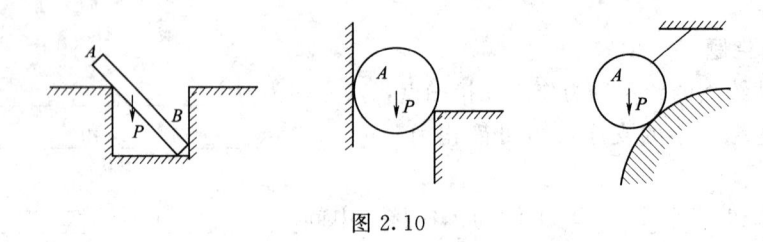

图 2.10

【提高题 2.3.2】 画出图 2.11（a）(b)(c) 的受力图。

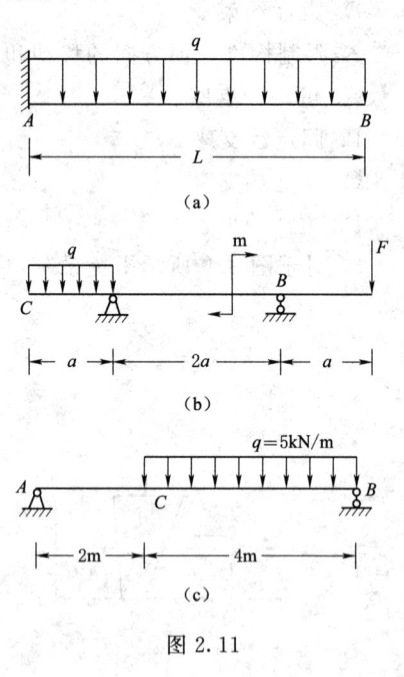

图 2.11

姓名： 　　　学号： 　　　日期： 　　　评分：

【挑战题 2.3.3】 画出图 2.12 所示整体、AC 部分、CD 部分的受力图。（注意作用力与反作用力的正确命名）

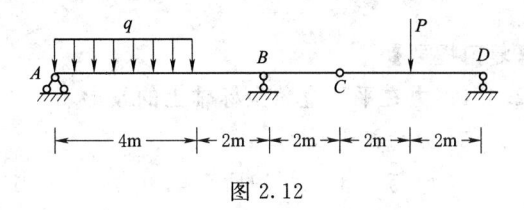

图 2.12

任务 2.4　平面力系的合成与平衡

【复习提要】

2.4.1　力在平面直角坐标轴上的投影

1. 力的投影公式

力 F 与 x 轴之间的所夹锐角为 α，则力 F 在直角坐标轴上的投影为
$$F_x = \pm F\cos\alpha,\quad F_y = \pm F\sin\alpha$$

2. 合力投影定理

若作用于一点的 n 个力 F_1，F_2，$\cdots$，F_n 的合力为 F_R，则合力在某轴上的投影，等于各分力在同一轴上投影的代数和，这就是合力投影定理。即
$$F_{Rx} = F_{1x} + F_{2x} + \cdots + F_{nx} = \sum F_{ix}$$
$$F_{Ry} = F_{1y} + F_{2y} + \cdots + F_{ny} = \sum F_{iy}$$

2.4.2　平面力系的合成与平衡

1. 平面汇交力系的合成与平衡

平面汇交力系的合成公式
$$F_R = \sqrt{F_{Rx}^2 + F_{Ry}^2},\quad \alpha = \arctan\left|\frac{F_{Ry}}{F_{Rx}}\right|$$

平面汇交力系的平衡方程
$$\sum F_x = 0,\quad \sum F_y = 0$$

2. 平面力偶系的合成与平衡

平面力偶系的合成公式
$$m_R = m_1 + m_2 + \cdots + m_n = \sum m_i$$

平面力偶系的平衡方程
$$\sum m_i = 0$$

3. 平面一般力系的合成与平衡

平面一般力系的合成公式
$$F' = \sqrt{(F'_x)^2 + (F'_y)^2} = \sqrt{(\sum F_{xi})^2 + (\sum F_{yi})^2},\quad \alpha = \arctan\left|\frac{F_{Ry}}{F_{Rx}}\right|$$
$$M_O = \sum M_O(F_i)$$

平面一般力系的平衡方程（充要条件）
$$\sum F_x = 0,\quad \sum F_y = 0,\quad \sum m_O(F) = 0$$

【基础】

一、选择题

1. 用力多边形求平面汇交力系合力 F_R 的作图规则称为（　　）法则。

　　A. 三角形　　　B. 四边形　　　C. 力多边形

2. 平面汇交力系合力利用力的多边形法则，矢量应从第一分力矢量的（　　）画到最后一个分力矢量的（　　）。

A. 坐标原点　　B. 终点　　C. 起点

二、填空题

1. 根据力的投影定理，力在平面内平行移动后，力的投影 F_x、F_y 大小_____。

2. 作用于物体上的各力作用线都在同一平面内，而且都相交于一点的力系，称为_____。

3. 平面汇交力系有_____个独立平衡方程，表达式分别为_____，可求解_____个未知量。

4. 平面力偶系有_____个独立平衡方程，表达式为_____，可求解_____个未知量。

5. 平面一般力系平衡的充要条件是：_____、_____、_____。

6. 力的平移定理：作用在刚体上的力可以任意移动，但必须附加一个_____，此力偶的大小等于_____。

7. 利用力的平移定理将平面一般力系转化为_____力系和_____力系，通过简化得到主_____和主_____，最终的简化结果有三种，分别为_____、_____和平衡。

8. 物体系统由两个杆件连接而成，则可以有_____个独立的平衡方程。

9. 静滑动摩擦力在一定范围内变化，此变化范围为0～_____。

【实践】

【基础题 2.4.1】 已知 $F_1=100\text{N}$，$F_2=50\text{N}$，$F_3=60\text{N}$，$F_4=80\text{N}$，各力方向如图 2.13 所示，试分别求出各力在 x 轴和 y 轴上的投影。

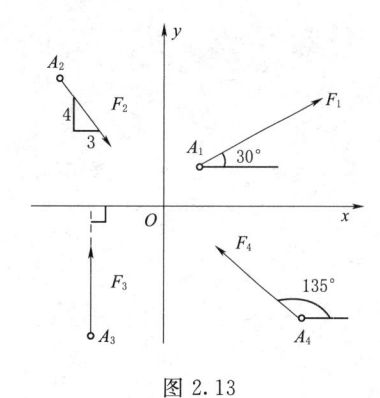

图 2.13

【提高题2.4.2】 求如图2.14所示坐标系中平面汇交力系的合力。(图中方格用于确定各力的方位角)

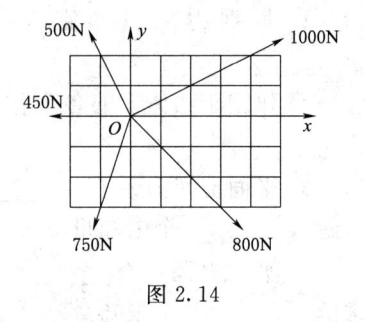

图2.14

【挑战题2.4.3】 如图2.15所示,物体重$P=20\text{kN}$,杆重不计,A、B、C三处均为铰链连接。求杆AB和杆BC所受的力。

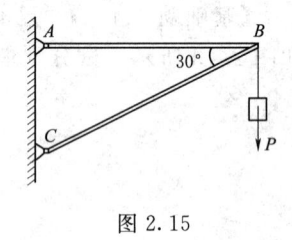

图2.15

【挑战题 2.4.4】 求解图 2.16 各梁的约束反力。

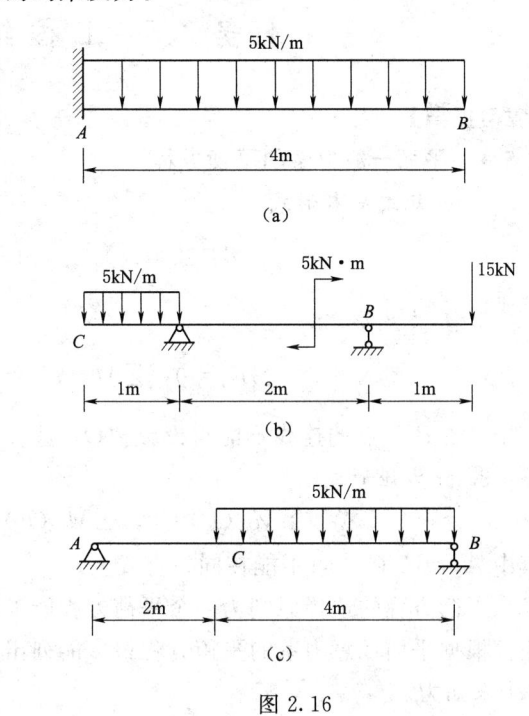

(a)

(b)

(c)

图 2.16

姓名：　　　　　学号：　　　　　日期：　　　　　评分：

任务 2.5　工程结构的平衡

【复习提要】

2.5.1　平面一般力系的平衡方程

1. 一矩式基本形式

$$\sum F_x = 0, \quad \sum F_y = 0, \quad \sum M_O(F) = 0$$

2. 二力矩形式

$$\sum F_x = 0, \quad \sum M_A(F) = 0, \quad \sum M_B(F) = 0$$

其中 A、B 两点的连线不能与投影轴 Ox 垂直。

3. 三力矩形式

$$\sum M_A(F) = 0, \quad \sum M_B(F) = 0, \quad \sum M_C(F) = 0$$

其中 A、B、C 三点不能在同一直线上。

平衡方程的选择原则为一个平衡方程能求解一个未知力，尽量避免联立求解方程组。根据平面任意力系的平衡方程最多能列出 3 个相互独立的平衡方程，最多能求解 3 个未知力。

2.5.2　工程结构平衡

1. 考虑滑动摩擦时物体平衡问题

理解静滑动摩擦定律与动滑动摩擦定律。

考虑摩擦时物体平衡，与不考虑摩擦时相同，作用在物体上的力系应满足平衡条件，解题的分析方法和步骤也基本相同。需要注意的是这类问题的特点：受力分析时必须考虑摩擦力，其方向与物体相对滑动趋势方向相反；静摩擦力在一定范围内变化，因此问题的解答常为不等式形式，即在一个范围内平衡。若物体处于临界平衡状态，静摩擦力达到最大值，可以补充方程 $Fs_{\max} = N \cdot f_s$。

2. 物体系统的平衡

由两个或者两个以上杆件组成的结构称为物体系统，物体系统平衡则各组成部分也平衡，可以通过研究整体平衡和部分平衡相结合求出约束反力。

【基础】

一、填空题

1. 作用于物体上的各力作用线都在都在同一平面内，而且都相交于一点的力系，称为_____。

2. 平面一般力系平衡的充要条件为（简称一矩式）：_____，_____，_____。除此之外还有二矩式：_____，_____，_____，需补充条件_____，三矩式：_____，_____，_____，需补充条件_____。

3. 力的平移定理：力可以在刚体内任意地移动，必须附加一个力偶，此力偶的大小等于_____。

4. 当整个物体系统处于平衡时，系统中的每个物体_____。

5. 摩擦力的方向与两个物体相对滑动趋势的方向_____，静摩擦力 F 的大小变化范围是_____，其中 $F_{\max}=$_____。

【实践】

【基础题2.5.1】 梁结构尺寸、受力如图2.17所示，不计梁重，已知 $q=10$kN/m，$m=10$kN·m，求 A、B、C 处的约束反力。

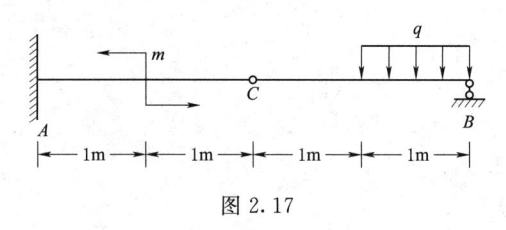

图2.17

【提高题2.5.2】 重力式挡土墙如图2.18所示。已知作用于挡土墙上各力的大小分别为 $W_1=800$kN，$W_2=1400$kN，$F=900$kN，F 作用线与水平面所成的夹角 $\alpha=40°$，墙与基础间的摩擦系数 $f=0.4$。试问此挡土墙是否会滑动。

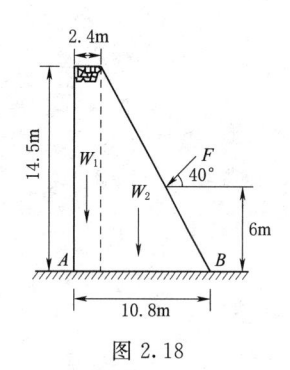

图2.18

【挑战题 2.5.3】 如图 2.19 所示，已知 $q=6\text{kN/m}$，$P=24\text{kN}$，求 A、B、C、D 处的约束反力。

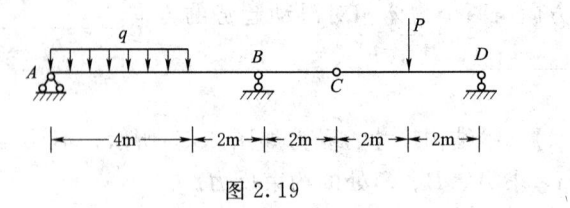

图 2.19

姓名：　　　　　　　学号：　　　　　　　日期：　　　　　　　评分：

任务2.6　截面的几何性质

【复习提要】
2.6.1　组合图形的形心计算公式

$$\begin{cases} y_C = \dfrac{\sum A_i y_{Ci}}{\sum A_i} \\ z_C = \dfrac{\sum A_i z_{Ci}}{\sum A_i} \end{cases}$$

平面图形的
几何性质
（思维导图）

2.6.2　惯性矩

平面图形上所有微面积 dA 与它到坐标轴的距离平方的乘积称为该平面图形关于坐标轴的惯性矩，记为 $I_z(I_y)$，单位是 [长度]^4。

$$\begin{cases} I_z = \int_A y^2 \, dA \\ I_y = \int_A z^2 \, dA \end{cases}$$

常见图形对其形心主轴的惯性矩计算公式。

矩形截面对其对称轴 z 轴和 y 轴的惯性矩为

$$I_z = \frac{bh^3}{12}$$

$$I_y = \frac{hb^3}{12}$$

圆形截面对过形心 O 的 z、y 轴的惯性矩为

$$I_z = I_y = \frac{\pi D^4}{64}$$

2.6.3　组合图形的惯性矩计算

平行移轴公式：平面图形对任意一轴的惯性矩，等于图形对与该轴平行的形心轴（过形心的坐标轴）的惯性矩，再加上该图形面积与两轴间距离平方的乘积，即

$$I_{z'} = I_z + a^2 A$$

【基础】

一、填空题

1. 矩形截面对形心主轴的形心主惯性矩为＿＿＿＿＿＿、＿＿＿＿＿＿。
2. 平行移轴公式的表达式是＿＿＿＿＿＿＿＿＿＿＿。

【实践】

【基础题2.6.1】　试求图2.20对 z 轴的面积矩。

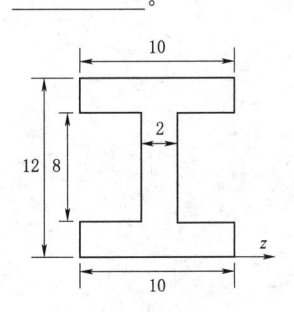

图2.20（单位：mm）

【提高题 2.6.2】 图 2.21 所示⊥形截面。

（1）试确定形心 C 的位置。

（2）求出形心轴以下阴影部分对形心轴 z 轴的面积矩。

（3）求出整个图形对形心轴 y 轴和 z 轴的惯性矩。

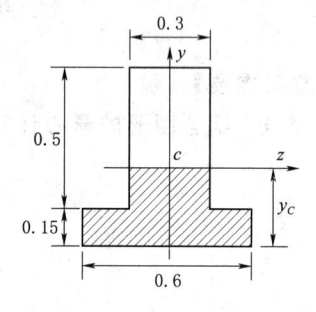

图 2.21（单位：m）

【挑战题 2.6.3】 试求图 2.22 对形心主轴 y 轴和 z 轴的惯性矩。

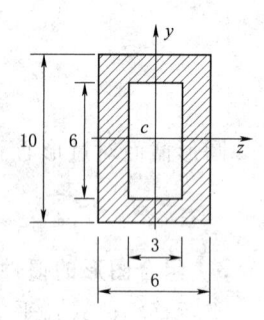

图 2.22（单位：mm）

项目3 轴向拉（压）杆件力学分析

任务3.1 轴向拉（压）杆件的内力计算

【复习提要】

3.1.1 杆件在外力作用下的四种基本变形

1. 轴向拉伸与压缩变形

受力特点：杆件所受外力的作用线与杆轴线重合。

变形特点：杆件沿其轴线方向伸长或缩短的变形。

2. 剪切变形

受力特点：杆件受到一组大小相等、方向相反、作用线相距极近且垂直于杆轴线的外力作用。

变形特点：杆件横截面将沿外力方向产生错动变形。

3. 扭转

受力特点：杆件受一对大小相等、转向相反、作用在垂直于杆轴线的平面内的外力偶作用。

变形特点：任意两个横截面绕杆轴线产生相对扭转变形。

4. 平面弯曲变形

受力特点：杆件受到位于纵向对称平面内的外力作用或与杆轴线同平面的外力偶作用。

变形特点：梁轴线在纵向对称平面内由直线变为曲线。

3.1.2 截面法的求解步骤

（1）截。在所求内力的位置用一假想截面将构件截开。

（2）留。截开构件分为两部分，留下截面其中一部分（一般选取力少或简单的部分）为研究对象。

（3）代。把去掉的部分对保留部分的作用以力的形式来替代，该力即为截面上的内力。

（4）平。对保留的部分建立静力学平衡方程，求出其截面内力。

3.1.3 轴向拉（压）杆的内力分析——轴力图

1. 内力计算

（1）截面法。按截面法的截、留、代、平四步分析，可得出轴向拉、压构件其横截面上的内力与构件轴线重合，称为轴力，以符号 N 表示。利用平衡条件可得出轴力的大小，轴力单位 N 或 kN。轴力的正、负号规定：轴力以拉为正方向；压为负方向。

(2) 直接法。直接法是在截面法的基础上简化而得到的一种方法。直接法的计算法则为：任一截面上轴力数值等于截面一侧杆件上所有外力的代数和。外力符号规定：当外力背离截面时，在截面上产生正方向轴力；反之，外力指向截面为负。

2. 轴力图的绘制

(1) 正方向的轴力画在轴线上侧，负方向的轴力画在轴线的下侧。

(2) 标明轴力数值的大小、单位、符号、图名。

注意：轴力图分析计算时，需分段处理，分段是以杆段中集中力的作用点为界进行分段。

【基础】

一、选择题

1. 发生弯曲变形构件的受力特点是（　　）。
 A. 外力与杆轴线重合　　　B. 外力与杆轴线垂直
 C. 在与轴线垂直的平面内受到力偶作用

2. 杆件内力计算的基本方法是（　　）。
 A. 直接法　　　B. 平衡条件　　　C. 截面法

二、填空题

1. 构件受力后的四种基本变形分别是_____、_____、_____和_____。

2. 截面法的四个步骤分别为：_____、_____、_____和_____。（填一个字）

3. 轴力的符号_____，规定_____为正。轴力图为了能直观表示轴力与截面位置关系，要求绘制在杆件受力图的_____。

【实践】

【基础题 3.1.1】 画出图 3.1（a）（b）所示杆件的轴力图（力的作用点分别在 A、B、C、D 点）。

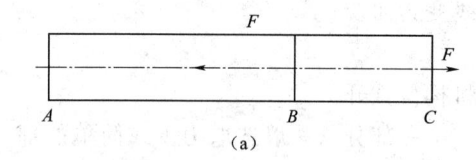

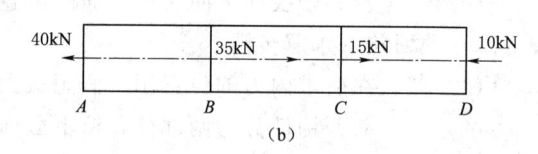

图 3.1

【提高题 3.1.2】 画出图 3.2（a）（b）所示杆件的轴力图。

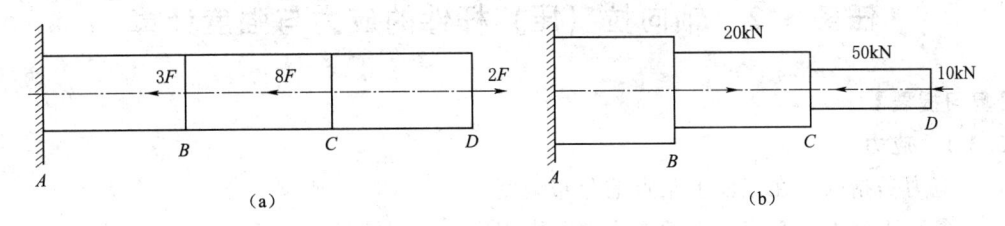

图 3.2

【挑战题 3.1.3】 画出图 3.3 所示杆件的轴力图，力的作用点分别在 C 点和 D 点。

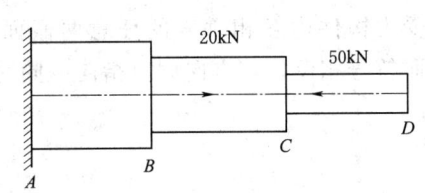

图 3.3

姓名：　　　　　　学号：　　　　　　日期：　　　　　　评分：

任务3.2　轴向拉（压）杆件的应力与强度计算

【复习提要】
3.2.1　应力
应力是指内力在截面上某点的分布集度。
（1）正应力：垂直于截面的应力称为正应力，用符号 σ 表示。
（2）剪应力：相切于截面的应力称为剪应力，用符号 τ 表示。
（3）应力的单位：正应力与剪应力的单位相同，常用的单位是帕斯卡（Pa）和兆帕（MPa），$1Pa=1N/m^2$，$1MPa=1N/mm^2$。
（4）应力正负号的规定：正应力规定"拉应力为正，压应力为负"；剪应力规定"使研究对象产生顺时针转动趋势记为正，反之为负"。

3.2.2　轴向拉压杆件横截面上的正应力
正应力的求解公式为：$\sigma=\dfrac{N}{A}$，式中：A 为所求横截面的截面面积；N 为该横截面上的正应力。

3.2.3　轴向拉压杆件斜截面上的剪应力
轴向拉（压）杆件斜截面上的剪应力最大的截面为方位角为 $45°$ 的截面。
剪应力互等定理：在受力构件内互相垂直的任意两截面上，剪应力必然成对出现，且两者数值大小相等而符号相反，其方向同时指向或同时离开两截面的交线。

3.2.4　轴向拉压杆的强度
对于等截面杆：
（1）强度计算公式：$\sigma_{max}=\dfrac{N_{max}}{A}$，$\sigma_{max}$ 所在的截面称为危险截面。
（2）强度条件：$\sigma_{max}=\dfrac{N_{max}}{A}\leqslant[\sigma]$。
（3）强度条件可以解决的三类问题：
1）强度校核。已知荷载、截面面积和材料的许用应力，根据强度条件验算构件的强度是否满足要求。
2）设计截面尺寸。已知荷载和材料的许用应力，根据强度条件确定构件的横截面面积或截面的尺寸。
3）确定许可荷载。已知截面面积和材料的许用应力，根据强度条件确定构件所能承受的最大荷载。

【基础】
1. 轴向拉伸杆，正应力最大的截面为＿＿＿＿＿＿＿＿，剪应力最大的截面为＿＿＿＿＿＿。
2. 结构或结构构件正常工作必须满足＿＿＿＿＿、＿＿＿＿＿和＿＿＿＿＿要求。

姓名：　　　　学号：　　　　日期：　　　　评分：

3. 许用应力是根据极限应力除以安全系数得到，对于塑形材料，一般采用_____作为极限应力，脆性材料一般采用_____作为极限应力。

4. 正应力以_____为正，剪应力以其对截面内侧_____转为正。

5. 剪应力互等定理是指在受力构建内互相垂直的任意两截面上，剪应力大小_____而符号_____。

【实践】

【基础题3.2.1】 已知一矩形截面悬臂梁如图3.4所示，截面尺寸为150mm×450mm，$F=10$kN，试求该悬臂梁的最大应力值。（该悬臂梁自重忽略不计）

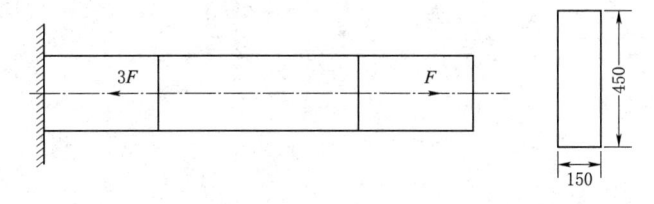

图3.4

姓名：　　　　　　学号：　　　　　　日期：　　　　　　评分：

【提高题 3.2.2】 已知一等截面直杆受力如图 3.5 所示，杆的横截面积 $A=400\mathrm{mm}^2$，材料的许用应力 $[\sigma]=150\mathrm{MPa}$，试校核杆件的强度。

图 3.5

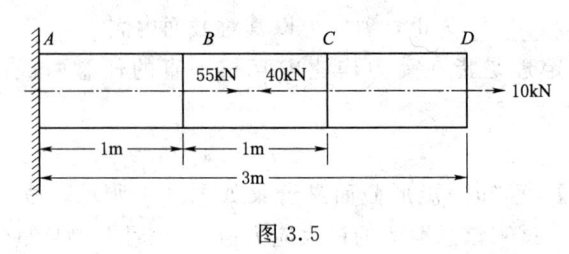

【挑战题 3.2.3】 一正方形钢筋混凝土柱，材料的许用应力 $[\sigma]=10\mathrm{MPa}$，承受 $F=450\mathrm{kN}$ 的轴向力作用，请设计该柱截面的尺寸。

姓名：　　　　　学号：　　　　　日期：　　　　　评分：

任务 3.3　轴向拉（压）杆件的变形计算

【复习提要】

3.3.1　轴向拉（压）杆件的变形

（1）轴向拉伸（压缩）杆件在受到轴向拉力（压力）的作用下，会造成杆件纵向尺寸的伸长（缩短）和横向尺寸的缩小（增大），这就导致了杆件在纵向和横向的变形。

（2）纵向变形用绝对纵向变形 ΔL 和纵向线应变 ε 来表示；横向变形用绝对横向变形 Δd 和横向线应变 ε' 来表示。

（3）胡克定律。表达式为

$$\Delta L = \frac{Fl}{EA} = \frac{Nl}{EA}$$

此式为胡克定律的概念表达式。

胡克定律的另一表达式为

$$\varepsilon = \frac{\sigma}{E} \text{ 或 } \sigma = E\varepsilon$$

（4）会用胡克定律求解轴向拉（压）杆件的纵向伸缩量。

【基础】

1. 胡克定律适用于＿＿＿＿＿＿变形，表达式为＿＿＿＿＿＿和＿＿＿＿＿＿。
2. 如图 3.6 所示阶梯形杆的总变形量 $\Delta L =$ ＿＿＿＿＿＿。

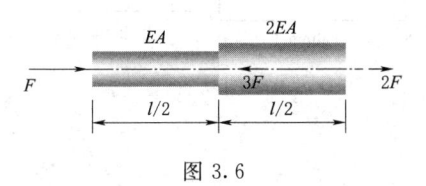

图 3.6

【实践】

【基础题 3.3.1】　一根等直杆受力如图 3.7 所示。已知杆的横截面面积 $A = 500\text{mm}^2$ 和材料的弹性模量 $E = 160\text{GPa}$，$L = 3\text{m}$，$F = 10\text{kN}$。试求杆端点 D 的位移。

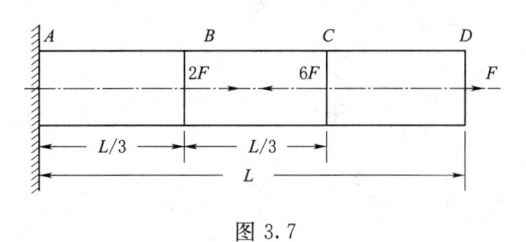

图 3.7

姓名：　　　　　学号：　　　　　日期：　　　　　评分：

【提高题3.3.2】 一木桩受力如图3.8所示。柱的横截面为边长150mm的正方形，材料可认为符合胡克定律，其弹性模量$E=10\text{GPa}$。如不计柱的自重，试求各段柱的纵向线应变以及A点的位移。

图3.8

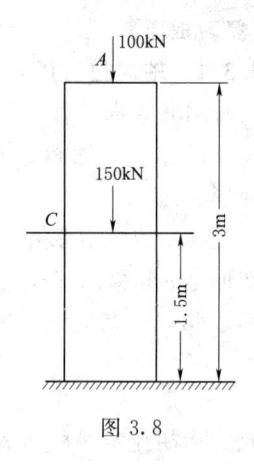

【挑战题3.3.3】 如图3.9所示的变截面杆，横截面面积$A_{AB}=200\text{mm}^2$、$A_{BC}=100\text{mm}^2$，杆长$L_{AB}=600\text{mm}$、$L_{BC}=400\text{mm}$，材料的弹性模量$E_{AB}=210\text{GPa}$、$E_{BC}=150\text{GPa}$，试求杆件的总的纵向变形量。

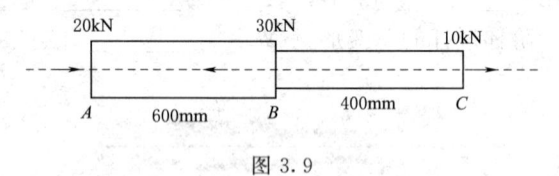

图3.9

项目4 受弯构件力学分析

任务4.1 单跨静定梁的内力计算与内力图的绘制

【复习提要】

4.1.1 单跨静定梁的分类

静定单跨梁有三种形式：①悬臂梁；②简支梁；③外伸梁。

4.1.2 单跨静定梁的内力求解

(1) 截面法计算步骤：①求出支座反力；②用假想截面在欲求内力处将梁截开，取其中一段为研究对象；③画出研究对象的受力图，截面上的剪力、弯矩均按正方向假设；④建立平衡方程，求解剪力、弯矩。

(2) 直接法求解剪力和弯矩。

剪力 Q："左上右下"为正方向剪力（研究梁左边部分，向上的外力产生正的剪力）。

弯矩 M："左右向上"为正方向弯矩（研究梁左边或右边部分，向上的外力产生正的剪力）。

4.1.3 用简易法绘制梁的剪力图和弯矩图

简易法是以剪力、弯矩与荷载集度之间的微分关系为基础的一种内力图绘制方法。

简易法绘制剪力图（走路法）的步骤：

①利用平衡条件求支座反力。

②从梁的最左端的集中力的大小和方向起步走，没有荷载的梁段上平着走，遇到均布荷载斜着走（斜的梯度为均布荷载的大小，方向同均布荷载指向），遇到集中力跟着走，遇到集中力偶不理睬。

简易法绘制弯矩图的步骤如下：

(1) 利用平衡条件求支座反力。

(2) 确定控制截面，根据外力情况选择分别为：①支座、端点处；②集中力、集中力偶的左右两侧；③均布荷载的起点、终点处、拐点处（均布荷载段中间某处出现剪力为零的位置）。

(3) 计算每个控制截面弯矩数值。

(4) 根据各种荷载作用时弯矩图的线型规律，判断各段弯矩图线型，并逐段画出弯矩图。

【基础】

1. 梁是以_____为主要变形的构件。

姓名：　　　　　　学号：　　　　　　日期：　　　　　　评分：

2. 单跨静定梁按其支座情况可分为_____、_____和_____。
3. 梁内力图绘制的方法有_____、_____和_____。
4. 求梁截面剪力的口诀为_____。
5. 在无荷载作用的梁段上，剪力图为_____。
6. 在均布荷载 q 作用的梁段，剪力图为_____。
7. 在集中力偶作用处，剪力_____。

【实践】

【基础题 4.1.1】 试求出图 4.1 所示外伸梁指定截面的剪力，并绘制剪力图。

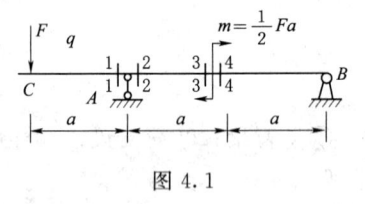

图 4.1

【提高题 4.1.2】 试求出图 4.2 所示指定截面的剪力和弯矩，并绘制剪力弯矩图。

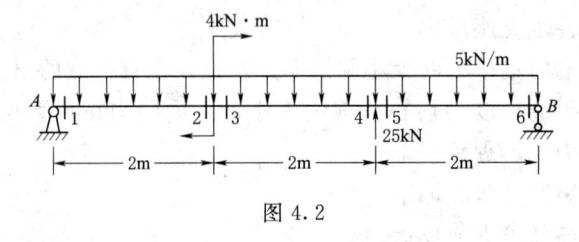

图 4.2

姓名：　　　　　　　学号：　　　　　　　日期：　　　　　　　评分：

【挑战题4.1.3】 绘制图4.3所示外伸梁 AE 的剪力图和弯矩图。

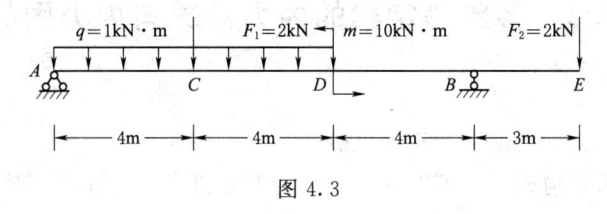

$q=1\text{kN}\cdot\text{m}$　　$F_1=2\text{kN}$　　$m=10\text{kN}\cdot\text{m}$　　$F_2=2\text{kN}$

A　　　　　　C　　　　　D　　　　　B　　　　　E

|← 4m →|← 4m →|← 4m →|← 3m →|

图 4.3

【挑战题4.1.4】 绘制图4.4各梁的内力图。

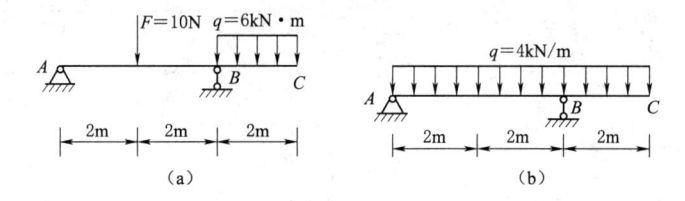

(a) $F=10\text{N}$，$q=6\text{kN}\cdot\text{m}$，$A$—$B$—$C$，2m + 2m + 2m

(b) $q=4\text{kN/m}$，A—B—C，2m + 2m + 2m

图 4.4

33

姓名：　　　　　学号：　　　　　日期：　　　　　评分：

任务 4.2　多跨静定梁的内力计算与内力图的绘制

【复习提要】

（1）基础部分和附属部分的正确区分。

不依赖其他部分构成几何不变体系，称为基本部分；需依靠基本部分才能保持其几何不变性，故称为附属部分。

（2）会画多跨静定梁的层次图。

（3）多跨静定梁的内力计算步骤：

1）对结构进行几何组成分析，弄清结构的几何组成顺序并画出结构层次图，先组成的部分（基本部分）画在下面，后组成的部分（附属部分）画在上面。

2）画出由结构层次图所确定的各单跨静定梁的受力图，并计算出各支座的约束反力。

3）取相同的比例尺，在同一直线上绘制出各跨梁的剪力图和弯矩图。

【实践】

【基础题4.2.1】　请绘制图4.5所示多跨静定梁的剪力图和弯矩图。

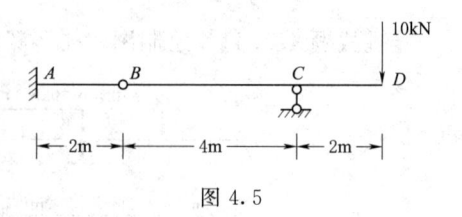

图 4.5

【提高题4.2.2】　请绘制图4.6所示多跨静定梁的剪力图与弯矩图。

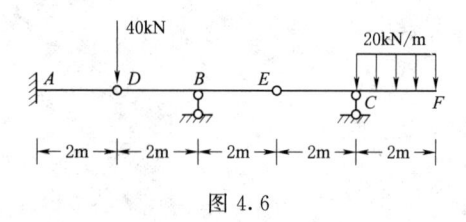

图 4.6

姓名：　　　　　　学号：　　　　　　日期：　　　　　　评分：

任务 4.3　梁横截面上的应力计算

【复习提要】

4.3.1　理解纯弯曲、横力弯曲的概念，梁截面上正应力、剪应力的概念以及中性轴的概念

平面弯曲情况下，一般梁横截面上既有弯矩又有剪力，这种情况称为横力弯矩。若梁横截面上剪力等于零，只有弯矩，这种情况称为纯弯曲。

4.3.2　正应力的分布规律、计算公式

分布规律：距中性轴等远的各点正应力相同，并且横截面上任一点处的正应力与该点到中性轴的距离成正比。弯曲正应力沿截面高度按线性规律分布，中性轴上各点的正应力均为零。

计算公式：
$$\sigma = \frac{My}{I_z}$$

4.3.3　剪应力的分布规律、计算公式

分布规律：横截面上各点处的剪应力方向都平行于剪力 Q；剪应力沿假面宽度均匀分布，即离中性轴等距离的各点处的剪应力相等。

计算公式：
$$\tau = \frac{QS_z}{bI_z}$$

4.3.4　梁的强度计算

1. 梁的强度条件

正应力的强度条件

$$\sigma_{max} = \frac{M_{max}}{W_z} \leqslant [\sigma]$$

剪应力的强度条件

$$\tau_{max} = \frac{Q_{max} S_{z\,max}}{bI_z} \leqslant [\tau]$$

2. 根据强度条件可以解决的工程问题

（1）强度校核。已知荷载、截面面积和材料的许用应力，根据强度条件验算构件的强度是否满足要求。

（2）设计截面尺寸。已知荷载和材料的许用应力，根据强度条件确定构件的横截面面积或截面的尺寸。

（3）确定许可荷载。已知截面面积和材料的许用应力，根据强度条件确定构件所能承受的最大荷载。

4.3.5　提高梁弯曲强度的措施

（1）降低 M_{max} 的措施：①合理安置梁的支座；②合理布置荷载。

（2）采取合理截面：①合理利用截面；②合理选择截面；③使截面形状与材料力学性质协调。

（3）采用变截面梁。

【基础】

1. 矩形截面梁受弯时，截面中性轴处正应力等于_____，上下边缘正应力的绝对值_____，最大剪应力发生在截面的_____处。

2. 梁的强度计算可以解决三类问题：_____，设计截面和_____。

3. 梁弯曲时横截面为矩形和圆形的最大剪应力分别为截面平均剪应力的_____和_____。

4. 在进行梁纯弯曲时的应力推求时，一般对梁的内部变形做_____假设和_____假设。

5. 为提高梁的弯曲强度，从应力分布规律考虑，应将较多的截面面积布置在离中性轴_____（远、近）的地方。

6. 欲求如图 4.7 所示 T 形截面梁上 A 点的剪应力，那么在剪应力公式 QS/bI_z 中：S 表示的是面积_____对中性轴的静矩。

图 4.7

【实践】

【基础题 4.3.1】 已知某矩形截面梁如图 4.8 所示。$b=150$mm，$h=200$mm，$P_1=10.8$kN，$P_2=4.8$kN，许用拉应力 $[\sigma^+]=30$MPa，许用压应力 $[\sigma^-]=60$MPa，试校核梁的正应力强度。

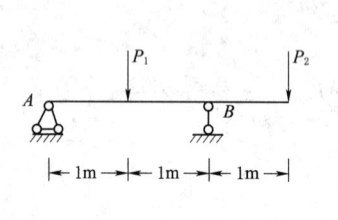

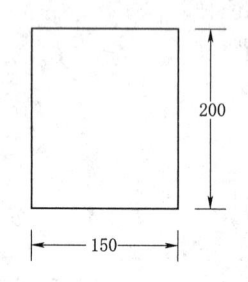

图 4.8

【提高题 4.3.2】 图 4.9 所示简支梁截面为正方形，梁跨度为 4m。在梁中点处作用一集中力 $P=3$kN，若材料的许用应力 $[\sigma]=10$MPa，$a=120$mm，试校核其正应力强度。

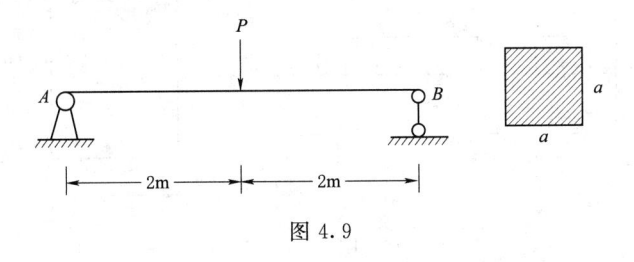

图 4.9

【挑战题 4.3.3】 图 4.10 所示工字钢截面的梁，已知钢材的许用应力 $[\sigma]=160$MPa，许用剪应力 $[\tau]=120$MPa，绘制该梁的剪力图和弯矩图，选择工字钢型号并校核此梁的剪应力强度。

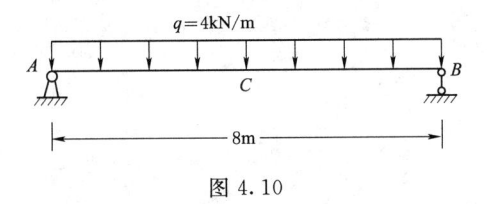

图 4.10

【挑战题 4.3.4】 悬臂梁的受力和横截面尺寸如图 4.11 所示，$[\sigma]=25\mathrm{MPa}$，$[\tau]=8\mathrm{MPa}$，$b=120\mathrm{mm}$，$h=200\mathrm{mm}$，求允许最大均布荷载 $q_{\max}$。

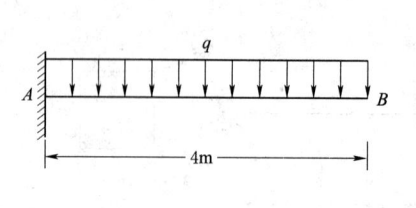

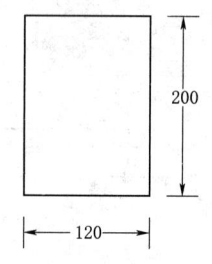

图 4.11

项目5 组 合 变 形

任务5.1 斜 弯 曲

【复习提要】

5.1.1 斜弯曲的概念

屋架上的檩条梁，其矩形截面具有两个对称轴（即为主形心轴）。从屋面板传送到檩条梁上的荷载垂直向下，荷载作用线虽通过横截面的形心，但不与两主形心轴重合。如果我们将荷载沿两主形心轴分解，此时梁在两个分荷载作用下，分别在横向对称平面（oxz 平面）和竖向对称平面（oxy 平面）内发生平面弯曲，这类梁的弯曲变形称为斜弯曲。

5.1.2 强度计算

$$\sigma_{\max}=\frac{M_{z\max}}{W_z}+\frac{M_{y\max}}{W_y}\leqslant[\sigma]$$

姓名：　　　　　学号：　　　　　日期：　　　　　评分：

任务5.2　拉伸（压缩）与弯曲组合

【复习提要】

（1）两种或两种以上的基本变形的组合称为组合变形。

（2）在小变形条件下，组合变形问题仍可采用叠加原理来求解。

（3）拉伸（压缩）与弯曲的组合变形的强度条件：

$$\sigma_{max}=\frac{N}{A}\pm\frac{M_{max}}{W_z}\leqslant[\sigma]$$

姓名：　　　　　　学号：　　　　　　日期：　　　　　　评分：

任务 5.3　偏　心　压　缩

【复习提要】

（1）单向偏心压缩的强度条件：

$$\sigma_{\substack{\max \\ \min}} = \frac{N}{A} \pm \frac{M_z}{W_z} \leqslant [\sigma]$$

（2）双向偏心压缩的强度条件：

$$\sigma_{\substack{\max \\ \min}} = \frac{N}{A} \pm \frac{M_z}{W_z} \pm \frac{M_y}{W_y} \leqslant [\sigma]$$

（3）截面核心：当偏心压力作用点位于截面形心周围的一个区域内时，横截面上只有压应力而没有拉应力，这个区域就是截面核心。

【基础】

1. 构件受力后的四种基本变形分别是＿＿＿＿＿＿＿＿，＿＿＿＿＿＿＿＿，＿＿＿＿＿＿＿，＿＿＿＿＿＿＿。

2. 轴向拉压构件的应力计算公式＿＿＿＿＿＿＿＿。

3. 如图 5.1 所示截面，对 z 轴、y 轴的惯性矩分别为 $I_z=$＿＿＿＿＿＿＿、$I_y=$＿＿＿＿＿＿＿。对 z 轴、y 轴的抗弯截面系数分别为 $W_z=$＿＿＿＿＿＿＿、$W_y=$＿＿＿＿＿＿＿。

4. 梁弯曲产生的正应力公式为＿＿＿＿＿＿＿＿，最大的正应力发生在＿＿＿＿＿＿＿＿截面的＿＿＿＿＿＿＿＿位置。

5. 工程实际构件的变形都比较复杂，常常是两种或两种以上的基本变形的组合，解决组合变形的基本方法是＿＿＿＿＿＿＿＿。

6. 杆件受偏心压力作用时，当外力作用点位于包围截面形心的某一区域上时，可保证截面不产生＿＿＿＿＿＿＿＿＿＿＿＿＿＿，这一区域称为截面核心，矩形截面核心位于 e＿＿＿＿＿＿＿以及 e＿＿＿＿＿＿＿的菱形区域内。

7. 某悬臂梁受力如图 5.2 所示，试判断此梁拉应力最大的位置为点＿＿＿＿＿＿＿＿，压应力最大的位置为点＿＿＿＿＿＿＿＿。

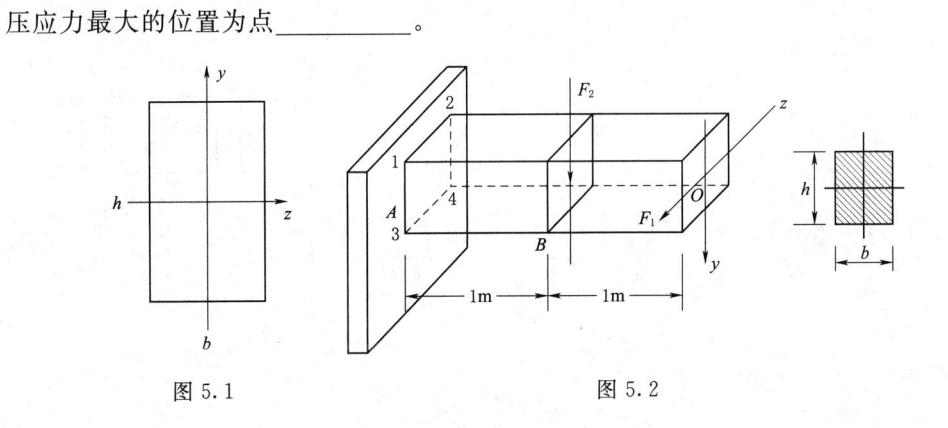

图 5.1　　　　　　图 5.2

姓名：　　　　　学号：　　　　　日期：　　　　　评分：

【实践】

【基础题 5.3.1】 如图 5.3 所示，木制悬臂梁在水平对称平面内受力 $F_1=1.8\mathrm{kN}$，竖直对称平面内受力 $F_2=0.8\mathrm{kN}$ 的作用，梁的矩形截面尺寸为 $10\mathrm{cm}\times8\mathrm{cm}$，$E=10\times10^3\mathrm{MPa}$，试求梁的最大拉压应力数值及其位置。

图 5.3

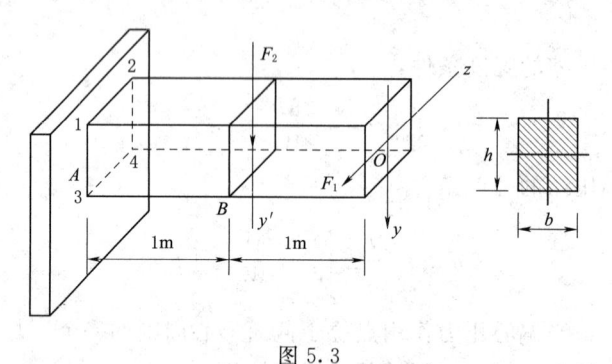

【提高题 5.3.2】 如图 5.4 所示一厂房的牛腿柱，设由屋架传来的压力 $F_1=100\mathrm{kN}$，由吊车梁传来的压力 $F_2=30\mathrm{kN}$，F_2 与柱子的轴线有一偏心距 $e=0.2\mathrm{m}$。如果柱横截面宽度 $b=180\mathrm{mm}$，试求当 h 为多少时，截面才不会出现拉应力，并求柱此时的最大压应力。

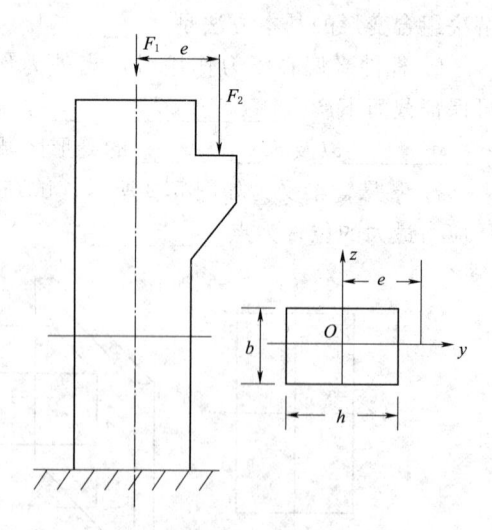

图 5.4

姓名：　　　　　学号：　　　　　日期：　　　　　评分：

【挑战题5.3.3】 一混凝土重力坝，底宽 $B=36\text{m}$，在计算所取的1m长度坝段上，受水压力和自重作用如图5.5所示，$F=11200\text{kN}$，$F_G=28000\text{kN}$，扬压力 $F_N=7500\text{kN}$，已知坝底与河床岩面间的静止摩擦系数 $f_s=0.6$，$y_1=9\text{m}$，$x_1=3.5\text{m}$，$x_2=2\text{m}$（距坝底中心线），大坝所受重力 $F_G=28000\text{kN}$，水压力 $F_\text{水}=112000\text{kN}$，扬压力 $F_\text{扬}=7500\text{kN}$，允许压应力 $[\sigma]^-=8\text{MPa}$，坝体底面不允许出现拉应力。

（1）试校核此坝是否抗滑稳定。

（2）试校核该此坝正应力强度。

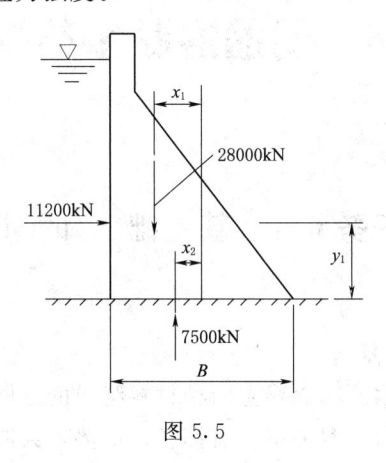

图5.5

下篇 钢筋混凝土结构篇

项目6 钢筋混凝土结构概论

任务6.1 基础知识

【复习提要】

6.1.1 钢筋混凝土结构的概念

钢筋混凝土结构是由钢筋和混凝土两种材料组成的共同受力结构,混凝土主要承受压力,钢筋主要承受拉力,两种材料发挥各自优势,共同工作。

6.1.2 钢筋混凝土结构的优缺点

钢筋混凝土结构的优点:强度高、整体性好、可模性好、耐久性和耐火性好、就地取材、节约钢材。

钢筋混凝土结构的缺点:自重大、抗裂性差、模板用料多、施工周期长。

姓名：　　　　　学号：　　　　　日期：　　　　　评分：

任务6.2　钢筋混凝土结构的材料

【复习提要】
6.2.1　钢筋
1. 常用钢筋简介

Ⅰ级钢，HPB300（Q235），符号Φ，表面光圆，直径6～22mm。强度稍低，塑性、可焊性好，与混凝土黏结性稍差。主要用于中小型钢筋混凝土结构构件的受力钢筋及各种构件的箍筋和构造钢筋。主要用作构件受力钢筋。

Ⅱ级钢，HRB335（20MnSi），符号Φ，表面月牙肋，直径8～40mm。强度较高，塑性、可焊性较好。主要用作构件受力钢筋。

Ⅲ级钢，HRB400（20MnSiV、20MnSiNb、20MnSiTi），符号Φ，表面月牙肋，直径8～40mm。强度较高，主要用于大中型钢筋混凝土结构和高强混凝土结构的受力钢筋。

Ⅲ级钢，RRB400（K20MnSi），符号Φ^R，表面螺纹，直径10～32mm。强度高，通过余热处理后塑性有所改善，可直接用作预应力钢筋。

2. 钢筋的性能指标

钢筋的性能指标包括强度指标和塑性指标，强度指标包括屈服强度和极限抗拉强度，塑性指标包括伸长率和冷弯性。通过低碳钢的拉伸试验可以得到钢筋屈服强度、极限抗拉强度标准值、伸长率三个指标，通过钢筋的冷弯试验可以检测钢筋的冷弯性。

6.2.2　混凝土

混凝土的三个强度指标：立方体抗压强度、轴心抗压强度、轴心抗拉强度。标准值分别用符号f_{cuk}、f_{ck}、f_{tk}表示，设计值分别用符号f_{cu}、f_c、f_t表示，大小关系为$f_{cu}>f_c>f_t$。材料强度标准值＞材料强度设计值。

6.2.3　钢筋与混凝土黏结

（1）钢筋与混凝土之间的黏结力：主要由摩擦力、化学黏合力、机械咬合力三部分组成。通过钢筋的拔出试验得出钢筋的强度越高，直径越大、混凝土强度越低，钢筋的锚固长度越长。

（2）钢筋的接长方式有绑扎搭接、焊接和机械连接，其中绑扎搭接的搭接长度为锚固长度乘以相应系数。

姓名：　　　　　学号：　　　　　日期：　　　　　评分：

任务6.3　钢筋混凝土结构设计计算规则

【复习提要】

（1）结构的功能要求包括安全性、耐久性和适用性。结构的极限状态分为承载能力极限状态和正常使用极限状态。承载能力极限状态设计针对安全性，所有构件都需要进行。正常使用极限状态设计是在满足安全的前提下，对适应性和耐久性有特殊要求的构件进行，包括抗裂验算、裂缝宽度验算和变形验算，验算时材料强度和荷载都采用标准值。

（2）承载能力极限状态设计基本组合表达式为 $KS \leqslant R$，当永久荷载对结构起不利作用时，$S = 1.05 S_{G1k} + 1.2 S_{G2k} + 1.2 S_{Q1k} + 1.1 S_{Q1k}$，当永久荷载对结构起有利作用时，$S = 0.95 S_{G1k} + 0.95 S_{G2k} + 1.2 S_{Q1k} + 1.1 S_{Q1k}$。

【基础】

1. 某C25混凝土梁，底部纵向钢筋 3Φ20，锚入C30混凝土的柱子中，最小锚固长度为（　　）。

　　A. 500mm　　　　B. 600mm　　　　C. 700mm　　　　D. 800mm

2. 以下不属于钢筋混凝土结构对钢筋性能要求的是（　　）。

　　A. 钢筋应具有一定的强度和足够的塑性　　B. 钢筋应具有良好的焊接性能
　　C. 钢筋应具有较高的弹性模量　　　　　　D. 钢筋与混凝土应具有较大的黏结力

3. 以下关于混凝土强度值大小关系正确的是（　　）。

　　A. $f_c > f_t > f_{cu}$　　B. $f_{cu} > f_c > f_t$　　C. $f_t > f_{cu} > f_c$　　D. $f_{cu} > f_t > f_c$

4. 下列说法正确的是（　　）。

　　A. 荷载标准值大于荷载设计值　　　　　　B. 荷载标准值等于荷载设计值
　　C. 材料强度标准值大于材料强度设计值　　D. 材料强度标准值小于材料强度设计值

5. 以下不属于结构功能要求的是（　　）。

　　A. 安全性　　　　B. 适应性　　　　C. 经济性　　　　D. 耐久性

6. 正常使用极限状态验算时，荷载采用＿＿＿＿，材料强度采用＿＿＿＿。（　　）

　　A. 标准值、标准值　　　　　　　　　　　B. 标准值、设计值
　　C. 设计值、设计值　　　　　　　　　　　D. 设计值、标准值

7. HRB400中的400代表（　　）。

　　A. 钢筋屈服强度的标准值　　　　　　　　B. 钢筋屈服强度的设计值
　　C. 钢筋极限抗拉强度标准值　　　　　　　D. 钢筋极限抗拉强度设计值

8. 正常使用极限状态验算不包括（　　）。

　　A. 变形验算　　　　　　　　　　　　　　B. 抗裂验算
　　C. 抗剪验算　　　　　　　　　　　　　　D. 裂缝宽度验算

9. 以下超过承载能力极限状态的有（　　）。

　　A. 产生过宽的裂缝　　　　　　　　　　　B. 产生过大的变形

C. 结构或结构的一部分丧失稳定　　　D. 产生过大的震动

10. 以下超过正常使用极限状态的有（　　）。
A. 结构发生倾覆　　　　　　　　　　B. 结构发生滑移
C. 产生过大的裂缝　　　　　　　　　D. 结构构件因强度不足破坏

11. 以下不属于低碳钢拉伸试验中的应力应变图所对应的阶段的是（　　）。
A. 弹性阶段　　　　B. 屈服阶段　　　　C. 强化阶段　　　　D. 断裂阶段

【实践】

【基础题 6.3.1】 某厂房采用 $1.5m \times 6m$ 的大型屋面板，卷材防水保温屋面，永久荷载标准值为 $2.8kN/m^2$（包括自重），屋面活荷载标准值为 $0.75kN/m^2$，屋面雪荷载标准值为 $0.4kN/m^2$。板的计算跨度 $l_0=5.8m$，净跨 $l_n=5.56m$，求该屋面板的弯矩设计值 M，剪力设计值 V。（提示：屋面活荷载和雪荷载不同时作用时取大者）

【提高题 6.3.2】 某钢筋混凝土简支梁，$b \times h = 200mm \times 500mm$，净跨 $l_n=5.76m$，计算跨度 $l_0=6.0m$。永久荷载（不包括梁自重）标准值 $g_{k1}=6kN/m$，可变荷载标准值 $q_k=10kN/m$，求该梁跨中截面弯矩设计值 M，支座边缘截面剪力设计值 V。

姓名：　　　　　学号：　　　　　日期：　　　　　评分：

【挑战题 6.3.3】 某钢筋混凝土简支梁，净跨 $l_n=4\text{m}$，计算跨度 $l_0=4.37\text{m}$。永久荷载标准值 $g_k=5.2\text{kN/m}$（含自重），可变荷载标准值 $q_k=16.2\text{kN/m}$，跨中还承受集中荷载 $G_k=15\text{kN}$，求该梁弯矩设计值 M，剪力设计值 V。

项目 7 钢筋混凝土受弯构件承载力计算

任务 7.1 受弯构件的一般构造要求

【复习提要】

(1) 受弯构件的破坏有两种可能：一是由弯矩引起的破坏，破坏截面垂直于梁纵轴线，称为正截面受弯破坏；二是由弯矩和剪力共同作用而引起的破坏，破坏截面是倾斜的，称为斜截面破坏。因此必须通过纵向钢筋设计来确保正截面的受弯承载力，以及通过腹筋（箍筋和弯起钢筋）设计来确保斜截面的受剪承载力。

(2) 梁内钢筋包括：纵向受力钢筋、箍筋、弯起钢筋、架立筋、腰筋和拉筋。

(3) 板内钢筋包括受力钢筋和分布钢筋，分布钢筋垂直于受力钢筋并布置在受力钢筋内侧。

(4) 三个基本概念：混凝土保护层厚度（c）指纵向受力钢筋外表面至混凝土近表面的距离；混凝土保护层计算厚度（a_s）指纵向受拉钢筋合力点至截面受拉边缘的距离；截面有效高度（h_0）指纵向受拉钢筋合力点至截面受压边缘的距离。

(5) 受弯构件正截面破坏形态有超筋、适筋、少筋三种，适筋破坏有明显预兆，属于塑性破坏，作为设计依据。

(6) 仅在受拉区配置纵向受力钢筋的截面称为单筋截面，同时在受拉区和受压区配置纵向受力钢筋的截面称为双筋截面。

(7) 根据中性轴的位置不同，T 形截面可以分为两种类型：若中性轴位于翼缘内称为第一类 T 形，若中性轴位于腹板内称为第二类 T 形。

(8) 受弯构件斜截面破坏形态有斜拉、斜压、剪压三种，以剪压破坏作为设计依据。

【基础】

1. 梁板属于典型的受弯构件，受弯构件是指截面上承受（   ）作用的构件。
   A. 剪力和轴力 B. 弯矩和轴力
   C. 弯矩和剪力 D. 剪力和扭矩

2. 混凝土的保护层厚度 c 是指（   ）。
   A. 纵向受拉钢筋合力点到截面受拉边缘的距离
   B. 主筋外表面至混凝土受压表面的距离
   C. 纵向受力钢筋外边缘至混凝土近表面的距离
   D. 纵向受拉钢筋合力点到截面受压边缘的距离

3. 梁的截面有效高度 h_0 是指（   ）。

A. 纵向受拉钢筋合力点到截面受拉边缘的距离

B. 主筋外表面至混凝土受压表面的距离

C. 纵向受力钢筋外边缘至混凝土近表面的距离

D. 纵向受拉钢筋合力点到截面受压边缘的距离

4. 梁的保护层计算厚度 a_s 是指（　　）。

A. 纵向受拉钢筋合力点到截面受拉边缘的距离

B. 主筋外表面至混凝土受压表面的距离

C. 纵向受力钢筋外边缘至混凝土近表面的距离

D. 纵向受拉钢筋合力点到截面受压边缘的距离

5. 受弯构件的破坏形态有两种，一种是由弯矩引起的，破坏面与构件的纵轴线垂直，称为（　　）。

A. 正截面破坏　　B. 斜截面破坏　　C. 受拉破坏　　D. 受压破坏

6. 受弯构件的破坏形态有两种，一种是由弯矩和剪力共同作用引起的，破坏面与构件的纵轴线斜交，称为（　　）。

A. 正截面破坏　　B. 斜截面破坏　　C. 受拉破坏　　D. 受压破坏

7. 受弯构件中，仅在受拉区配置纵向受力钢筋的截面称为（　　）。

A. T 形截面　　B. 矩形截面　　C. 单筋截面　　D. 双筋截面

8. 受弯构件中，在受拉区和受压区同时配置纵向受力钢筋的截面称为（　　）。

A. T 形截面　　B. 矩形截面　　C. 单筋截面　　D. 双筋截面

9. 当钢筋混凝土梁的跨度为 5.5m 时，其架立钢筋的直径不应小于（　　）。

A. 8mm　　B. 10mm　　C. 12mm　　D. 14mm

10. 下列不属于钢筋混凝土板内分布钢筋作用的是（　　）。

A. 将板面荷载均匀地传递给受力钢筋

B. 防止因温度变化或混凝土收缩等原因产生裂缝

C. 抵抗剪力

D. 固定受力钢筋

姓名：　　　　　　　学号：　　　　　　　日期：　　　　　　　评分：

任务 7.2　单筋矩形截面受弯构件正截面承载力计算

【复习提要】

（1）矩形截面通常分为单筋矩形截面和双筋矩形截面两种形式。仅在受拉区配置纵向受拉钢筋的截面称为单筋矩形截面如图 7.1（a）所示；受拉区和受压区都配置纵向受力钢筋的截面称为双筋截面如图 7.1（b）所示。

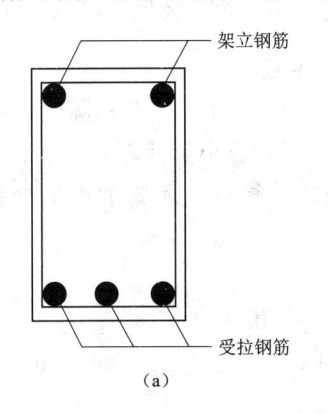

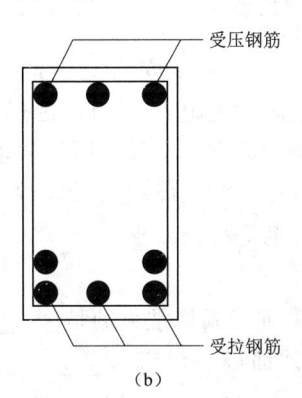

图 7.1

（2）根据配筋率 ρ 的不同，一般受弯构件正截面出现超筋、适筋、少筋三种破坏形态。

（3）基本公式：$f_c bx = f_y A_s \quad KM \leqslant M_u = f_c bx \left(h_0 - \dfrac{x}{2} \right)$。

（4）适用条件：适用于适筋构件，不适用于超筋构件和少筋构件。因此，为保证构件是适筋破坏，应满足下列条件：

$$\xi \leqslant 0.85 \xi_b \quad \text{（防超筋）}$$
$$\rho \geqslant \rho_{\min} \quad \text{（防少筋）}$$

（5）设计流程。

1）材料选择。根据使用要求，正确选用钢筋和混凝土材料。

2）截面尺寸选定。截面尺寸可凭设计经验或参考类似的结构而定，但应满足构造要求（见第 7.1 节）。在设计中，截面尺寸的选择可能有多种，截面尺寸选得大，配筋率 ρ 就小，截面尺寸选得小，ρ 就大。从经济方面考虑，截面尺寸的选择，应使求得的配筋率 ρ 处在常用配筋率范围之内。对于梁和板常用配筋率范围为：

板　0.4%～0.8%；

矩形截面梁　0.6%～1.5%；

T 形截面梁　0.9%～1.8%（相对于梁肋来讲）。

3）内力计算。根据实际结构确定板或梁的合理计算简图，包括计算跨度、支座条件、荷载形式等的确定，按工程力学的方法计算内力。计算时应考虑永久荷载和可变荷载按承载力极限状态的基本组合。

4) 配筋计算。受弯构件正截面配筋设计计算步骤如下：

a. 计算 α_s。求得 $\alpha_s = \dfrac{KM}{f_c b h_0^2}$。

b. 计算并验算 ξ（解方程舍去大于 1 的解）。$\xi = 1 - \sqrt{1-2\alpha_s}$；当 ξ 满足公式 $\xi \leqslant \xi_b$，进行 c；如不满足，属超筋，则应加大截面尺寸，或提高混凝土的强度等级，或改用双筋矩形截面（见本章第 7.3 节）。

c. 计算并检验 ρ。$\rho = \xi \dfrac{f_c}{f_y}$；当 $\rho \geqslant \rho_{\min}$，进行 d；如不满足，取 $A_s = \rho_{\min} b h_0$。

d. 计算 A_s。$A_s = \rho b h_0$。选配钢筋，画截面配筋图。

注意：按附录 2 附表 2-1，选择钢筋直径、根数时，要求实际配的钢筋截面面积，一般应等于或略大于计算所需的钢筋截面面积；若小于计算截面面积，则相对差值应不超过 5%。梁、板的设计，除按上述公式计算外，还要考虑诸如梁、板的尺寸，材料，配筋等构造要求。

【基础】

1. 梁的截面形式最常见的是_____和_____。
2. 梁正截面破坏形态有_____破坏、_____破坏和_____破坏。
3. 梁中的钢筋有_____、_____、_____、_____、腰筋和拉筋等。

【实践】

【基础题 7.2.1】 钢筋混凝土矩形截面梁，2 级建筑物，截面尺寸 $b = 250\text{mm}$，$h = 500\text{mm}$，梁承受的弯矩设计值 $M = 162\text{kN} \cdot \text{m}$。纵向受拉钢筋采用 HRB400 级，混凝土强度等级为 C25，环境类别一类。试求纵向受拉钢筋截面面积。

姓名：　　　　　学号：　　　　　日期：　　　　　评分：

【提高题 7.2.2】 已知钢筋混凝土现浇简支板，3 级建筑物，板厚 $h=100$mm，计算跨度 $l_0=2.4$m，承受均布荷载设计值为 5.8kN/m² （包括板自重）。混凝土强度等级为 C20，钢筋为 HPB235 级，环境类别为二类。求受拉钢筋截面面积。

【挑战题 7.2.3】 某钢筋混凝土矩形截面简支梁，属于 3 级建筑物，一类环境，截面尺寸 $b=200$mm，$h=450$mm，梁的计算跨度 $l_0=5.2$m，承受均布活荷载标准值 $q_k=20$kN/m，恒载标准值 $g_k=2.25$kN/m（不包括自重），采用混凝土 C20，梁内配有 3Φ20 的 HRB335 级钢筋，试验算梁的正截面是否安全。

姓名：　　　　　　学号：　　　　　　日期：　　　　　　评分：

任务7.3　双筋矩形截面受弯构件正截面承载力计算

【复习提要】

双筋截面的设计计算流程。

双筋截面的设计一般有两种情况。

(1) 第一种情况（A_s、A_s'均未知）。已知弯矩设计值M、截面尺寸$b\times h$、混凝土和钢筋的强度等级，求受拉钢筋和受压钢筋的截面面积A_s、A_s'。计算步骤如下：

1) 先验算是否需配置受压钢筋：

计算$\alpha_s=\dfrac{KM}{f_cbh_0^2}$及$\xi=1-\sqrt{1-2\alpha_s}$；满足公式$\xi\leqslant 0.85\xi_b$（或当$\alpha_s$满足$\alpha_s\leqslant\alpha_{s\max}$），按单筋矩形截面进行配筋计算；当$\xi>0.85\xi_b$（或当$\alpha_s$满足$\alpha_s>\alpha_{s\max}$），按双筋矩形截面进行配筋计算。

2) $\xi>0.85\xi_b$，按双筋截面设计计算。此时，根据充分利用受压区混凝土抗压，使总用钢量（A_s+A_s'）最小的原则，取$\xi=0.85\xi_b$，即$\alpha_s=\alpha_{s\max}$。

求钢筋面积A_s、A_s'：

$$A_s'=\dfrac{KM-\alpha_{s\max}f_cbh_0^2}{f_y'(h_0-a_s')}$$

$$A_s=\dfrac{1}{f_y}(0.85\xi_bf_cbh_0+f_y'A_s')$$

(2) 第二种情况（A_s'已知，A_s未知）。已知弯矩设计值M、截面尺寸$b\times h$、混凝土和钢筋的强度等级、受压钢筋截面面积A_s'，求受拉钢筋的截面面积A_s。计算步骤如下：

1) 计算α_s、ξ。

$$\alpha_s=\dfrac{KM-f_y'A_s'(h_0-a_s')}{f_cbh_0^2}$$

2) $\xi=1-\sqrt{1-2\alpha_s}$

验算ξ，并计算x。若$\xi>0.85\xi_b$，说明已配置的受压钢筋A_s'数量不足，发生超筋破坏，应增加其数量，此时按第一种情况重新计算A_s'；若$\xi\leqslant 0.85\xi_b$，则计算x。

3) 验算$x\geqslant 2a_s'$并计算A_s。

若$x\geqslant 2a_s'$，则$A_s=\dfrac{1}{f_y}(f_cbx+f_y'A_s')$

若$x<2a_s'$，则$A_s=\dfrac{KM}{f_y(h_0-a_s')}$

【基础】

1.双筋截面是在单筋截面的基础上，在_____配置一定数量的受压钢筋帮助受压混凝土承受压力，试验表明，双筋截面只要满足$\xi\leqslant 0.85\xi_b$就仍具有_____构件的破坏特征。

姓名：　　　　　　学号：　　　　　　日期：　　　　　　评分：

2. 双筋截面的设计计算过程分为_____种类型。

【实践】

【基础题 7.3.1】 某钢筋混凝土简支梁，2级建筑物，截面尺寸 $b \times h = 250\text{mm} \times 600\text{mm}$，环境类别一类，该梁控制截面上弯矩设计值 $M = 395\text{kN} \cdot \text{m}$，采用C25混凝土，HRB335级钢筋。求所需钢筋截面面积。

【提高题 7.3.2】 已知条件同【基础题 7.3.1】，但由于构造要求在受压区已配置了 $3\Phi25$ 钢筋（$A'_s = 1473\text{mm}^2$）。求受拉钢筋截面面积 A_s。

【挑战题 7.3.3】 某水电站厂房（1级建筑物）的矩形截面简支梁，$b \times h = 250\text{mm} \times 600\text{mm}$，计算跨度 $l_0 = 6\text{m}$，原设计中，该梁已配置受拉钢筋 $6\Phi22$（两排）及受压钢筋 $3\Phi20$，混凝土等级为C25，钢筋为HRB335级。现因检修设备，需临时在跨中承受一集中力 $Q_k = 85\text{kN}$，同时承受梁与铺板传来的自重 $g_k = 12\text{kN/m}$，试校核是否安全。

姓名：　　　　学号：　　　　日期：　　　　评分：

任务 7.4　T形截面受弯构件正截面承载力计算

【复习提要】

（1）T形截面的特点：分为两类，一类是中和轴位于梁肋内，一类是中和轴位于翼缘内。

（2）翼缘的计算宽度：翼缘的计算宽度主要与梁的工作情况（是整体肋形梁还是独立梁）、梁的计算跨度 l_0、翼缘高度 h'_f 等因素有关。《水工规范》中规定的翼缘计算宽度，见教材中表 7.4，计算时，取表中各项的最小值。

（3）T形截面类型的判别公式：$KM \leqslant f_c b'_f h'_f \left(h_0 - \dfrac{h'_f}{2}\right)$

（4）设计计算步骤：T形截面设计，一般是先按构造或参考同类结构拟定截面尺寸，选择材料。需计算受拉钢筋截面面积 A_s，其步骤如下：

1）先判别 T 形截面类型。

若 $KM \leqslant f_c b'_f h'_f \left(h_0 - \dfrac{h'_f}{2}\right)$，为第一类 T 形截面，否则为第二类 T 形截面。

2）第一类 T 形截面，按 $b'_f \times h$ 的单筋矩形截面计算。

3）第二类 T 形截面计算如下：

a. 计算 α_s，ξ。

$$\alpha_s = \dfrac{KM - f_c(b'_f - b)h'_f \left(h_0 - \dfrac{h'_f}{2}\right)}{f_c b h_0^2}, \xi = 1 - \sqrt{1 - 2\alpha_s}$$

b. 验算 ξ。当 $\xi > 0.85\xi_b$ 时，属超筋截面，应增大截面，或提高混凝土强度等级；当 $\xi \leqslant 0.85\xi_b$ 时，$A_s = \dfrac{f_c \xi b h_0 + f_c(b'_f - b)h'_f}{f_y}$。

c. 选配钢筋，画配筋图。

【基础】

1. T 行截面梁翼缘计算宽度主要与梁的 _____、_____ 以及 _____ 有关。

2. 是否按 T 形截面计算，应当看 _____ 是否为 T 形。

【实践】

【基础题 7.4.1】　某钢筋混凝土 T 形截面独立梁，2 级建筑物，截面尺寸如图 7.2 所示。翼缘计算宽度取 500mm，混凝土强度等级为 C25，钢筋选用 HRB400 级，环境类别为二类，截面承受的弯矩设计值 $M = 180\text{kN·m}$。计算所需的受拉钢筋截面面积。

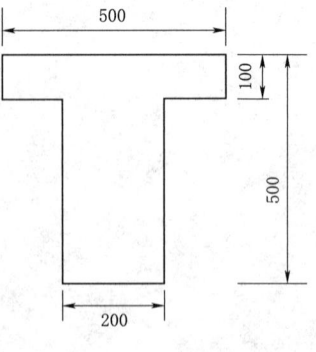

图 7.2

【提高题 7.4.2】 某 T 形截面梁，属于 3 级建筑物，一类环境，计算跨度 $l_0=6.3\text{m}$，截面尺寸如图 7.3 所示，混凝土强度等级 C20，钢筋用 HRB335 级，当作用在截面上的设计弯矩 $M=400\text{kN}\cdot\text{m}$ 时，翼缘计算宽度取 600mm，试计算受拉钢筋的截面积。

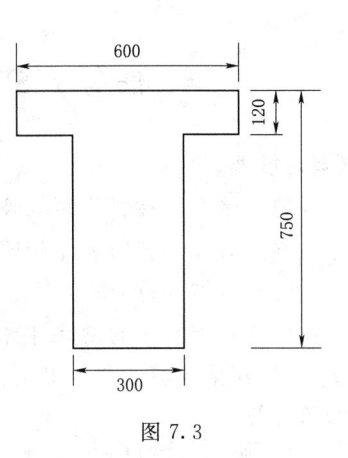

图 7.3

【挑战题 7.4.3】 某现浇肋形楼盖中次梁如图 7.4 所示，3 级建筑物。次梁的计算跨度 $l_0=6\text{m}$，跨中承受的最大正弯矩设计值 $M=130\text{kN}\cdot\text{m}$，混凝土强度等级为 C20，采用 HRB335 级钢筋。环境类别为一类。计算该次梁所需的受拉钢筋面积 A_s。

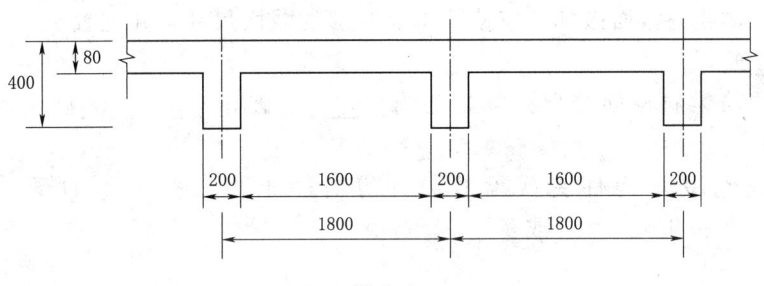

图 7.4

| 姓名： | 学号： | 日期： | 评分： |

任务 7.5 受弯构件斜截面承载力计算

【复习提要】

（1）受弯构件斜截面的破坏形态随影响因素的不同而不同，但主要有三种破坏形态：斜拉破坏、斜压破坏和剪压破坏。

（2）基本计算公式：$V_u = V_{cs} + V_{sb} = V_c + V_{sv} + V_{sb}$

（3）仅配箍筋的设计计算过程：

1）作梁的剪力图。确定斜截面承载力计算截面和相应的剪力值 V，剪力值 V 按净跨计算。

2）验算截面尺寸。按教材中式（7.25）或式（7.26）进行验算。不满足时，则需增大 b、h 或提高混凝土等级。

3）确定是否按计算配置腹筋。若 $KV \leqslant V_c = 0.7f_t bh_0$（一般荷载）或 $KV \leqslant V_c = 0.5f_t bh_0$ 时（集中荷载为主），则按构造要求配置腹筋，否则必须按计算配置腹筋。

（4）腹筋计算（只配箍筋）。根据 $KV \leqslant V_{cs}$ 条件，计算 A_{sv}/s，然后选配箍筋肢数 n、单肢箍筋面积 A_{sv1}，最后确定箍筋间距 s，s 应满足 $s \leqslant s_{max}$，同时还应满足 $\rho_{sv} \geqslant \rho_{sv\min}$。

【基础】

1. 为了防止斜截面破坏，应使梁具有足够的截面尺寸，并配置_____筋和_____筋。

2. 有腹筋梁斜截面受剪破坏形态有_____破坏、_____破坏和_____破坏。

3. 在进行受弯构件受剪承载力计算时，对于 $h_w/b \leqslant 4$ 的梁，若 $KV > 0.25 f_c bh_0$，可采用_____或_____解决。

【实践】

【基础题 7.5.1】 矩形截面简支梁，属于 3 级建筑物，截面尺寸 $b \times h = 200\text{mm} \times 500\text{mm}$，$l_n = 6\text{m}$，在集中荷载作用下，梁承受的最大剪力设计值 $V = 108\text{kN}$，采用 C20 混凝土、HRB335 箍筋。试计算箍筋的数量。（$a_s = 40\text{mm}$）

姓名：　　　　　　学号：　　　　　　日期：　　　　　　评分：

【提高题 7.5.2】 已知一钢筋混凝土简支梁（图 7.5），2 级建筑物，环境类别为二类。梁净跨 $l_n = 3.96\text{m}$，两端支承在 240mm 厚的砖墙上，截面尺寸 $b \times h = 200\text{mm} \times 500\text{mm}$，配有 2⌀25＋1⌀22 纵向受力钢筋，梁上承受均布荷载设计值为 75kN/m（包括梁自重），混凝土等级为 C25，箍筋采用 HPB300 级，纵筋采用 HRB400 级，试进行梁的斜截面受剪承载力计算。要求仅配置箍筋，确定箍筋的数量。

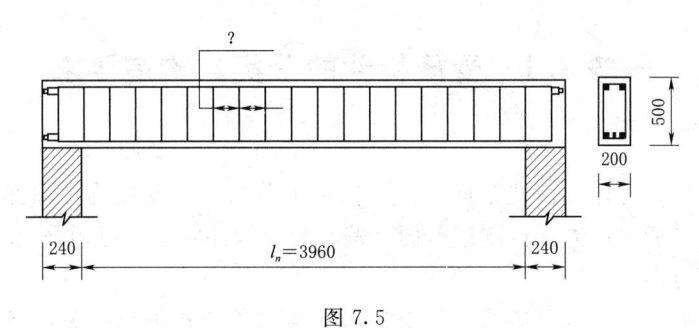

图 7.5

【挑战题 7.5.3】 某 2 级水工建筑物的钢筋混凝土矩形截面简支梁，净跨 $l_n = 6\text{m}$，放在 240mm 厚的砖墙上，在使用期间承受均布荷载 $g_k = 10\text{kN/m}$（包括自重），$q_k = 15\text{kN/m}$，截面尺寸 $b \times h = 200\text{mm} \times 500\text{mm}$，采用 C25 混凝土，HRB335 纵向受力钢筋（取 $a_s = 45\text{mm}$），箍筋采用 HPB300 级，试设计该梁。

项目8 钢筋混凝土受压构件承载力计算

任务8.1 受压构件的分类与构造要求

【复习提要】

(1) 根据轴向力作用位置不同，受压构件可分为轴心受压构件和偏心受压构件。轴心受压构件一般采用方形或圆形截面；偏心受压构件常采用矩形截面，截面长边布置在弯矩作用方向。

(2) 钢筋混凝土轴心受压构件的稳定系数与构件的长细比有关，当 $l_0/b \leqslant 8$，可不考虑纵向弯曲的影响 $\varphi = 1$，这种柱称为短柱；当 $l_0/b > 8$，φ 值随 l_0/b 的增大而减小，这种柱称为长柱。

(3) 按截面破坏特征不同，偏心受压构件可分为大偏心受压和小偏心受压两种类型，其中大偏压构件的破坏特征类似双筋截面的适筋破坏，具有明显预兆，属于塑性破坏。

【基础】

一、填空题

1. 在受压柱中，当_____作用线与柱_____不重合时，称为偏心受压柱。

2. 钢筋混凝土柱内箍筋一般采用_____级和_____级钢筋，箍筋直径不应小于0.25倍纵向钢筋的最大直径，也不应小于_____。

3. 方形柱和矩形柱的纵向钢筋根数不得少于_____根，每边不得少于_____根。

4. 箍筋间距不应大于_____mm，亦不应大于构件截面_____尺寸。同时，在绑扎骨架中不应大于_____，在焊接骨架中不应大于_____。

二、选择题

1. 受压构件依据轴向力作用线与构件截面形心轴线之间的相互位置可分为（　　）。

   A. 轴心受压　　B. 大偏心受压　　C. 小偏心受压　　D. 以上都是

2. 水工建筑物中，现浇立柱的边长不宜小于（　　）。

   A. 300mm　　B. 350mm　　C. 400mm　　D. 450mm

3. 受压柱内配置的受力钢筋一般不宜采用（　　）级钢筋。

   A. HPB235　　B. HRB335　　C. HRB400　　D. HRB500

姓名：　　　　学号：　　　　日期：　　　　评分：

任务 8.2　轴心受压构件正截面承载力计算

【复习提要】

8.2.1　普通箍筋柱设计计算基本公式

普通箍筋受压柱正截面承载力，是由混凝土和钢筋两部分受压承载力组成，可按下式计算：

$$KN \leqslant N_u = \varphi(f_c A + f'_y A'_s)$$

式中　N——轴向力设计值；

　　　K——承载力安全系数；

　　　φ——钢筋混凝土轴心受压构件稳定系数（见表 8.1）；

　　　A——构件截面面积（当配筋率 $\rho' > 3\%$ 时，式中 A 应改用净截面面积 A_c，$A_c = A - A'_s$）；

　　　N_u——截面破坏时的极限轴向力；

　　　f_c——混凝土的轴心抗压强度设计值；

　　　A'_s——全部纵向钢筋的截面面积；

　　　f'_y——纵向钢筋的抗压强度设计值。

8.2.2　普通箍筋截面设计

柱截面尺寸可由构造要求或参照同类结构确定。然后根据构件的长细比由教材中表 8.1 查出 φ 值，再按教材中式（8.1）计算钢筋截面面积：

$$A'_s = \frac{KN - \varphi f_c A}{\varphi f'_y}$$

钢筋面积 A'_s 求得后，可验算配筋率 ρ'（$\rho' = A'_s / A$）是否合适（柱子合适配筋率在 0.8%～2.0% 之间）。如果 ρ' 过小或过大，说明截面尺寸选择不当，可重新选择。

【基础】

一、填空题

1. 矩形截面轴心受压住，当 l_0/b _____ 时为短柱，可不考虑纵向弯曲的影响，即取 φ _____。

2. 钢筋混凝土轴心受压短柱在整个加荷过程中，短柱 _____ 截面受压。由于钢筋与混凝土之间存在 _____ 力，从加荷到破坏钢筋与混凝土 _____ 变形，两者压应变始终保持 _____。

3. 将截面尺寸、混凝土强度等级及配筋相同的长柱与短柱相比较，可发现长柱的破坏荷载低于短柱，并且柱子越细长则 _____ 越多。因此，必须在设计中考虑 _____ 对承载力的影响。

二、选择题

1. 轴心受压构件常采用（　　）截面。

A. 圆形或正方形截面　　　　B. 箱形截面　　　　C. 矩形截面

2. 当轴心受压柱的 $l_0/b = 13.5$，稳定系数 $\varPhi$ 为（　　）。

| 姓名： | 学号： | 日期： | 评分： |

A. 0.95　　　　　B. 0.92　　　　　C. 0.935　　　　　D. 0.928

3. 对于钢筋混凝土轴心受压柱，当纵向钢筋配筋率大于（　　）时，公式中柱子的截面面积应改为混凝土的净面积。

A. 1%　　　　　B. 2%　　　　　C. 3%　　　　　D. 4%

4. 某钢筋混凝土轴心受压柱，经过计算 $A'_c=1600\text{mm}^2$，其配筋正确的是（　　）。

A. 8Φ16　　　　B. 6Φ20　　　　C. 7Φ18　　　　D. 5Φ20

姓名：　　　　　　学号：　　　　　　日期：　　　　　　评分：

任务 8.3　偏心受压构件的承载力计算

【复习提要】

不论是大偏心受压柱还是小偏心受压柱，两侧的钢筋截面面积 A_s 和 A_s' 都是由各自的计算公式得出的，其数量一般不相等，这种配筋方式称为非对称配筋。采用非对称配筋可以节省一些钢材，但是施工并不方便。

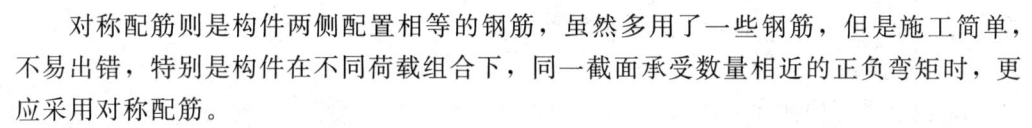

对称配筋则是构件两侧配置相等的钢筋，虽然多用了一些钢筋，但是施工简单，不易出错，特别是构件在不同荷载组合下，同一截面承受数量相近的正负弯矩时，更应采用对称配筋。

矩形截面对称配筋偏心受压构件正截面承载力计算时，需事先确定截面尺寸、所用材料、构件的计算长度，并按力学方法确定轴向力设计值 N 及弯矩设计值 M，在此基础上，通过计算确定所需钢筋 A_s 及 A_s' 的数量。具体计算步骤可归纳如下：

（1）偏心距及偏心距增大系数计算。

1）计算偏心距：

$$e_0 = \frac{M}{N}$$

2）确定偏心距增大系数 η：

当矩形截面构件长细比 $l_0/h \leqslant 8$ 时，取 $\eta=1$；否则，按教材中式（8.5）计算 η。

（2）判别偏心受压构件类型。

1）确定压区高度：由教材中式（8.8）并考虑对称配筋（$A_s = A_s'$），可得：

$$x = \frac{KN}{f_c b}$$

2）判别大、小偏压：若 $x \leqslant \xi_b h_0$，则为大偏心受压；若 $x > \xi_b h_0$，则为小偏心受压。

（3）大偏心受压时的配筋计算。若 $2a_s' \leqslant x \leqslant \xi_b h_0$，则按大偏心受压构件承载力计算公式确定 A_s'，并取 $A_s = A_s'$。

由教材中式（8.9）确定纵筋数量，即

$$A_s = A_s' = \frac{KNe - f_c b x \left(h_0 - \dfrac{x}{2}\right)}{f_y'(h_0 - a_s')}$$。式中，偏心压力合力作用点至 A_s 合力点的距离

$$e = \eta e_0 + \frac{h}{2} - a_s$$

若 $x < 2a_s'$，则由教材中式（8.10）计算钢筋截面面积，即

$$A_s = A_s' = \frac{KNe'}{f_y(h_0 - a_s')}$$

式中，偏心压力合力作用点至 A_s' 合力点的距离 $e' = \eta e_0 - \dfrac{h}{2} + a_s'$。

纵筋的选配应根据计算需要和构造要求综合考虑。柱子中全部纵向钢筋经济合理的配筋率为 0.8%～2.0%。

姓名：　　　　　学号：　　　　　日期：　　　　　评分：

【基础】

一、填空题

1. 矩形截面偏心受压柱截面设计时，由于钢筋截面面积 A_s 和 A'_s 未知，构件截面混凝土相对受压区高度 ξ 无法求得，因此无法利用_____来判断属于大偏心受压还是小偏心受压。

2. 偏心受压柱截面两侧配置_____的钢筋，称为对称配筋，对称配筋的缺点是_____，优点是_____。特别是柱在不同的荷载组合下，同一截面可能承受数量相近的_____时，更应采用对称配筋。

二、选择题

1. 偏心受压构件常采用（　　）截面。
   A. 圆形截面　　　　B. 正方形截面　　　　C. 矩形截面
2. 大偏心受压构件的理论判别条件为（　　）。
   A. $\xi \leqslant \xi_b$　　　B. $\xi \leqslant 0.85\xi_b$　　　C. $\xi > \xi_b$　　　D. $\xi > 0.85\xi_b$
3. 大偏心受压构件的经验判别条件为（　　）。
   A. $\eta e_0 \leqslant 0.3h_0$　　B. $\eta e_0 < 0.3h_0$　　C. $\eta e_0 > 0.3h_0$　　D. $\eta e_0 > h_0$
4. 大偏心受压构件的破坏特征与（　　）类似。
   A. 单筋矩形截面适筋破坏　　　　　　B. 单筋矩形截面超筋破坏
   C. 双筋矩形截面适筋破坏　　　　　　D. 双筋矩形截面超筋破坏
5. 当偏心受压构件满足条件（　　）时，偏心距增大系数为1。
   A. $l_0/b < 8$　　　B. $l_0/b \leqslant 8$　　　C. $l_0/h < 8$　　　D. $l_0/h \leqslant 8$

【实践】

【基础题8.3.1】 某钢筋混凝土框架底层中柱，2级建筑物，截面尺寸 $b \times h = 400\text{mm} \times 400\text{mm}$，构件的计算长度 $l_0 = 5\text{m}$，承受包括自重在内的轴向压力设计值 $N = 2000\text{kN}$，该柱采用C25级混凝土，纵向受力钢筋HRB335级，试确定柱的配筋。

| 姓名： | 学号： | 日期： | 评分： |

【提高题 8.3.2】 某对称配筋偏心受压柱，属于 2 级建筑，$l_0=3.8\text{m}$，$b\times h=400\text{mm}\times 500\text{mm}$，$a_s=a_s'=40\text{mm}$，承受轴向压力设计值 $N=450\text{kN}$，弯矩设计值 $M=280\text{kN}\cdot\text{m}$，混凝土强度等级为 C30，纵向钢筋采用 HRB400 级钢，求 $A_s(A_s')$。

【挑战题 8.3.3】 某对称配筋偏心受压柱，属于 2 级建筑，$l_0=6.2\text{m}$，$b\times h=400\text{mm}\times 500\text{mm}$，$a_s=a_s'=40\text{mm}$，承受轴向压力设计值 $N=450\text{kN}$，弯矩设计值 $M=280\text{kN}\cdot\text{m}$，混凝土强度等级为 C30，纵向钢筋采用 HRB335 级钢，求 $A_s(A_s')$。

项目 9　钢筋混凝土受拉构件承载力计算

【复习提要】
9.0.1　受拉构件的分类
受拉构件是以承受拉力为主的构件，根据拉力作用位置的不同，分为轴心受拉构件和偏心受拉构件。

轴心受拉构件：拉力作用于构件截面重心（圆形输水管）。生活中纯粹的轴心受拉构件是不存在的。

偏心受拉构件：拉力偏离构件截面重心或构件既承受拉力又承受弯矩（矩形水池池壁）。

9.0.2　大小偏心受拉构件的界限
通常以轴向拉力 N 的作用点的位置作为大、小偏心受拉的界限。

小偏心受拉：$e_0 \leqslant \dfrac{h}{2} - a_s$

大偏心受拉：$e_0 > \dfrac{h}{2} - a_s$

任务 9.1　轴心受拉构件正截面承载力计算

【复习提要】
在轴心受拉构件中，混凝土开裂前，混凝土与钢筋共同承受拉力。开裂后，开裂截面混凝土退出受拉工作，全部拉力由钢筋承担。当钢筋受拉屈服时，构件即告破坏。轴心受拉构件的受拉承载力计算公式为

$$KN \leqslant f_y A_s$$

式中　K——承载力安全系数；
　　　N——轴向拉力设计值；
　　　f_y——钢筋抗拉强度设计值；
　　　A_s——全部纵向钢筋截面面积。

【基础】
一、问答题
1. 工程中常见的受拉构件有哪些？
2. 轴心受拉构件正截面承载力计算公式是什么？

姓名：　　　　　　学号：　　　　　　日期：　　　　　　评分：

任务 9.2　偏心受拉构件承载力计算

【复习提要】

小偏心受拉构件的设计计算公式：

当纵向力 N 作用在钢筋 A_s 合力点及 A_s' 合力点之间时，为小偏心受拉构件。在小偏心拉力作用下，构件破坏时，截面全部裂通，混凝土退出工作，拉力完全由钢筋承担，钢筋 A_s 及 A_s' 的拉应力达到屈服。根据对钢筋合力点分别取矩的平衡条件，可得出小偏心受拉构件的计算公式：

$$KNe \leqslant N_u e = f_y A_s'(h_0 - a_s')$$
$$KNe' \leqslant N_u e' = f_y A_s(h_0 - a_s')$$

式中　f_y——钢筋受拉强度设计值；

　　　e——轴向拉力至 A_s 的距离，对于矩形截面 $e = h/2 - a_s - e_0$；

　　　e'——轴向拉力至 A_s' 的距离，对于矩形截面 $e' = h/2 - a_s' + e_0$。

根据上面的两个公式可分别求出钢筋 A_s 及 A_s' 的用量：

$$A_s = \frac{KNe'}{f_y(h_0 - a_s)}$$

$$A_s' = \frac{KNe}{f_y(h_0 - a_s')}$$

由式（9.4）、式（9.5）可得出结论 $A_s > A_s'$，如果采用对称配筋，取公式中 A_s 的用量。

【基础】

1. 大偏心受拉构件的破坏特征与（　　）构件类似。

A. 小偏心受压　　　B. 大偏心受压　　　C. 受剪　　　　　　D. 小偏心受拉

2. 偏心受拉构件的受剪承载力（　　）。

A. 随着轴向力的增加而减小

B. 随着轴向力的增加而增加

C. 小偏心受拉时随着轴向力的增加而增加

D. 大偏心受拉时随着轴向力的增加而增加

【实践】

【基础题 9.2.1】　某钢筋混凝土压力水管的内半径 $r = 0.9$m，壁厚 200mm，属于 3 级建筑物，正常使用情况下的内水压强 $p_k = 0.25$N/mm^2，采用 C20 混凝土，HPB300 级钢筋。试进行设计。

姓名：　　　　　学号：　　　　　日期：　　　　　评分：

【提高题 9.2.2】 某 3 级建筑物中的矩形截面偏心受拉构件，截面尺寸为 $b \times h = 200\text{mm} \times 300\text{mm}$，$a_s = a_s' = 40\text{mm}$，承受轴向拉力 $N = 250\text{kN}$，弯矩设计值 $M = 25\text{kN} \cdot \text{m}$，采用 C30 混凝土及 HRB335 级钢筋，求 A_s 及 A_s'。

【挑战题 9.2.3】 某 3 级建筑物中的矩形截面偏心受拉构件，截面尺寸为 $b \times h = 1000\text{mm} \times 300\text{mm}$，$a_s = a_s' = 40\text{mm}$，承受轴向拉力 $N = 180\text{kN}$，弯矩设计值 $M = 110\text{kN} \cdot \text{m}$，采用 C20 混凝土及 HRB335 级钢筋，求 A_s 及 A_s'。

项目10　钢筋混凝土构件正常使用极限状态验算

【复习提要】

（1）抗裂验算。抗裂验算是针对在使用上要求不出现裂缝的构件而进行的验算。规范规定，应对承受水压的轴心受拉构件、小偏心受拉构件进行抗裂验算。对于产生裂缝后会引起严重渗漏的其他构件，也应进行抗裂验算。

（2）由于混凝土的抗拉强度很低，构件截面上的拉应力常常大于混凝土的抗拉强度，构件就出现裂缝。如果裂缝过宽，则会降低混凝土的抗渗性和抗冻性，进而影响结构的耐久性。因此，需要限制裂缝的宽度，进行裂缝宽度验算。

（3）变形验算是针对使用上需控制挠度值的结构构件而进行的验算。如吊车梁或门机轨道梁等构件，变形过大时会妨碍吊车或门机的正常行驶；闸门顶梁变形过大时会使闸门顶梁与胸墙底梁之间止水失效。对于这类有严格限制变形要求的构件以及截面尺寸特别单薄的装配式构件，就需要进行变形验算，以控制构件的变形。

【基础】

1. 提高构件抗裂能力的最有效措施是（　　）。

　　A. 加大构件截面尺寸

　　B. 提高混凝土强度等级

　　C. 增加钢筋用量

　　D. 采用预应力混凝土结构

2. 减小构件裂缝宽度的措施有（　　）。

　　A. 采用大直径变形钢筋

　　B. 采用大直径变形钢筋

　　C. 采用小直径变形钢筋

　　D. 采用大直径光圆钢筋

3. 提高构件抗弯刚度最有效的措施是（　　）。

　　A. 选用合理的截面形状

　　B. 提高混凝土强度等级

　　C. 增大截面高度

　　D. 增加纵向钢筋数量

任务10.1　抗　裂　验　算

【复习提要】

（1）抗裂验算是针对在使用上要求不出现裂缝的构件而进行的计算，故构件受拉区混凝土将裂未裂时的极限状态为抗裂验算的依据。规范规定，按荷载标准组合作用，构件中混凝土的最大拉应力不超过混凝土的抗拉应力允许值 $\alpha_{ct} f_{tk}$，f_{tk} 是混凝土轴心抗拉强度标准值，α_{ct} 是混凝土拉应力现值系数。

（2）对于钢筋混凝土构件的抗裂能力而言，钢筋所起的作用不大，如果取混凝土的极限拉应变，即混凝土即将开裂时钢筋的应力也只能达到 20~30MPa，可见此时钢筋的应力很低。若采用增加钢筋用量的办法来提高构件的抗裂能力是不经济、不合理的。根据式（10.3），提高构件抗裂能力的主要方法是加大构件截面尺寸、提高混凝土强度等级。最有效的方法是在混凝土中掺入钢纤维或采用预应力混凝土结构。

姓名：　　　　　学号：　　　　　　日期：　　　　　评分：

任务 10.2　裂　缝　宽　度　验　算

【复习提要】

当计算所得的最大裂缝宽度 ω_{max} 超过规范规定的允许值时，则认为不满足裂缝宽度的要求，应采取相应措施，以减小裂缝宽度。根据公式（10.4）可以得出，适当减小钢筋直径；采用变形钢筋；必要时适当增加配筋量，降低使用阶段的钢筋应力。对于抗裂和限制裂缝宽度而言，最有效的方法是采用预应力混凝土结构。

姓名：　　　　　学号：　　　　　日期：　　　　　评分：

任务10.3 变形验算

【复习提要】

若验算挠度不能满足要求时，则表示构件的抗弯刚度不足，应采取措施后重新验算。根据式（10.7）可以得出，提高混凝土强度等级，增加纵向钢筋的数量，选用合理的截面形状（如T形、I形等）都能提高梁的弯曲刚度，但其效果并不明显，最有效的措施是增加梁的截面高度。

【实践】

【基础题10.1.1】 某钢筋混凝土压力水管（1级水工建筑物），内径 $r=850$mm，管壁厚130mm，采用C25混凝土，HRB335级钢筋。管内承受水压力标准值 $p_k=0.25$N/mm^2。试配置环向钢筋并验算管壁是否满足抗裂要求。

姓名：　　　　　　学号：　　　　　　日期：　　　　　　评分：

【提高题 10.1.2】 一矩形截面梁，处于二类环境，$b \times h = 250\text{mm} \times 500\text{mm}$，采用 C30 混凝土，配置 HRB335 级纵向受拉钢筋 3⏀25（$A_s = 1473\text{mm}^2$）。承受均布荷载作用，按荷载标准组合计算的弯矩 $M_k = 110\text{kN} \cdot \text{m}$。试验算其裂缝宽度是否满足控制要求。

【挑战题 10.1.3】 一矩形截面梁，处于二类环境，$b \times h = 200\text{mm} \times 500\text{mm}$，采用 C25 混凝土，配置 HRB335 级纵向受拉钢筋 4⏀20（$A_s = 1257\text{mm}^2$）。承受均布荷载作用，按荷载标准组合计算的弯矩 $M_k = 105\text{kN} \cdot \text{m}$。其中梁的跨度 $l_0 = 5\text{m}$，挠度限值为 $l_0/200$，试验算其挠度。